职业技能提高实战演练丛书

FANUC系统数控机床装调与维修

FANUC XITONG SHUKONG JICHUANG ZHUANGTIAO YU WEIXIU

U0347408

主　编　苏美亭

副主编　许光华　刘洪莱　李清松

编　者　（排名不分先后）

崔光煜　路士超　周明锋

张振伟　刘　凯　郭　洋

吴家龙　冯书恒　杜勤第

石　磊　王晓龙　朱　玲

郑建强　王　莹　周兴蒽

主　审　段彩云

中国劳动社会保障出版社

图书在版编目(CIP)数据

FANUC 系统数控机床装调与维修/人力资源和社会保障部教材办公室组织编写. —北京：中国劳动社会保障出版社，2017
(职业技能提高实战演练丛书)
ISBN 978-7-5167-2941-0

Ⅰ.①F… Ⅱ.①人… Ⅲ.①数控机床-计算机辅助设计-应用软件-中等专业学校-教材 Ⅳ.①TG659-39

中国版本图书馆 CIP 数据核字(2017)第 165916 号

中国劳动社会保障出版社出版发行
(北京市惠新东街 1 号　邮政编码：100029)
*
北京市白帆印务有限公司印刷装订　　新华书店经销
787 毫米×1092 毫米　16 开本　14.75 印张　341 千字
2017 年 7 月第 1 版　2023 年 8 月第 3 次印刷
定价：32.00 元

营销中心电话：400-606-6496
出版社网址：http://www.class.com.cn

版权专有　侵权必究
如有印装差错，请与本社联系调换：(010) 81211666
我社将与版权执法机关配合，大力打击盗印、销售和使用盗版图书活动，敬请广大读者协助举报，经查实将给予举报者奖励。
举报电话：(010) 64954652

内容简介

本书根据中等职业院校教学计划和教学大纲，由从事多年数控理论及实训教学的资深教师编写，集理论知识和操作技能于一体，针对性、实用性较强，并加入了大量的维修实例，通过数控机床功能部件的装配与调试、数控机床电气系统的连接与调试、数控机床梯形图程序的识读与调试、数控机床联机调试技术、电气控制系统的故障诊断与维修、机械结构的故障诊断与维修、数控机床综合故障诊断与维修实例等模块的学习，使学生在每一个模块完成过程中学习相关知识与技能，掌握 FANUC 系统数控机床装调与维修相关知识与技能。

本书适用于中等职业院校 FANUC 系统数控机床装调与维修实训教学。本书采用模块式结构，突破了传统教材在内容上的局限性，突出了系统性、实践性和综合性等特点。

由于时间仓促，加上编者水平有限，书中可能有不妥之处，望读者批评指正。

前　言

为了落实切实解决目前中职院校中机械设计制造类专业（含数控类专业）教材不能满足院校教学改革和培养技术应用型人才需要的问题，人力资源和社会保障部教材办公室组织一批学术水平高、教学经验丰富、实践能力强的老师与行业、企业一线专家，在充分调研的基础上，共同研究、编写了机械设计制造类专业（含数控类专业）相关课程的教材，共16 种。

在教材的编写过程中，我们贯彻了以下编写原则：

一是充分汲取中等职业院校在探索培养技术应用型人才方面取得的成功经验和教学成果，从职业（岗位）分析入手，构建培养计划，确定相关课程的教学目标。

二是以国家职业技能标准为依据，使内容分别涵盖数控车工、数控铣工、加工中心操作工、车工、工具钳工、制图员等国家职业技能标准的相关要求。

三是贯彻先进的教学理念，以技能训练为主线、相关知识为支撑，较好地处理了理论教学与技能训练的关系，切实落实"管用、够用、适用"的教学指导思想。

四是突出教材的先进性，较多地编入新技术、新设备、新材料、新工艺的内容，以期缩短学校教育与企业需要的距离，更好地满足企业用人的需要。

五是以实际案例为切入点，并尽量采用以图代文的编写形式，降低学习难度，提高学生的学习兴趣。

本书由山东工业技师学院苏美亭任主编，许光华、刘洪莱、李清松任副主编，崔光煜、路士超、周明锋、张振伟、刘凯、郭洋、吴家龙、冯书恒、杜勤第、诸城技校王晓龙、青岛海洋技术学院石磊、山东栋梁科技有限公司朱玲、滨州技师学院郑建强、烟台职业学院王颖、山东商务职业学院周兴蒽参与编写，山东商务职业学院段彩云任主审。

在上述教材的编写过程中，得到山东省职业技能鉴定指导中心的大力支持，教材的诸位主编、参编、主审等做了大量的工作，在此我们表示衷心的感谢！同时，恳切希望广大读者对教材提出宝贵的意见和建议，以便修订时加以完善。

人力资源和社会保障部教材办公室

目 录

《职业技能提高实战演练丛书》 CONTENTS

模块一

数控机床功能部件的装配与调试

项目 1　进给传动部件的装配与调整

项目目标

1. 了解数控机床进给部件的组成和工作过程。
2. 掌握数控机床进给部件的装配工艺过程。

项目描述

根据图 1—1—1 所示的加工中心结构，利用现场提供的工具和量具，完成 *X* 轴滑动导轨的安装和调整。

图 1—1—1　加工中心结构

项目分析

滑动导轨的安装精度直接影响零件的加工精度，更影响数控机床的寿命，所以掌握其正确的安装方法和调整非常重要。

相关知识

导轨为导向元件，支撑和引导机床运动部件沿着一定的轨迹运动。

导轨按其运动形式可分为直线导轨和圆导轨，按其摩擦形式可分为滑动导轨和滚动导轨，如图 1—1—2 所示为各种导轨的结构形式。

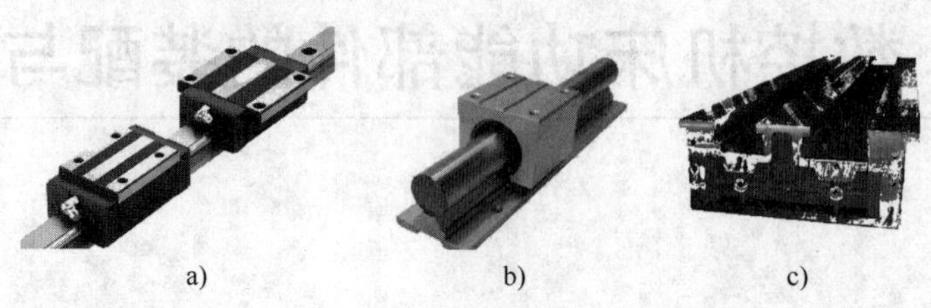

a)　　b)　　c)

图 1—1—2　导轨的结构形式

a）直线导轨　b）圆导轨　c）滑动导轨

直线导轨分为滑轨和滑块两部分。滑块内有内循环的滚珠或滚柱；滑轨的长度可以定制，是由专门厂家生产的标准化、系列化的单独产品。线轨是滚动摩擦，速度快、阻力小，润滑也方便，现在机床行业使用线轨的越来越多。

圆形导轨是通过直线轴承在光轴上滚动或滑动实现直线运动的。圆形导轨不适合高速运行，速度稍高时，运行不够平稳，噪声很大。

硬轨指的是导轨和床身是一体的铸造件，然后在此基础上加工出导轨，即床身上铸造出导轨的形状，再通过淬火、磨削后加工成的导轨；也有床身和导轨不一定一体的，比如镶钢导轨，就是加工后钉接在床身上的。硬轨的导轨是滑动摩擦，刚性好，承载能力强。

一、直线滚动导轨

1. 结构

由于对生产制造精度严格管控，直线导轨尺寸能维持在一定的水准内，且滑块有保持器的设计以防止钢珠脱落，因此，部分系列精度具有可互换性。

导轨运用四列式圆弧沟槽，配合四列钢珠等 45°的接触角度，使钢珠达到理想的两点接触构造，能承受来自上下和左右方向的负荷，在必要时更可施加预压以提高刚性。如图 1—1—3 所示为线性导轨结构。

2. 特点

（1）定位精度高

导轨的摩擦方式为滚动摩擦，摩擦因数是滑动导轨的 1/50，机床运动时不会出现间隙跳动现象，可达到 0. 001 mm 的精度。

（2）可实现高速运动

由于摩擦阻力小，只需要较小的动力即可实现机床部件高速运动。

（3）磨损小，使用寿命长

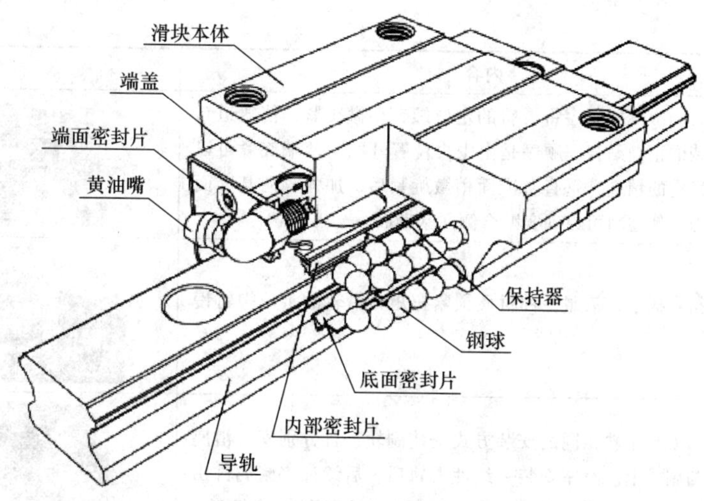

图 1—1—3　线性导轨结构

由于滚动导轨属于线接触或点接触，摩擦力小，磨损也小。

（4）安装调试简单可靠

滑动导轨需对轨道进行刮研安装，滚动导轨的安装则只需要铣削和磨削床身上的导轨和滑块安装面，然后把导轨和滑块固定到床身上即可。一旦运动精度受损，滑动导轨需重新进行刮研，而滚动导轨则只需更换受损部件。

（5）四方向等载荷，抗冲击能力强

滚动直线导轨采用 45°接触角的 O 形设计，上下左右四方向可承受同等大小的载荷，适用于各种运动方向。

（6）润滑保养简单可靠

滚动直线导轨在滑块上安装有润滑油嘴，可直接用注油枪打入或者连接润滑油管集中润滑，润滑保养简单可靠。

3. 安装步骤

线性导轨的安装精度决定了机床的精度和使用寿命。线性导轨安装步骤见表 1—1—1。

表 1—1—1　　**线性导轨安装步骤**

序号	步骤	内容	示意图
1	清除毛边	在安装直线导轨之前必须清除机械安装面的毛边、污物及表面伤痕。直线滑轨在正式安装前均涂有防锈油，安装前请用清洗油类将基准面洗净后再安装。通常将防锈油清除后，基准面较容易生锈，所以建议涂抹上黏度较低的主轴用润滑油	
2	安装主轨	将主轨轻轻安置在床台上，使用侧向固定螺钉或其他固定工具使线轨与侧向安装面轻轻贴合。安装使用前要确认螺钉孔是否吻合，假设底座加工孔不吻合又强行锁紧螺钉，会大大影响组合精度与使用品质	

续表

序号	步骤	内容	示意图
3	稍微旋紧螺钉	由中央向两侧按顺序将滑轨的定位螺钉稍微旋紧，使轨道与垂直安装面稍微贴合。顺序是由中央位置开始向两端旋紧可以得到较稳定的精度。垂直基准面稍微旋紧后，加强侧向基准面的锁紧力，使主轨可以确实贴合侧向基准面	
4	旋紧螺钉	使用扭力扳手，依照各种材质锁紧扭矩将滑轨的定位螺钉慢慢旋紧	
5	安装副轨	使用与安装主轨相同的安装方式安装副轨，且分别安装滑座至主轨与副轨上。滑座安装上线性滑轨后，后续许多附属件由于安装空间有限无法安装，必须于此阶段将所需附件一并安装	
6	安装平台	轻轻安置移动平台到主轨与副轨的滑座上	
7	锁紧螺钉	先锁紧移动平台上的侧向锁紧螺钉，安装定位后，再依照顺序进行锁紧	① ② ③ ④ ⑤ ⑥

4. 使用注意事项

(1) 防止锈蚀

直接用手拿取直线导轨时，要充分洗去手上的汗液，并涂以优质矿物油后再进行操作。在雨季和夏季尤其要注意防锈。

(2) 保持环境清洁

保持直线导轨及其周围环境的清洁。即使是肉眼看不见的微小灰尘进入导轨，也会增加导轨的磨损，引起振动和噪声。

(3) 安装要认真仔细

直线导轨在使用安装时要认真仔细，不允许强力冲压，不允许用锤直接敲击导轨，不允许通过滚动体传递压力。

(4) 安装工具要合适

安装直线导轨时，使用合适、准确的安装工具，尽量使用专用工具，避免使用布类和短纤维之类的东西。

二、滚珠丝杠螺母副

1. 分类

按照循环方式滚珠丝杠可以分为外循环和内循环。滚珠在循环过程中有时与丝杠脱离接触的称为外循环，如图 1—1—4 所示；滚珠始终与丝杠保持接触的称为内循环，如图 1—1—5 所示。滚珠每一个循环闭路称为列，每个滚珠循环闭路内所含导程数称为圈数。内循环滚珠丝杠副的每个螺母有 2 列、3 列、4 列、5 列等几种，每列只有一圈；外循环每列有 1.5 圈、2.5 圈和 3.5 圈等几种。

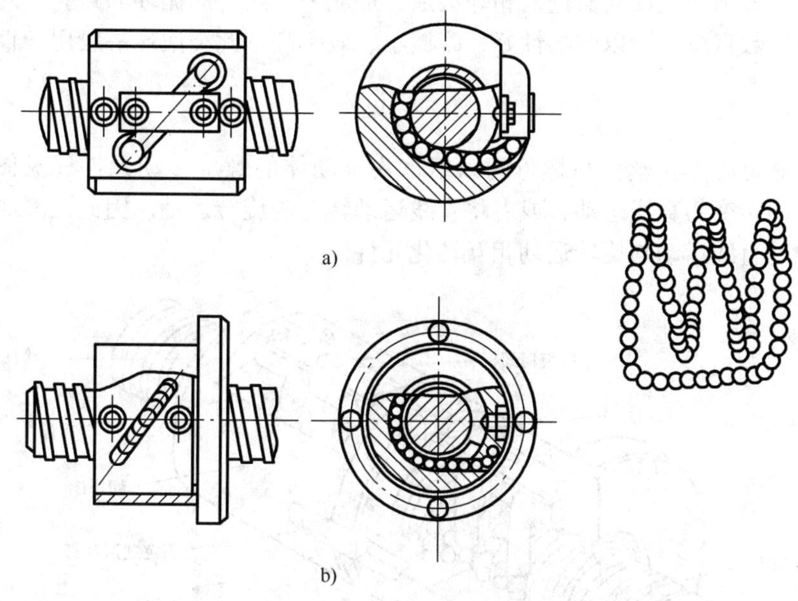

图 1—1—4　外循环滚珠丝杠

a）插管式　b）螺旋槽式

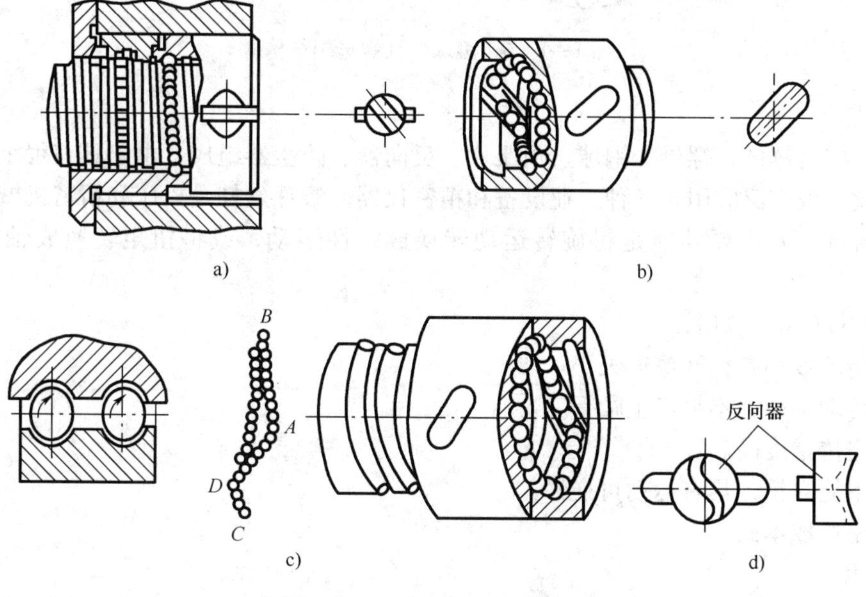

图 1—1—5　内循环滚珠丝杠

外循环是滚珠在循环过程中有时与丝杠脱离接触，按照结构外循环滚珠丝杠分为插管式和螺旋槽式，具体结构如图 1—1—4 所示。此类滚珠一般直径较大，一般用在受力较大、速度较慢的大型丝杠中。

内循环是滚珠在循环过程中始终与丝杠保持接触，这种结构以反向器跨越相邻的两个滚道，滚珠从螺旋滚道通过反向器进入相邻滚道，形成一个闭合的循环回路。一列只有一圈滚珠，因工作滚珠数目少，所以顺畅性好、摩擦小、效率高。此类滚珠一般用于直径较小的滚珠丝杠中。

2. 结构

滚珠丝杠螺母副是在丝杠与螺母间以钢球为滚动体的螺旋传动元件（见图 1—1—6）。它可将旋转运动转变为直线运动，或者将直线运动转变为旋转运动。因此，滚珠丝杠副既是传动元件，也是直线运动与旋转运动相互转化元件。

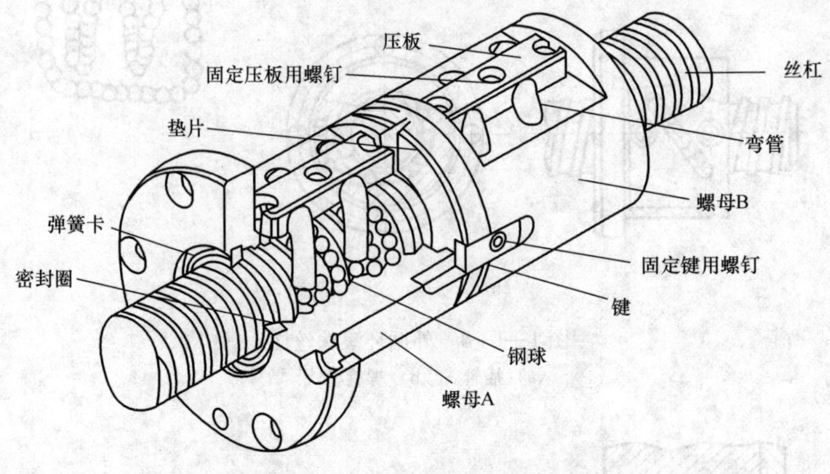

图 1—1—6　滚珠丝杠螺母副结构

3. 特点

滚珠丝杠由螺杆、螺母、钢球、预压片、反向器、防尘器组成。由于具有很小的摩擦阻力，滚珠丝杠被广泛应用于各种工业设备和精密仪器。滚珠丝杠是机床和精密机械上最常使用的传动元件，其主要功能是将旋转运动转换成线性运动，或将扭矩转换成轴向反复作用力。

滚珠丝杠的特点如下：

（1）传动效率高，摩擦损失小。

（2）传动平稳，不易产生爬行。

（3）定位精度高。

（4）不能自锁，具有运动可逆性。

（5）制造成本高。

4. 应用

（1）间隙消除

滚珠丝杠副预紧的目的是消除丝杠与螺母之间的间隙和施加预紧力，以保证滚珠丝杠反向传动精度和轴向刚度。预紧方式可以分为以下三种（见图1—1—7）：

1）过盈滚珠预紧。插入比轨道空间略大的滚珠（超大滚珠），使滚珠四点接触，然后施加预紧。在低转速方面其性能良好。

2）双螺母预紧。使用两个螺母在其中间插入垫圈施加预紧。一般仅根据预紧量插入一定厚度的垫圈，称为拉伸式，而不是根据螺母之间的间隙。相反，有时也会使用薄的垫圈，称为压缩式。

3）偏移预压。对于螺母中央附近的导程只增加 α 的预紧量进行预紧。因不使用垫圈，可进行微型化设计。

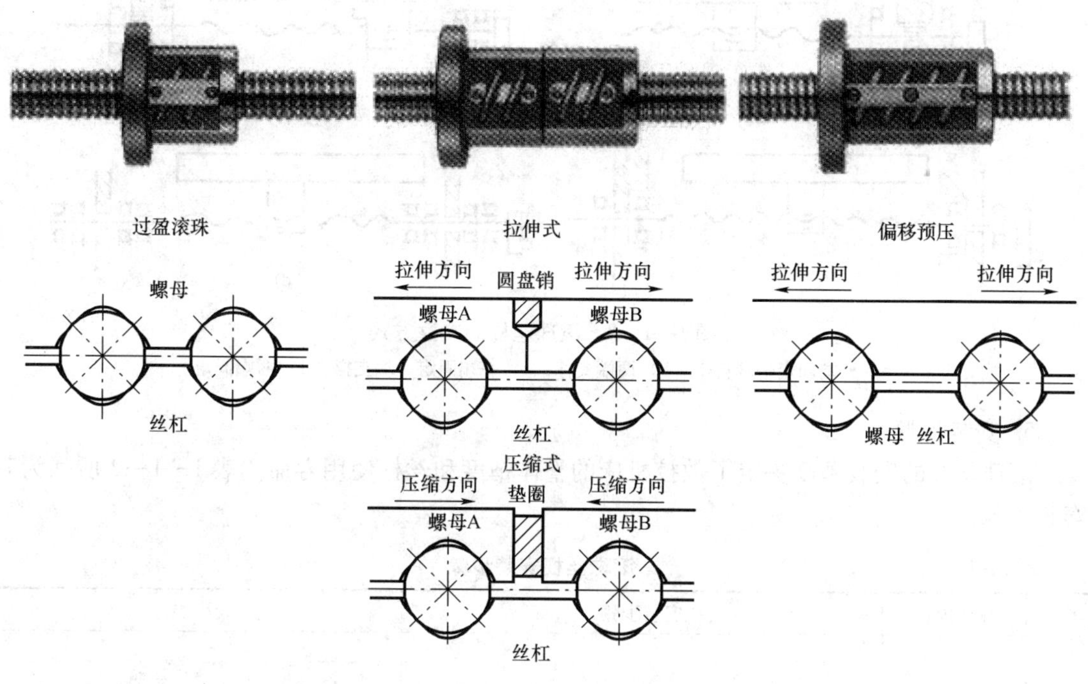

图1—1—7 螺母副间隙消除与预紧

（2）安装方式

安装方式对滚珠丝杠副承载能力、刚度及最高转速有很大影响。滚珠丝杠螺母副在安装时应满足以下要求：滚珠丝杠螺母副相对工作台不能有轴向窜动，螺母座孔中心应与丝杠安装轴线同心，滚珠丝杠螺母副中心线应平行于相应的导轨，能方便地进行间隙调整、预紧和预拉伸。

常见安装方式有以下四种（见图1—1—8）：

1）一端固定一端自由。仅在一端安装可以承受双向载荷与径向载荷的推力角接触球轴承或滚针/推力圆柱滚子轴承，并进行轴向预紧；另一端完全自由，不作支撑。这种支撑方式结构简单，但承载能力较小，适用于低转速、中精度、丝杠长度较短、行程不长的场合。

2）两端支撑。丝杠两端均为支撑，这种支撑方式简单，但由于支撑端只承受径向力，丝杠热变形后伸长，将影响加工精度，只适用于中等转速、中精度的场合。

3）一端固定一端支撑。丝杠一端固定，另一端支撑。固定端同时承受轴向力和径向力；支撑端只承受径向力，而且能做微量的轴向浮动，可以减小或避免因丝杠自重而出现的弯曲，同时丝杠热变形可以自由地向一端伸长。一端固定一端支撑的安装方式适用于中等转速、高精度的场合。

4）两端固定。丝杠两端均固定，在两端都安装承受双向载荷与径向载荷的推力角接触球轴承或滚针/推力圆柱滚子轴承，并进行预紧，提高丝杠支撑刚度，可以部分补偿丝杠的热变形。两端固定的安装方式适用于高转速、高精度的场合。

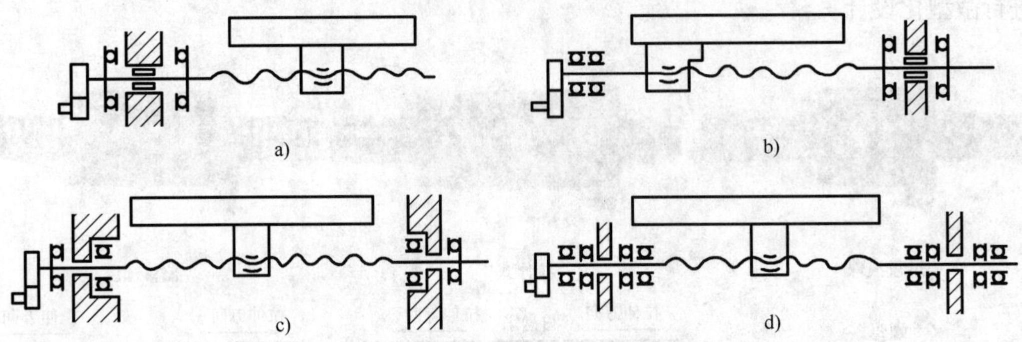

图 1—1—8　滚珠丝杠的支撑方式

a）一端固定一端自由　b）两端支撑　c）一端固定一端支撑　d）两端固定

5. 安装步骤

滚珠丝杠的安装精度决定了数控机床的整体精度和丝杠使用寿命，表 1—1—2 所列为其安装步骤。

表 1—1—2　　**滚珠丝杠安装步骤**

序号	安装内容	安装步骤	示意图
1	支撑座侧支撑单元的安装	（a）丝杠轴插入单列轴承后，用止推环固定 （b）用止推环固定后，将轴承插入支撑座内	丝杆螺母 支撑座 止推环 单列轴承 丝杠 单列轴承 止推环 支撑座
2	底座的安装	（a）先调整到安装精度参考值以内 （b）以固定侧支撑单元为基准时，请将螺母外径与工作台螺母支座内径调整至保持一定间隙的状态 （c）以工作台为基准时，对于方形支撑单元使用薄垫片调整中心高度，对于法兰型支撑单元要将螺母外径与工作台螺母支座内径调整至保持一定间隙的状态	固定侧 倾斜（左右方向） 偏心（左右方向） 支撑侧 固定侧 倾斜（上下方向） 偏心（上下方向） 支撑侧

续表

序号	安装内容	安装步骤	示意图
3	工作台的安装	(a) 将滚珠丝杠螺母插入螺母支座后临时紧锁(将螺母放置在滚珠丝杠轴的中间位置) (b) 将固定侧和支撑侧的支撑单元临时固定到基座上 (c) 移动工作台与固定侧支撑单元后，将支撑单元拧紧固定到基座上 (d) 固定好后，将工作台移动至靠近固定侧的行程尽头附近，并将工作台和螺母支座相互固定 (e) 固定好螺母和螺母支座 (f) 将第 (d) 步中固定的螺栓松开，再次将工作台和螺母支座相互固定。推动工作台至固定支撑单元处，调整其中心位置，使工作台能顺畅移动。对于精密工作台还需要将丝杠轴线调整到与导轨平行的位置 (g) 固定好后，确认工作台的运行状态，将工作台移动至支撑座 (h) 移动工作台至支撑侧支撑单元后，拧紧支撑单元的固定螺栓 (i) 固定好后，将工作台移动至靠近支撑侧的行程尽头附近，并再次将工作台和螺母支座松开后相互固定 (g) 将工作台移动到固定侧，左右移动，确认运行状态。往返移动多次将工作台调整到在全行程内都能顺畅运行的状态 (k) 如果在运行中发生异响、阻塞的现象，请重复第 (c) ~ (g) 步工序	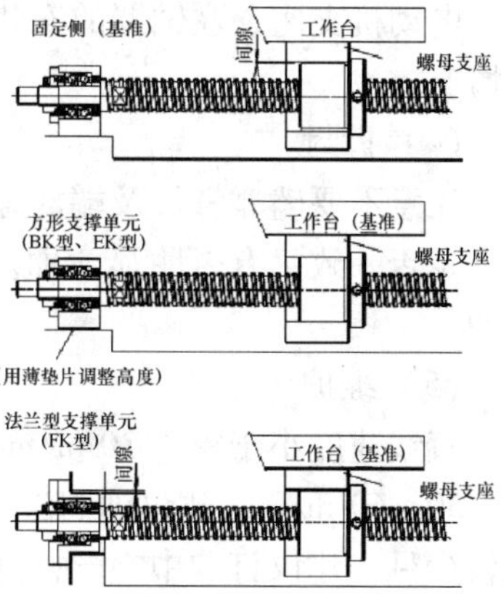 固定侧（基准） 间隙 工作台 螺母支座 方形支撑单元 (BK型、EK型) 工作台（基准） 螺母支座 (用薄垫片调整高度) 法兰型支撑单元 (FK型) 间隙 工作台（基准） 螺母支座
4	确认精度和完全拧紧螺栓	(a) 使用千分表确认丝杠轴端外径部分的跳动、轴方向的间隙 (b) 依次完全拧紧丝杠螺母、螺母支座、固定侧支撑单元、支撑座固定单元各处的螺栓	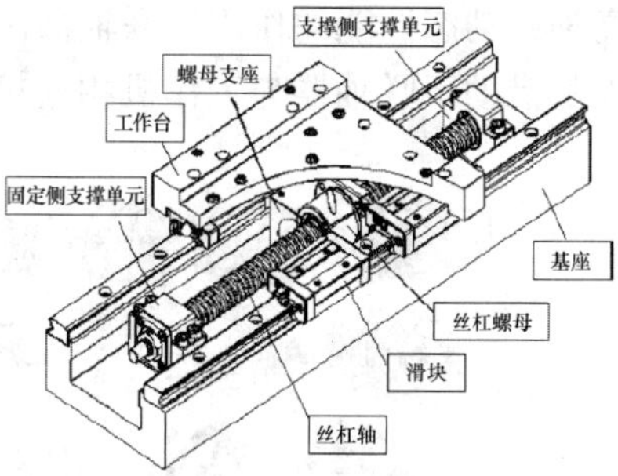 支撑侧支撑单元 螺母支座 工作台 固定侧支撑单元 基座 丝杠螺母 滑块 丝杠轴
5	连接电动机	(a) 将电动机支座安装在基座上 (b) 用联轴器连接电动机和滚珠丝杠 (c) 充分的试运行	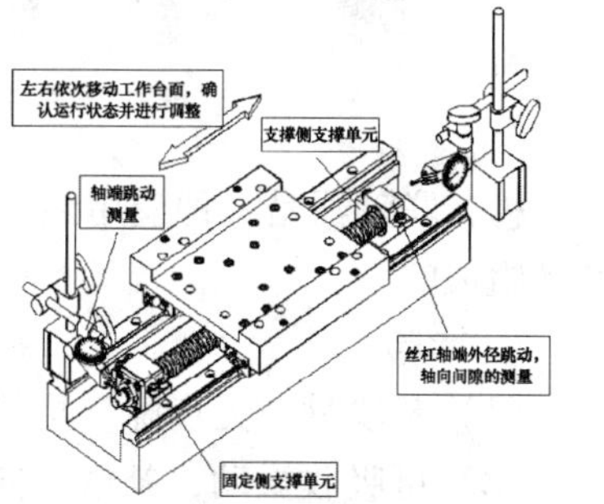 左右依次移动工作台面，确认运行状态并进行调整 支撑侧支撑单元 轴端跳动测量 丝杠轴端外径跳动，轴向间隙的测量 固定侧支撑单元

6. 注意事项

（1）偏心

偏心是指固定侧与支撑侧的中心存在偏移。

（2）倾斜

倾斜是指除偏心以外，丝杠轴与导向部分之间存在的平行误差（上下、左右）或丝杠螺母安装部的垂直误差而产生的安装误差。

（3）安装精度

电动机支座、联轴器的安装精度影响工作台的行走定位精度，同样要充分注意滚珠丝杠的情况。

（4）拆封

注意不要磕碰螺母及端部螺纹，拆开时从有效螺纹的一端手动旋转运行至另一端并感觉阻力是否一致，有否明显弯曲。注意不要使螺母旋出有效螺纹。擦去表面防锈油，涂上润滑油。

（5）维护

直线速度小于等于 30 m/min 可以采用脂润滑，并视工况在每 300 ~ 600 工作小时注脂一次；30 ~ 60 m/min 建议油润滑；60 ~ 100 m/min 可以考虑强制油喷润滑；超过 100 m/min 的比较少见，建议订购中空丝杠并采取强制冷却润滑。注意保持工作环境清洁，勿使灰尘等杂质进入滚道或螺母内部。条件恶劣请考虑在螺杆外部增加防护罩。

三、梅花联轴器

联轴器是用来连接不同机构中的两根轴（主动轴和从动轴），使其共同旋转以传递转矩的机械零件（见图 1—1—9）。在高速重载的动力传动中，有些联轴器还有缓冲、减振和提高轴系动态性能的作用。联轴器由两半部分组成，分别与主动轴和从动轴连接。一般动力机大都借助于联轴器与工作机相连接。

图 1—1—9　机床用联轴器及梅花联轴器

梅花联轴器是一种应用很普遍的联轴器，又称爪式联轴器，是由两个金属爪盘和一个弹性体组成的。

1. 特点

（1）紧凑型、无齿隙，提供三种不同硬度弹性体。

（2）可吸收振动，补偿径向和轴向偏差。

（3）结构简单，方便维修，便于检查。

（4）免维护、抗油及电气绝缘，工作温度 20～60℃。

（5）梅花弹性体有四瓣、六瓣、八瓣和十瓣。

（6）固定方式有顶丝、夹紧、键槽固定。

2. 结构

弹性体一般是由工程塑料或橡胶制作而成，因而联轴器的寿命也就是弹性体的寿命。由于弹性体受压而不易受拉，所以寿命一般为 10 年左右。

梅花形弹性联轴器利用梅花形弹性元件置于两半联轴器凸爪之间，以实现两半联轴器的连接。具有补偿两轴相对位移、减振、缓冲、径向尺寸小、结构简单、不用润滑、承载能力较大、维护方便等特点，但更换弹性元件时两半联轴器需沿轴向移动。

3. 安装与拆卸

（1）将安装轴表面的灰尘、污浊擦拭干净，同时抹一层薄薄的机油或者润滑剂。

（2）将联轴器内孔清洁干净，抹机油或者润滑剂。

（3）将联轴器插入安装轴，如孔径偏紧，注意避免用铁锤或硬金属击打安装。

（4）定位完成后，先按对角线方向，用扭力扳手（规定的拧紧力矩的 1/4）轻轻地拧紧螺钉。

（5）加大力度（规定拧紧力矩的 1/2）重复完成第（4）步动作。

（6）按规定的拧紧力矩进行拧紧固定。

（7）按圆周方向依次拧紧固定螺钉。

（8）拆卸时，请在装置完全停止的状态下进行；依次松开锁紧螺钉。

四、同步带和同步带轮

1. 结构

同步带是以钢丝绳或玻璃纤维为强力层，外覆以聚氨酯或氯丁橡胶的环形带，带的内周制成齿状，使其与齿形带轮啮合，如图 1—1—10 所示。

图 1—1—10　同步带及同步带轮

同步带传动是由一根内周表面设有等间距齿形的环行带及具有相应吻合的带轮所组成。它综合了带传动、链传动和齿轮传动三者的优点。

2. 特点

（1）结构紧凑，适宜多轴传动。

（2）传动准确，工作时无滑动，具有恒定的传动比。

（3）传动平稳，具有缓冲、减振能力，噪声低。

（4）传动效率高，可达 0.98，节能效果明显。

（5）维护保养方便，维护费用低；不需润滑，无污染，因此可在不允许有污染和工作环境较为恶劣的场所正常工作。

（6）速比范围大，一般可达 10；线速度可达 50 m/s；具有较大的功率传递范围，从几瓦到几百千瓦。

（7）可用于长距离传动，中心距可达 10 m 以上。

（8）相对于 V 带传送，预紧力较小，轴和轴承所受载荷小。

3. 安装

（1）安装同步带时，如果两带轮的中心距可以移动，必须先将带轮的中心距缩短，装好同步带后，再使中心距复位。

（2）往带轮上安装同步带时，切记不要用力过猛，不允许用旋具硬撬同步带，以防止同步带中的抗拉层产生外观觉察不到的折断现象。

（3）控制适当的初张紧力。

（4）同步带传动中，两带轮轴线的平行度要求比较高，否则同步带在工作时会产生跑偏，甚至跳出带轮。轴线不平行还将引起压力不均匀，使带齿早期磨损。

（5）支撑带轮的机架必须有足够的刚度，否则带轮在运转时就会造成两轴线的不平行。

注意事项：减小带轮的中心距，如有张紧轮应先松开，装上同步带后再调整中心距。对固定中心距的传动，应先拆下带轮，把同步带装到带轮上后再把带轮装到轴上固定。

五、滚珠丝杠专用轴承

1. 结构

滚珠丝杠专用轴承一般是由两种或两种以上轴承组合而成的，满足轴向受力和径向受力的要求。图 1—1—11 所示为滚珠丝杠专用轴承。

图 1—1—11　滚珠丝杠专用轴承

2. 特点

单向角接触推力球轴承（又名滚珠丝杠传动轴承），滚珠和滚道的配合极为精准，接触角为 60°。此类轴承具有以下特点：

（1）额定轴向负荷高，极佳的轴向刚度和运行精度，尤其是在高速运动期间。

（2）当一个单轴承的负荷承载能力不足或轴承布置需要在双向承受轴向负荷时，这种轴承可以以单个或配对好的“通用配对轴承”的形式提供。轴承组的配对在生产时进行，这样在将轴承相邻安装后就可以获得预定的预负荷值或负荷在各列之间均匀分布。

（3）当轴承以背对背方式布置时，负荷线向轴承轴线发散。轴承组可以承受作用于双向的轴向负荷。

（4）在面对面布置中，负荷线向轴承轴线汇聚。轴承组也可以承受作用于双向的轴向负荷。

（5）在串联布置中，轴承的负荷线相互平行。轴承组仅能承受一个方向的推力负荷，而且通常相对于另一轴承或轴承对进行调整。

（6）在需要较高负荷承载能力或较高刚度时，通常采用由三个或四个轴承组成的轴承组，而其中两个或三个轴承为串联布置。

3. 标识

（1）单轴承的标识

轴承圈上带有几个用于标识用途的标记。每个轴承都标有完整的轴承代号。内圈和外圈表面上的星号（*）标出了最大不圆度位置，即滚道沟槽和内径或外径表面之间壁厚最厚处。为了便于选择实际孔径和外径，从而在安装后获得所需配合，内圈/外圈上分别标出了实际内孔径和外径与标称值之间的偏差（就在星号旁边），轴承的标识如图 1—1—12 所示。

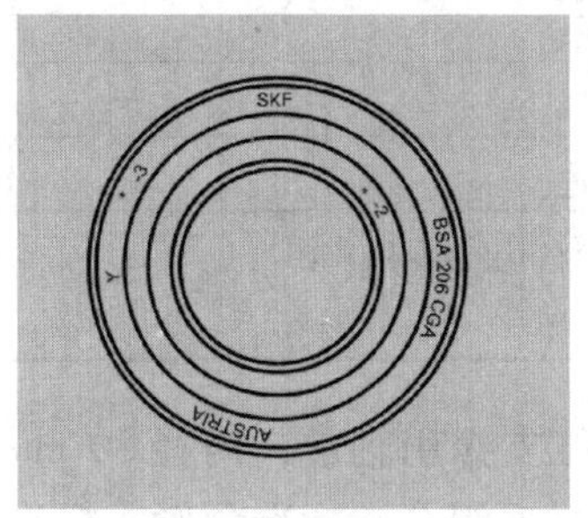

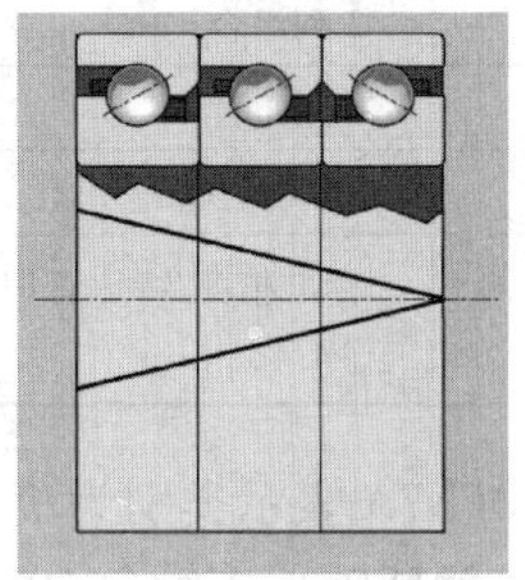

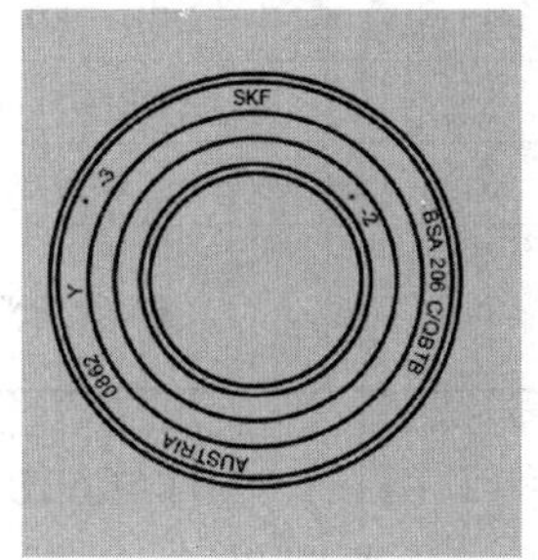

图 1—1—12　轴承的标识

（2）轴承组的标识

除了单轴承的标识以外，轴承组中的轴承还在外径上标出了一个 V 形标记，以便于正确进行安装。要使轴承组正常工作，轴承必须按照 V 形标记所示顺序进行安装。V 形标记通常根据外圈上最大不圆度之处的位置进行标识，并且指示轴向负荷应作用于内圈上的方向。对于能够在双向承受轴向负荷的轴承组，V 点指示较大轴向负荷的方向。对于配对轴承组中的每一个轴承，外圈的表面上标出了相同的系列号。

（3）预负荷

单向角接触推力球轴承具有两种标准的预负荷等级：轻（A 级）和重（B 级）。预负荷的值既适用于单轴承，也适用于筒型单元。包含两个以上轴承（即三个或四个轴承）的轴承组具有更高的预负荷。

（4）命名方法

轴承命名代号含义见表 1—1—3 和表 1—1—4。

表 1—1—3　　NSK 角接触球轴承

序号	代号	含义	备注
1	A/A5/C	角度 30°/25°/15°	
2	TYN	聚酰胺树脂保持架	
3	SU/DU	万能组合　单列/2 列	
4	DB/DF/DT	组合背对背/面对面/并列	
5	DBD/DFD/DTD	3 列组合	
6	DBB/DFF/DTT	4 列组合	
7	EL/L/M/H	预紧微/轻/中/重	
8	P4/P5	精度	

表 1—1—4　　NSK 滚珠丝杠支撑用轴承

序号	代号	含义	备注
1	TAC	接触角 60°	
2	SU/DU	万能组合　单列/2 列	
3	DB/DF/DT	组合　背对背/面对面/并列	
4	DBD/DFD/DTD	3 列组合	
5	DBB/DFF/DTT	4 列组合	
6	C10/C9	标准预紧/轻预紧	
7	PN7A/PN7B	标准精度/特殊管理精度（SU 组合专用）相当于 P4	

例 1—1—1　30TAC62BDFC10PN7A 表示类别为滚珠丝杠支撑用轴承，内径 30 mm，外径 62 mm，厚度 30 mm，推力角接触球轴承接触角 60°，面对面组合，标准预紧，标准精度（相当于 ISO4 级）。

4. 安装注意事项

（1）滚珠丝杠专用轴承为万能组合轴承，可以将同一公称型号的轴承组合为 2 列、3 列、4 列等几种形式进行使用。由于在单个轴承的外圈外径面标识有 V 标记，所以若使用 2 列以上的组合形式时，请依据图 1—1—12 组合并确认 V 标记的方向进行使用。

（2）组装时注意不要施加冲击负荷于轴承上。

（3）主要用在定位丝杠的轴承座上，一般用于加工中心。

（4）轴承在安装最后进行螺母压紧时，应合适预压，以免由于预压过紧引起轴承发热或预压过松导致轴承精度低。

（5）轴承的润滑脂应使用机床专用油脂，油脂的种类会影响轴承的使用寿命。

项目实施

X轴滑动导轨的安装

一、考场准备（每人一份）

1. 设备及材料准备

序号	部件名称	规格	数量	备注
1	加工中心基座 组件与总装配图	线性导轨	1台	机械部分
2	吊装设备		1副	
3	稿纸	A4	1张	
4	机油	油脂和油液	若干	

2. 工具、量具准备

名称	规格	精度（读数值）	数量	备注
手锤	0.5 kg		1把	
平板锉	250 mm（1号纹）		1把	
平板锉	200 mm（2号纹）		1把	
平板锉	150 mm（4号纹）		1把	
钢直尺	0～150 mm		1把	
杠杆百分表		0.01	1个	
百分表架			1副	
检验棒	L600 mm	一级	1套	
游标高度尺	150 mm	0.02	1把	
游标卡尺	150 mm	0.02	1把	
塞尺	0.02～1 mm	0.02	1把	
外径千分尺	25～50 mm	0.01	1把	
千分表（含表架）	0～1 mm	0.001	1套	
水平仪	200 mm	0.02	2个	
平尺			1个	
可调量块			1套	
刮刀			1把	

二、考生准备

名称	规格	精度（读数值）	数量	备注
钢笔或中性笔	黑色		1支	

三、考核内容

1. 本题分值

30 分。

2. 考试时间

90 min。

3. 考核形式

笔试和实操。

4. 具体要求

（1）问答题（10 分）

试述导轨安装的要领及装配精度。

（2）实操部分（20 分）

完成 X 轴导轨的安装。

要求：达到装配质量要求，操作过程中要做到安全、规范操作。

四、配分与评分标准

1. 看图回答问题（10 分）

具体答案参照相关知识部分。

2. 实操部分（20 分）

序号	考核内容	考核要点	配分	评分标准	扣分	得分
1	装配过程	装配的步骤、方法、安全性，工具、量具的使用，物品的摆放等	8	每项扣 2 分，扣完为止		
2	装配结果	各项装配精度的检验	10	按检测项目的多少均分 10 分，超差扣分，扣完为止		
3	现场考核	文明生产	2	每项扣 2 分，扣完为止		
		合计	20			

否定项：若考生发生下列情况之一，则应及时终止考试，考生该试题成绩记为零分

（1）由于操作不当损坏工具、部件或设备

（2）由于操作不当造成人身、设备等安全事故

项目 2　主轴传动系统的装配与调试

项目目标

1. 了解数控机床主轴部件的组成和工作过程。

2. 掌握数控机床主轴部件的装配过程。

项目描述

如图 1—2—1 所示为加工中心主轴部件结构，试述刀具夹紧松开过程，并完成主轴的刀具夹紧与松开装置的装配。要求：达到装配质量要求，同时操作过程中要做到安全、规范。

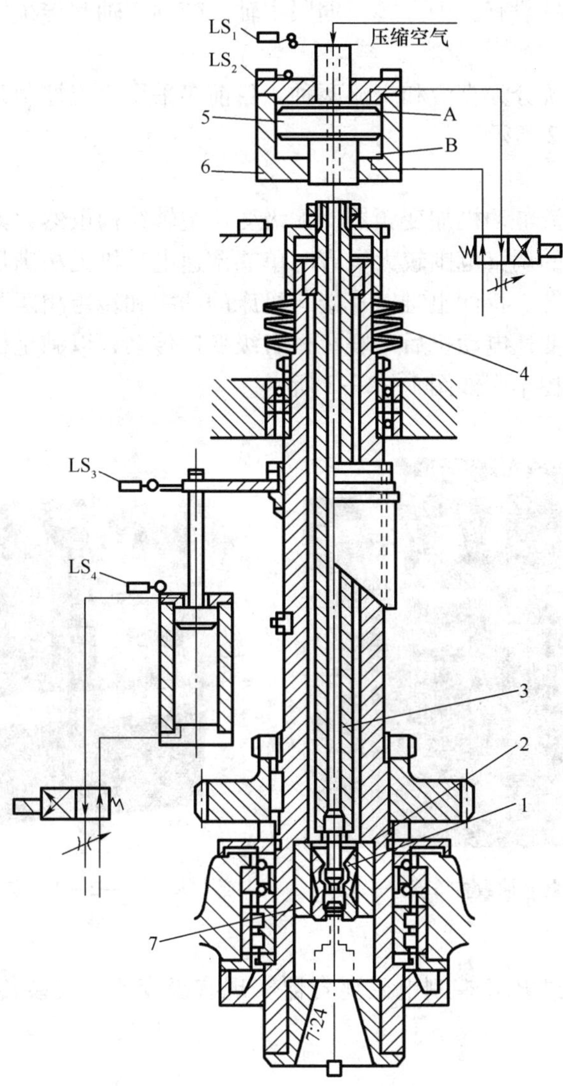

图 1—2—1 加工中心主轴部件结构

LS_1—卡紧刀具信号限位开关 LS_2—松开刀具信号限位开关

LS_3、LS_4—Z 轴行程限位开关 A—活塞 B—气缸

1—卡爪 2—弹簧 3—拉杆 4—碟形弹簧 5—活塞 6—油缸 7—套筒

项目分析

加工中心主轴部件是机床的核心部件之一，其装配精度和功能直接关系到数控机床的整体性能，其装配工艺也是至关重要的。

相关知识

一、车床主轴部件

1. 车床主轴箱

数控车床主轴系统一般有三种方式：伺服主轴、变频主轴和传统主轴。

（1）伺服主轴

伺服主轴的控制系统分为直流和交流两种，目前多采用交流控制系统。安装有伺服主轴的数控车床如图 1—2—2 所示。

（2）变频主轴

电动机采用普通交流电动机加变频器。无级变速主轴结构虽然大大简化了主轴箱，但是数控机床的主传动系统的调整范围较大，有时单靠调速电动机无法满足它的调速范围，另一方面调速电动机的功率转矩特性也难以直接与机床的功率和转矩相匹配。因此，数控机床传动变速系统常常在无级变速电动机后串联机械有级变速传动，以满足机床要求的调速范围和转矩特性。变频主轴数控车床如图 1—2—3 所示。

图 1—2—2　伺服主轴数控车床

图 1—2—3　变频主轴数控车床

（3）传统主轴

传统主轴箱变速通过 PLC 控制电磁离合器实现有级变速，安装传统主轴的数控车床如图 1—2—4 所示。

2. 车床主轴部件

数控车床的主轴是一个空心阶梯轴。主轴的内孔用于通过长的棒料及卸下顶尖时穿过钢棒，也可用于通过气动、电动及液压夹紧装置的机构。主轴前端的锥孔用于安装顶尖套及前顶尖。有时也可安装心轴，利用锥面配合的摩擦力直接带动心轴和工件转动。数控车床主轴部件结构如图 1—2—5 所示。

二、加工中心主轴部件

1. 结构

加工中心主轴部件结构如图 1—2—1 所示。

图1—2—4 传统主轴数控车床

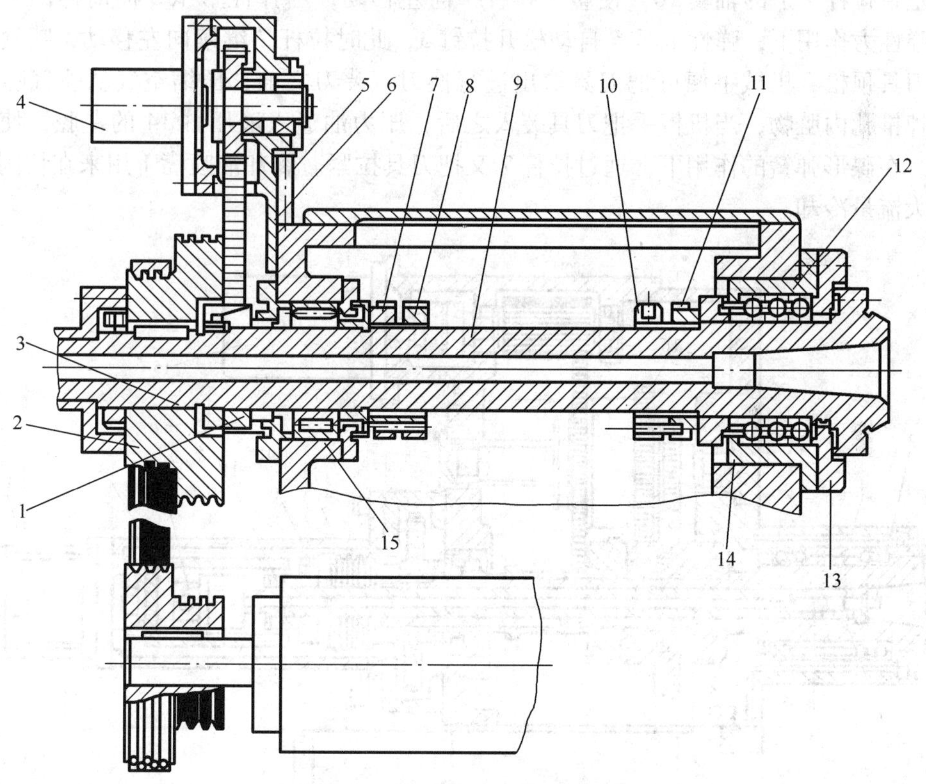

图1—2—5 数控车床主轴部件结构

1—同步带轮 2—带轮 3、7、8、10、11—螺母 4—主轴脉冲发生器 5—螺钉 6—支架
9—主轴 12—角接触球轴承 13—前端盖 14—前支撑套 15—圆柱滚子轴承

主轴部件主要由主轴、轴承、传动件、密封件和刀具自动卡紧机构等组成，主轴前端有7∶24的锥孔，用于装夹BT40刀柄或刀杆。主轴端面有一端面键，既可通过它传递刀具的扭

矩，又可用于刀具的周向定位。

主轴的主要尺寸参数包括主轴的直径、内孔直径、悬伸长度和支撑跨距。主轴材料的选择主要根据刚度、载荷特点、耐磨性和热处理变形大小等因素确定。主轴材料常采用的有 45 钢、GCr15 等，需经渗氮和感应加热淬火处理。

加工中心的主轴支撑形式很多。其中，立式加工中心的主轴前支撑采用四个向心推力球轴承，后支撑采用一个向心球轴承。这种支撑结构使主轴的承载能力大大提高，且能适应高速的要求。主轴支撑前端定位，主轴受热向后伸长，能较好地满足精度要求，只是支撑结构较为复杂。

2. 工作过程

如图 1—2—6 所示为 ZHS-K63 加工中心主轴结构部件图，其刀具可以在主轴上自动装卸并进行自动夹紧，其工作原理如下：当刀具 2 装到主轴孔后，其刀柄后部的拉钉 3 便被送到主轴拉杆 7 的前端，在碟形弹簧 9 的作用下，通过弹性卡爪 5 将刀具拉紧。当需要换刀时，电气控制指令给液压系统发出信号，使液压缸 14 的活塞左移，带动推杆 13 向左移动，推动固定在拉杆 7 上的轴套 10，使整个拉杆 7 向左移动，当弹性卡爪 5 向前伸出一段距离后，在弹性力作用下，弹性卡爪 5 自动松开拉钉 3，此时拉杆 7 继续向左移动，喷气嘴 6 的端部把刀具顶松，机械手便可把刀具取出进行换刀。装刀之前，压缩空气从喷气嘴 6 中喷出，吹掉锥孔内脏物，当机械手把刀具装入之后，压力油通入液压缸 14 的左腔，使推杆退回原处，在碟形弹簧的作用下，通过拉杆 7 又把刀具拉紧。冷却液喷嘴 1 用来在切削时对刀具进行大流量冷却。

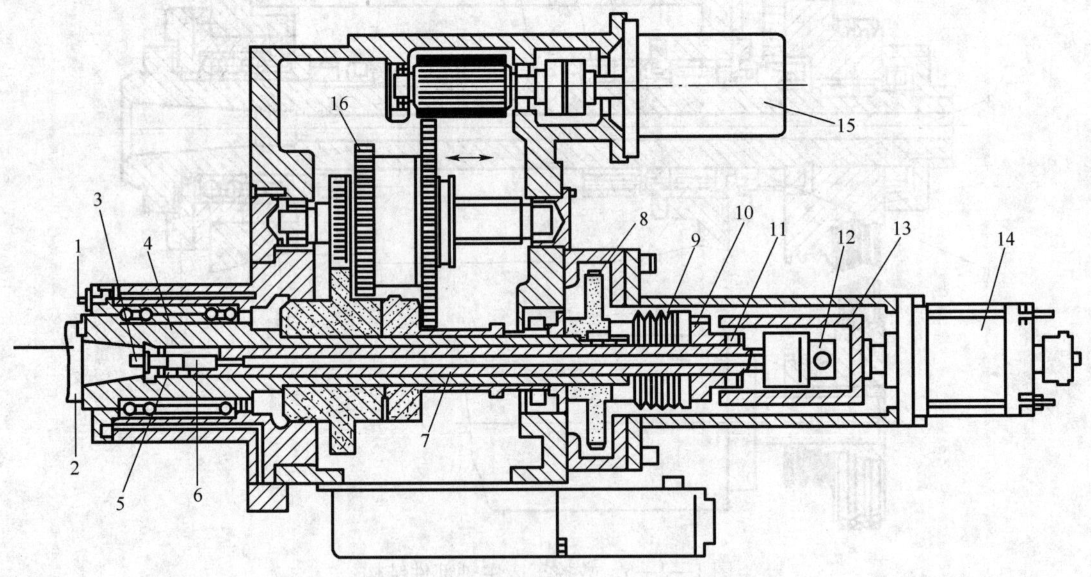

图 1—2—6 ZHS-K63 加工中心主轴结构

1—冷却液喷嘴 2—刀具 3—拉钉 4—主轴 5—弹性卡爪 6—喷气嘴 7—拉杆 8—定位凸轮 9—碟形弹簧 10—轴套 11—固定螺母 12—旋转接头 13—推杆 14—液压缸 15—主轴伺服电动机 16—换挡齿轮

3. 装配工艺步骤

（1）安装拉杆。

（2）检查、清洗主轴。

（3）主轴单件进行动平衡。

（4）拉缸装入主轴中，按主轴部件装配图进行装配。

（5）测试主轴拉刀力。

（6）主轴单件进行动平衡。

（7）密封套装入压紧套。

（8）向主轴安装压紧套、隔套、轴承。

（9）向主轴安装轴承套。

（10）检测主轴锥孔跳动误差。

（11）安装主轴后端零件。

（12）整体做动平衡。

（13）整机跑合。

4. 松刀机构（打刀缸）装配

（1）气缸支撑分别置于主轴箱上端面。

（2）反扣盘固定于气缸座下方。

（3）气缸放于气缸座上。

项目实施

松刀机构（打刀缸）的装配

一、考场准备

1. 设备和材料准备

序号	部件名称	规格	数量	备注
1	加工中心主轴部件		1 套	机械部分
2	主轴部件装配图		1 张	
3	吊装设备		1 副	
4	稿纸	A4	1 张	
5	机油	油脂和油液	若干	

2. 工具、量具准备

名称	规格	精度（读数值）	数量	备注
手锤	0.5 kg		1 把	
平板锉	250 mm（1 号纹）		1 把	
平板锉	200 mm（2 号纹）		1 把	
平板锉	150 mm（4 号纹）		1 把	
钢直尺	0 ~ 150 mm		1 把	

续表

名称	规格	精度（读数值）	数量	备注
杠杆百分表		0.01	1个	
百分表架			1副	
检验棒	L600 mm	一级	1套	
游标高度尺	150 mm	0.02	1把	
游标卡尺	150 mm	0.02	1把	
塞尺	0.02～1 mm	0.02	1把	
外径千分尺	25～50 mm	0.01	1把	
千分表（含表架）	0～1 mm	0.001	1套	
水平仪	200 mm	0.02	1个	
平尺			1个	
可调量块			1套	
刮刀			1把	

二、实施过程

1. 回答问题

看图1—2—6回答问题，简述打刀缸的工作原理。

2. 实操部分

序号	考核内容	考核要点	配分	评分标准	扣分	得分
1	装配过程	装配的步骤、方法、安全性，工具、量具的使用，物品的摆放等	8	每项扣2分，扣完为止		
2	装配结果	各项装配精度的检验	10	按检测项目的多少均分10分，超差扣完		
3	现场考核	文明生产	2	每项扣2分，扣完为止		
	合计		20			

否定项：若考生发生下列情况之一，则应及时终止考试，考生该试题成绩记为零分

（1）由于操作不当损坏工具、部件或设备

（2）由于操作不当造成人身、设备等安全事故

项目3　自动换刀装置的装配与调整

项目目标

1. 了解加工中心刀库和机械手的组成和工作过程。
2. 掌握加工中心刀库和机械手部件的装配过程。
3. 了解数控车床刀架和刀塔的组成和工作过程。

4. 掌握数控车床刀架和刀塔的装配过程。

项目描述

加工中心机械手爪如图 1—3—1 所示，试完成加工中心机械手爪的装配过程。要求：达到装配质量要求，同时操作过程中要做到安全、规范操作。

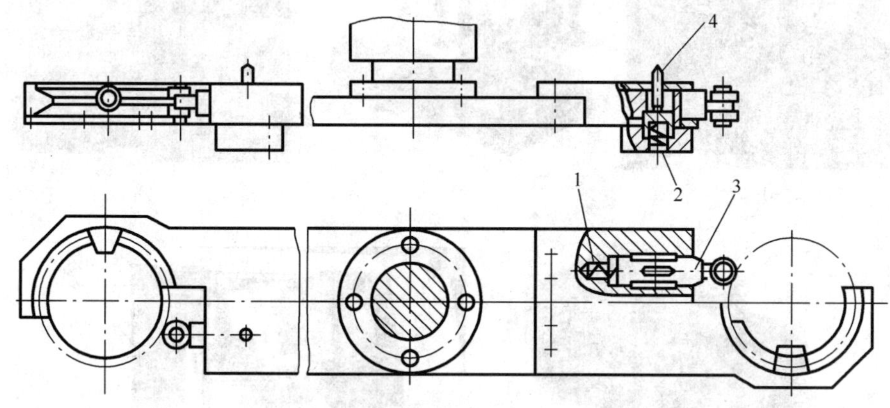

图 1—3—1 加工中心机械手爪的结构

1、2—弹簧 3—顶销 4—销

项目分析

加工中心机械手爪是高速运动部件，其装配精度影响机床的使用寿命。

相关知识

一、数控车床自动换刀装置

按换刀方式的不同，数控车床的刀架系统主要有排式刀架、回转刀架和带刀库的自动换刀装置等多种形式，下面对这三种形式的刀架作简单的介绍。

1. 排式刀架

排式刀架一般用于小规格数控车床，以加工棒料或盘类零件为主。夹持着各种不同用途刀具的刀尖沿着机床的 X 坐标轴方向排列在横向滑板上。这种刀架在刀具布置和机床调整等方面都较为方便，可以根据具体工件的车削工艺要求，任意组合各种不同用途的刀具，一把刀具完成车削任务后，横向滑板只要按程序沿 X 轴移动预先设定的距离后，第二把刀就到达加工位置，这样就完成了机床的换刀动作。这种换刀方式迅速省时，有利于提高机床的生产效率。排式刀架如图 1—3—2a 所示。

2. 回转刀架

回转刀架是数控车床最常用的一种典型换刀刀架，一般通过液压系统或电气来实现机床的自动换刀动作，根据加工要求可设计成四方、六方刀架或圆盘式刀架，并相应地安装 4 把、6 把或更多的刀具。回转刀架的换刀动作可分为刀架抬起、刀架转位和刀架锁紧等几个步骤，它的动作是由数控系统发出指令完成的。回转刀架如图 1—3—2b、c、d 所示。

3. 带刀库的自动换刀装置

排式刀架和回转刀架所安装的刀具都不可能太多，即使是装备两个刀架，对刀具的数目也有一定限制。当由于某种原因需要数量较多的刀具时，应采用带刀库的自动换刀装置。带刀库的自动换刀装置由刀库和刀具交换机构组成，如图 1—3—2e 所示。

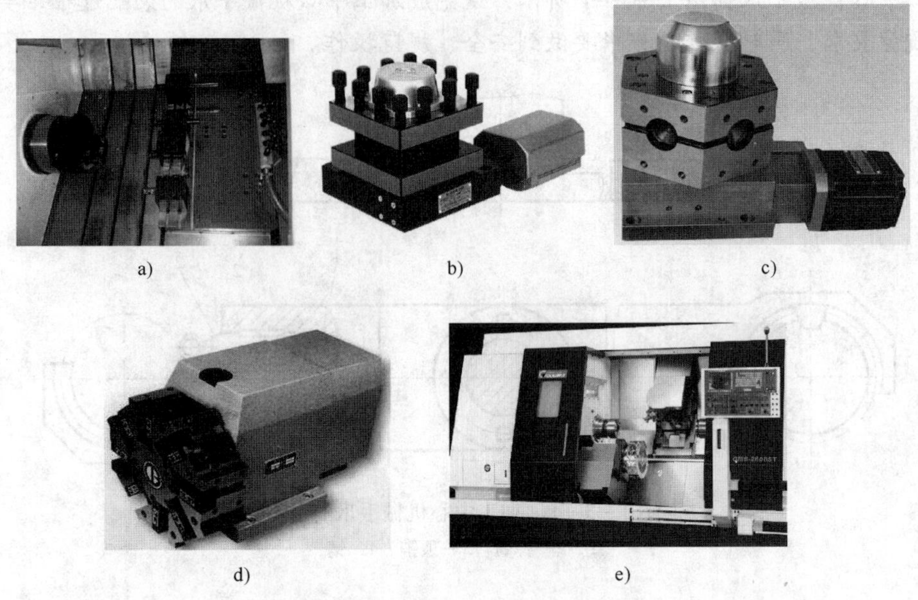

图 1—3—2　数控车床自动换刀装置

二、卧式车床四方刀架

1. 结构

数控刀架是数控车床最普遍的一种辅助装置，它可使数控车床在工件一次装夹中完成多种甚至所有的加工工序，以缩短加工的辅助时间，减小加工过程中由于多次安装工件而引起的误差，从而提高机床的加工效率和加工精度。如图 1—3—3 所示为数控车床四方刀架的结构。

该刀架可以安装四把不同的刀具，转位信号由加工程序指定。当换刀指令发出后，小型电动机 1 启动正转，通过平键套筒联轴器 2 使蜗杆轴 3 转动，从而带动蜗轮丝杠 4 转动。蜗轮的上部外圆柱加工有外螺纹，所以该零件称为蜗轮丝杠。刀架体 7 内孔加工有内螺纹，与蜗轮丝杠旋合。蜗轮丝杠内孔与刀架中心轴外圆是滑动配合，在转位换刀时，中心轴固定不动，蜗轮丝杠环绕中心轴旋转。

2. 工作过程

当蜗轮开始转动时，由于在刀架底座 5 和刀架体 7 上的端面齿处于啮合状态，且蜗轮丝杠轴向固定，这时刀架体 7 抬起。当刀架体抬至一定距离后，端面齿脱开。转位套 9 用销钉与蜗轮丝杠 4 连接，随蜗轮丝杠一同转动，当端面齿完全脱开，转位套正好转过 160°，球头销 8 在弹簧力的作用下进入转位套 9 的槽中，带动刀架体转位。刀架体 7 转动时带着电刷座 10 转动，当转到程序指定的刀号时，粗定位销 15 在弹簧的作用下进入粗定位盘 6 的槽中进行粗定位，同时电刷 13、14 接触导通，使电动机 1 反转。由于粗定位槽的限制，刀架体

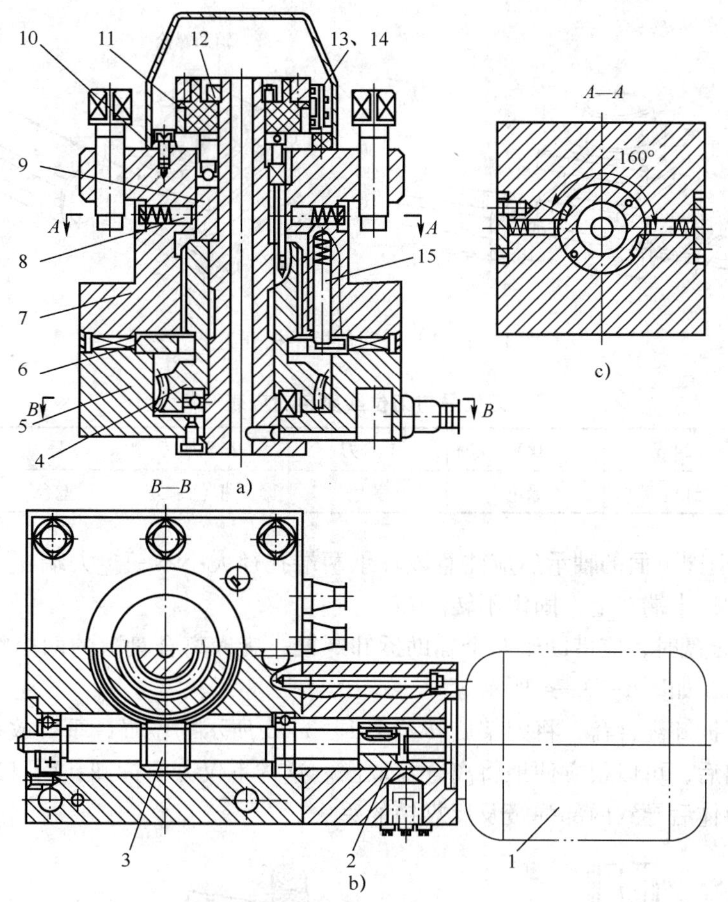

图 1—3—3　数控车床四方刀架结构

1—电动机　2—联轴器　3—蜗杆轴　4—蜗轮丝杠　5—刀架底座　6—粗定位盘　7—刀架体　8—球头销　9—转位套　10—电刷座　11—发信体　12—螺母　13、14—电刷　15—粗定位销

7 不能转动，使其在该位置垂直落下，刀架体 7 和刀架底座 5 上的端面齿啮合，实现精确定位。电动机继续反转，此时蜗轮停止转动，蜗杆轴 3 继续转动，译码装置由发信体 11 与电刷 13、14 组成，电刷 13 负责发信，电刷 14 负责位置判断。随夹紧力的增大，转矩不断增大，达到一定值时，在传感器的控制下，电动机 1 停止转动。刀架出现过位或不到位时，可松开螺母 12 调整好发信体 11 与电刷 14 的相对位置。

3. 拆装步骤

（1）刀架拆卸

1）拆卸前刀架处于锁紧状态，此时夹紧轮处于精定位状态，端齿与内外齿圈啮合，离合销脱离离合盘槽，离合盘、轴承、止推圈被紧紧地顶在大螺母上，大螺母处于锁紧状态。因此，在拆下闷头后，应首先用内六角扳手（6 mm）顺时针转动蜗杆（见图 1—3—4），使夹紧轮松开，方便大螺母拆卸。

2）拆卸时螺钉、螺栓及各零部件应按顺序摆放整齐，便于装配。拆卸刀位线之前，应先记录各刀位线的颜色，其对应关系见表 1—3—1。

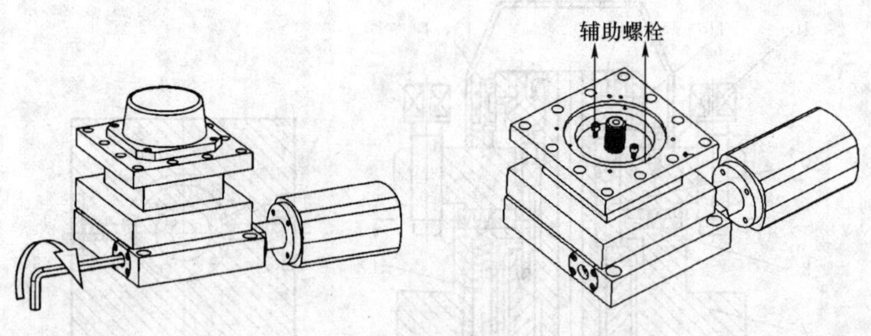

图 1—3—4　内六角扳手松开刀架

表 1—3—1　刀位号与刀位线颜色对应表

刀位号	+24 V	0 V	1 号刀	2 号刀	3 号刀	4 号刀
刀位线颜色	红色	绿色	黄色	橙色	蓝色	白色

3）拆卸止退圈下面的轴承后应注意该轴承两端孔径大小不一。大端在下，换刀时跟随上刀体一块转动；小端在上，固定不转。

4）拆卸离合盘时，应借助于两个辅助拆卸螺栓，旋入离合盘上的两个螺纹孔后利用螺纹配合将其取出，如图 1—3—4 所示。

也可以先不拆卸离合盘，将刀架旋转至图 1—3—5 所示的位置，垂直放在桌面上，将上刀体组整体取出后，可以很方便地将离合盘取出。这样不仅方便拆卸，而且还可以避免从上部直接抬起上刀体后导致内部弹簧及反靠销的丢失。

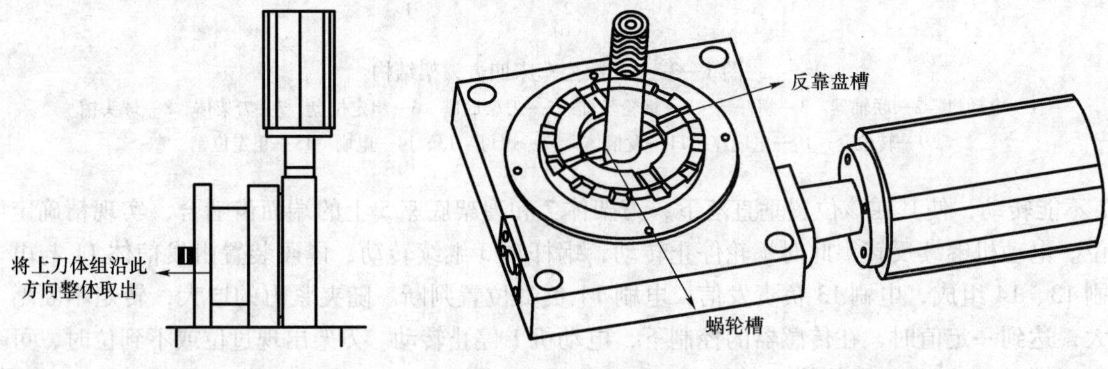

图 1—3—5　立式拆卸

5）拆卸外齿圈时，需先松开四个紧固螺栓，再拆卸四个圆锥定位销。定位销拆卸时要用专用的起销器拆卸。如果从刀架的另一侧直接用木锤敲出会导致定位孔定位不精确，影响刀架定位精度。

6）拆卸定轴之前由于刀位线长度的限制，要先将刀位线从定轴孔中抽出。抽线时刀位线上均有线鼻，受定轴内孔大小的限制，若直接抽线，线鼻将被卡死在定轴内孔中，用力过大还会导致线鼻脱落，此时可将各线依次抽出，同时注意用力适当。

（2）刀架装配

1）装配定轴前，先将刀位线穿入定轴孔中，穿线时仍需依次穿线。穿好线后，将蜗轮轴承、蜗轮装入定轴轴上。后续装配时，应首先将蜗轮装配到位，使其与蜗杆配合好，再将蜗轮轴承、定轴装入既定位置。

2）定轴装好后，用内六角扳手转动蜗杆，蜗杆带动蜗轮旋转至蜗轮槽与反靠盘槽在同一条直线上。

3）装配上刀体组之前，首先要调整螺杆的位置，如图 1—3—6 所示。旋转螺杆使其端面距夹紧轮的距离大约为 22 mm，同时螺杆的两齿与两反靠销在同一条直线上，注意该直线要与下刀体组中反靠盘槽与蜗轮槽所组成的直线在一个方向上，这样一次性装配就能成功。装配上刀体组时为了装配方便，仍可采用图 1—3—6 所示的拆卸时的方法，即将下刀体组立在桌面上，使电动机朝上，这时上刀体和下刀体贴近桌子的面是平齐的，便于装配。

4）装配完上刀体组后，需用内六角扳手转动蜗杆，使螺杆转过一个角度，便于装配离合盘，螺杆角度转到位后，螺杆漏出夹紧轮的高度大约 2 mm，如图 1—3—6 所示。

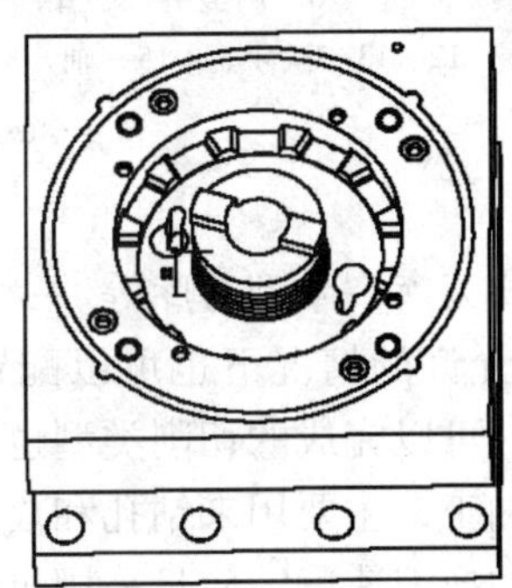
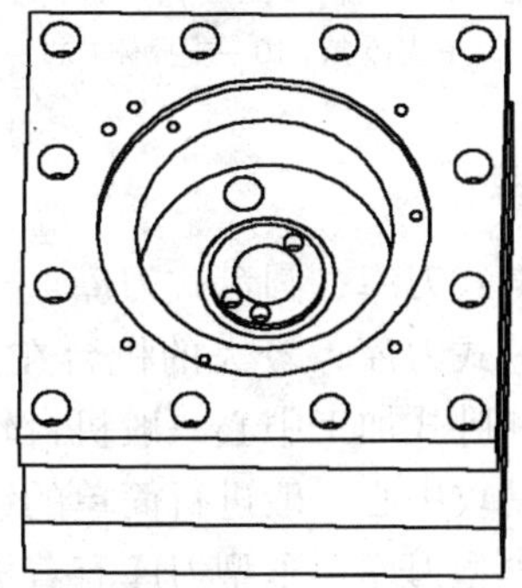

图 1—3—6　螺杆端齿装配最佳位置

5）装配大螺母时，要用手往下按压离合盘至最低点，然后旋紧大螺母。装配完大螺母后，可以手动用内六角扳手转动蜗杆，模拟换刀过程，校验装配是否正确。用 6 mm 内六角扳手顺时针转动蜗杆，开始转动时，为刀架松开的过程，此时上刀体不动；继续转动蜗杆，上刀体开始旋转，当上刀体转过一个刀位后会听到“嘎巴”一声响，此为反靠销滑过反靠盘到达刀位的声音，这时逆时针转动蜗杆，直到转不动为止，在此期间，刀架将完成粗精定位及反向锁紧的动作过程。若刀架能够锁紧，则说明装配正确，然后把其余零件顺序装上，并压上刀位线，即可完成整个刀架装配过程。

三、转塔回转刀架

如图 1—3—7 所示为数控车床的转塔回转刀架，它适用于盘类零件的加工。在加工轴类零件时，可以换用四方回转刀架。由于两者底部安装尺寸相同，更换刀架十分方便。回转刀架动作根据数控指令进行，由液压系统通过电磁换向阀和顺序阀进行控制。

刀塔分为液压刀塔、伺服刀塔和电动刀塔，是数控车床中实现刀具储备及自动换刀的功能部件，通过刀塔的旋转分度来实现数控机床的自动换刀动作。

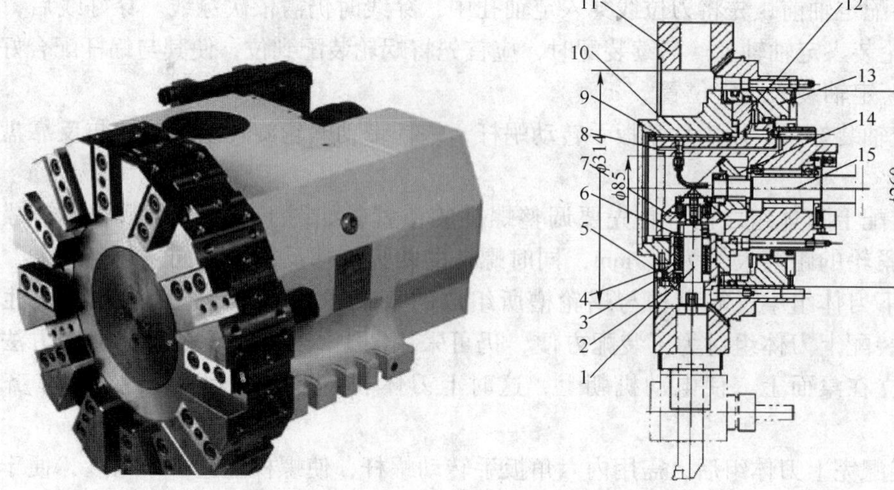

图 1—3—7 刀塔产品结构

1—动力轴 2—压盖 3、9—内隔套 4—外隔套 5—套 6—调整垫 7、14—锥齿轮 8—支撑套 10—支撑体 11—刀塔体 12、13—鼠牙盘 15—轴

四、加工中心刀库

刀库主要分为链式刀库、圆盘式刀库、斗笠式刀库、伞型刀库等。一般立式加工中心常用圆盘式刀库和斗笠式刀库，较大的机台在条件允许的情况下也可以配置大容量的链式刀库；门式加工中心和卧式加工中心一般机台较大，可以完成的切削类型也比较多，因而更多配置了链式刀库；钻攻中心一般进行简单的铣削加工，主要用来钻孔和攻丝，所以需要频繁换刀，因此，配备伞型刀库。伞型刀库有着极快的换刀速度，而且采用机械式打刀机构，稳定可靠，现在也越来越受到一些加工厂家的青睐。如图 1—3—8 所示为刀库的常见形式。

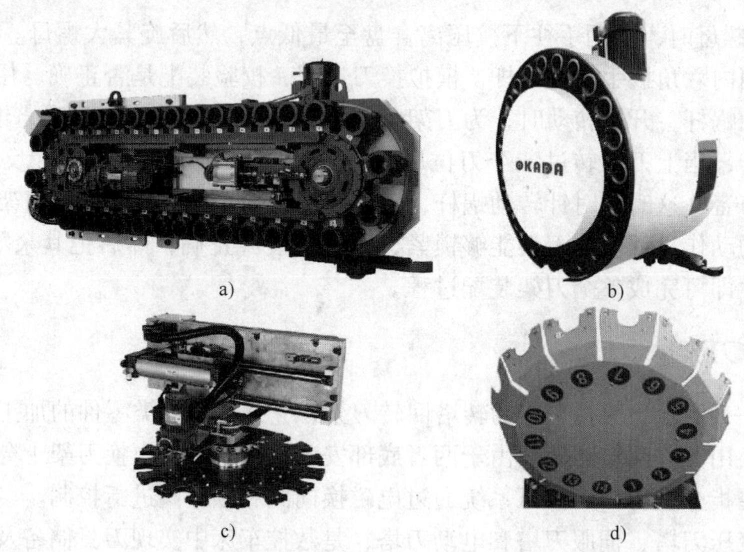

图 1—3—8 加工中心刀库

a）链式刀库 b）圆盘式刀库 c）斗笠式刀库 d）伞型刀库

1. 斗笠式刀库结构

斗笠式刀库由连接部分、分度部分、移动部分组成。整个刀库通过刀库界面板 15 安装在机床侧面的刀库支架上，找正换刀点后用锥销固定。刀库界面板上安装有导轨轴 17，刀库滑座 19 通过安装在其上的直线轴承 18 由气缸 9 带动沿导轨轴直线运动。气缸两端行程终点处带有缓冲装置，同时行程两端各装有一个液压缓冲器 13，可以保证滑座运动平稳，定位准确。减速电动机 11 安装在电动机座 12 上，再安装在刀库滑座上。电动机轴通过平键带动拨盘 3 回转，拨盘两端各由一个角接触球轴承 1 支撑，拨盘带动其上的拨销 2 连续回转，拨销与刀盘 22 上端面的径向槽组成槽轮分度机构，带动刀盘做间歇回转运动。刀盘上均匀地安装有定位键 23 和左、右刀臂 25、26，刀臂与刀盘之间由一个转轴定位，可以在一定范围内张开和闭合。两只刀臂之间装有压缩弹簧，用来夹紧刀具。

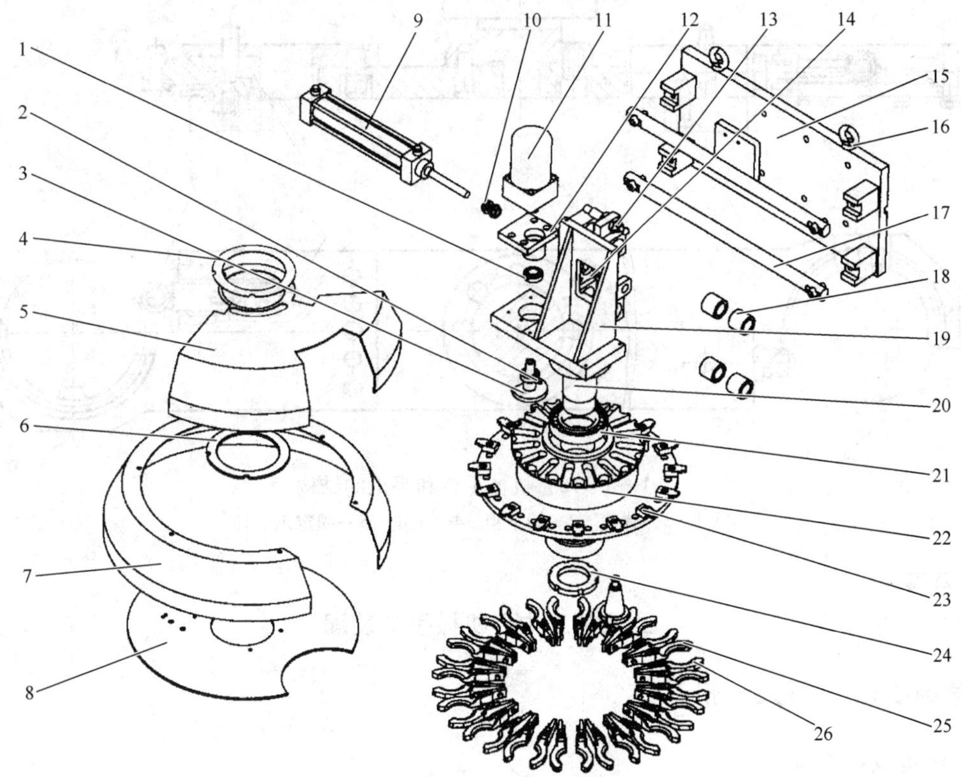

图 1—3—9 斗笠式刀库结构

1、21—角接触球轴承 2—拨销 3—拨盘 4—上垫板 5—活动门 6—下垫板 7—防护罩 8—吊板 9—气缸 10—气缸螺母 11—减速电动机 12—电动机座 13—缓冲器 14—气缸座 15—刀库界面板 16—吊环螺钉 17—导轨轴 18—直线轴承 19—刀库滑座 20—刀盘主轴 22—刀盘 23—定位键 24—螺母 25—左刀臂 26—右刀臂

2. 斗笠式刀库装配步骤

（1）刀盘组装。

（2）刀库滑座、界面板组装。

（3）活动门组装。

（4）刀盘与滑座组装。

（5）电动机座组装。

（6）试车。

3. 机械手结构

如图 1—3—10 所示为机械手臂和手爪结构。手臂的两端各有一手爪。刀具在带弹簧 1 的顶销 4 的作用下紧靠着固定爪 5。锁紧销 2 被弹簧 3 弹起，使顶销 4 被锁位，不能后退，这就保证了在机械手运动过程中，手爪中的刀具不会被甩出。当手臂在上方位置从初始位置转过 75°时锁紧销 2 被挡块压下，顶销 4 就可以活动，使得机械手可以抓住（或放开）主轴和刀套中的刀具。

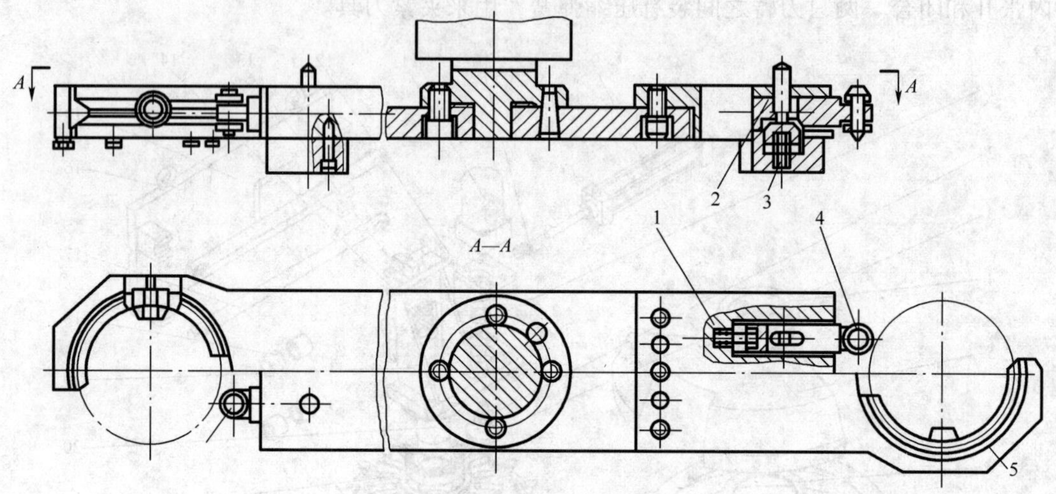

图 1—3—10　机械手臂和手爪的结构

1、3—弹簧　2—锁紧销　4—顶销　5—固定爪

项目实施

立式加工中心机械手的装配

一、考场准备（每人一份）

1. 设备及材料准备

序号	部件名称	规格	数量	备注
1	加工中心各基础组件与总装配图		1 台	机械部分
2	吊装设备		1 副	
3	稿纸	A4	1 张	
4	机油	油脂和油液	若干	

2. 工具、量具准备

名称	规格	精度（读数值）	数量	备注
锤子	0.5kg		1把	
平板锉	250 mm（1号纹）		1把	
平板锉	200 mm（2号纹）		1把	
平板锉	150 mm（4号纹）		1把	
钢直尺	0～150 mm		1把	
杠杆百分表		0.01	1个	
百分表架			1副	
检验棒	L600 mm	一级	1套	
游标高度尺	150 mm	0.02	1把	
游标卡尺	150 mm	0.02	1把	
塞尺	0.02～1 mm	0.02	1把	
外径千分尺	25～50 mm	0.01	1把	
千分表（含表架）	0～1 mm	0.001	1套	
水平仪	200 mm	0.02	1个	
平尺			1个	
可调量块			1套	
刮刀			1把	

3. 考生准备

名称	规格	精度（读数值）	数量	备注
钢笔或中性笔	黑色		1支	

二、考核内容

1. 本题分值

30分。

2. 考试时间

90 min。

3. 考核形式

笔试和实操。

4. 具体要求

（1）读图回答问题（10分）

简述机械手换刀的过程。

（2）实操部分（20 分）

要求：达到装配质量要求，同时操作过程中要做到安全、规范。

三、配分与评分标准

实操部分（20 分）

序号	考核内容	考核要点	配分	评分标准	扣分	得分
1	装配过程	装配的步骤、方法、安全性，工具、量具的使用，物品的摆放等	8	每项扣 2 分，扣完为止		
2	装配结果	各项装配精度的检验	10	按检测项目的多少均分 10 分，超差扣分，扣完为止		
3	现场考核	文明生产	2	每项扣 2 分，扣完为止		
合计			20			

否定项：若考生发生下列情况之一，则应及时终止考试，考生该试题成绩记为零分

（1）由于操作不当损坏工具、部件或设备

（2）由于操作不当造成人身、设备等安全事故

项目 4　数控机床底座和立柱主轴箱的装配与调整

项目目标

1. 了解数控机床底座、立柱、主轴箱等部件之间的装配工艺过程。
2. 掌握装配工艺及精度调整。
3. 掌握刮研方法。

项目描述

完成立柱与主轴箱的装配。要求：达到装配质量要求，同时操作过程中要做到安全、规范。

项目分析

底座、立柱、主轴箱和鞍座称为数控机床“四大件”，其装配质量直接影响整机的质量，也是其他部件正常工作的基础。

相关知识

一、加工中心主要功能部件简介

加工中心功能部件如图 1—4—1 所示，加工中心底座和立柱如图 1—4—2 所示。

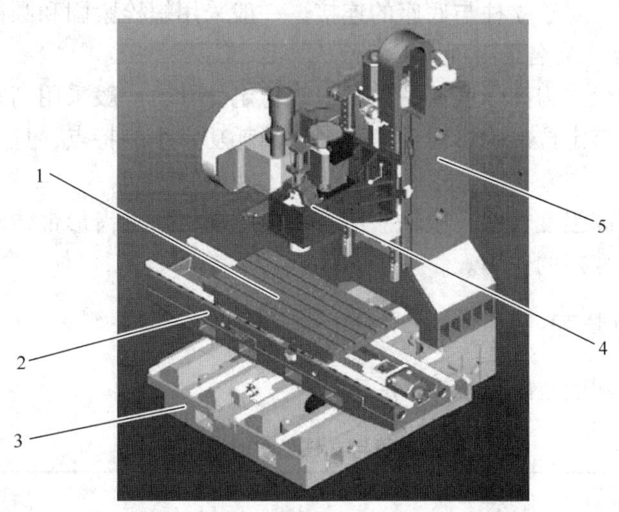

图 1—4—1 加工中心功能部件

1—工作台 2—鞍座 3—底座 4—主轴箱 5—立柱

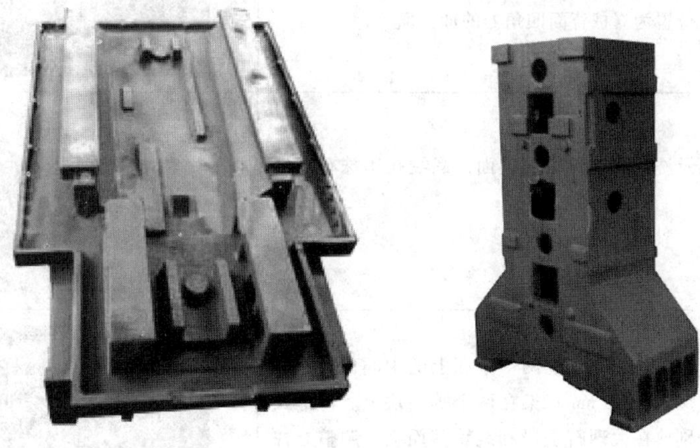

图 1—4—2 加工中心底座和立柱

1. 底座

底座是机床的基础件，要求具有足够高的静、动刚度和精度保持性。要求在满足总体要求的前提下，尽可能做到既要结构合理，肋板布置得当，又要保证良好的冷热加工工艺性。

立式加工中心采用固定立柱式，由十字滑台及工作台实现平面上的两坐标移动。其后端是安装立柱的位置，具备较高的刚度。中间安装丝杠和螺母座，实现 Y 向驱动。

2. 立柱

立式加工中心要支撑主轴箱，使之沿着垂直方向向下运动，工作过程中受到切削力、振动和温度变化等条件影响。因此，立柱也是加工中心关键零部件之一，要求具有足够的刚度、良好的抗振性及抗热变形性。

通常情况下立柱内腔为空，便于添加配重来减小电动机的负荷，采用米字形加强筋来提高立柱的刚度和强度。对于立柱与底座的连接，一般采用螺栓紧固和圆锥销定位方式。

3. 鞍座和工作台（又名十字滑台）

工作台及十字滑台均为高强度铸铁件，组织稳定。导轨一般采用高精度的预加载荷的淬硬滚动直线导轨，具有定位准确、滑动速度高、消耗功率小的特点，且不需要经常调整。

4. 主轴箱

主轴箱一般采用高强度铸铁。主轴一般直接由电动机通过齿形带传动，通过改变主从动齿轮直径达到变速和变矩的作用。

二、各部件之间的装配

主轴箱与立柱之间的装配见表 1—4—1。

表 1—4—1　　主轴箱与立柱之间的装配

步骤	工艺说明	图例
落立柱	检验立柱表面是否有锈蚀、划伤。清理干净后，将立柱（导轨面朝上）平稳地放置到四块可调垫铁上，垫铁摆放位置为立柱背面四角处的加工面	
清理导轨安装面	用油石及洗油清理导轨安装面，螺纹孔用抹布擦拭干净	
调水平	将两个等高块放在立柱两个基面上的中间位置，将大理石平尺（1 000 mm）架在两个等高块上。将框式水平仪分别放在大理石平尺和线轨基面上，调整立柱水平	
测扭曲度	将两个等高块置于导轨安装面上，将大理石平尺架在等高块上，测量导轨两端和中间三点扭曲值，三点气泡位置相差不超过两格（0.02 mm）	
测直线度	将框式水平仪放置在导轨安装面上，以水平仪长度为步长，从导轨安装前端检测至末端，以水平仪任意刻度为零点，分别记录，全长不大于 0.01 mm	

续表

步骤	工艺说明	图例
安装导轨	安装直线导轨及压块，有MR标志的为主导轨，箭头方向指示为基准面方向，失预紧线轨螺钉，再预紧压块螺钉。用小力矩扳手从中间开始锁紧压块螺钉后再用大力矩扳手锁紧线轨螺钉。依次向两边延伸锁紧。安装完导轨后，确保导轨各结合面0.02 mm塞尺不入	
检测平行度	检测立柱平行度≤0.01 mm，立面直线度≤0.01 mm	
清理	用砂纸、油石、洗油清理所用零部件，倒角、去毛刺	
安装主轴组件	保证主轴箱主轴孔与地面垂直。在主轴上涂抹少许甘油。将主轴组件用主轴吊环吊起，缓缓落到主轴箱孔内，再用铜棒左右轻轻敲打主轴端面两个螺钉孔中间部位，使之与主轴箱孔同心，逐渐落入箱内 注意主轴的安装方位，各种管路接口的位置务必与图样一致	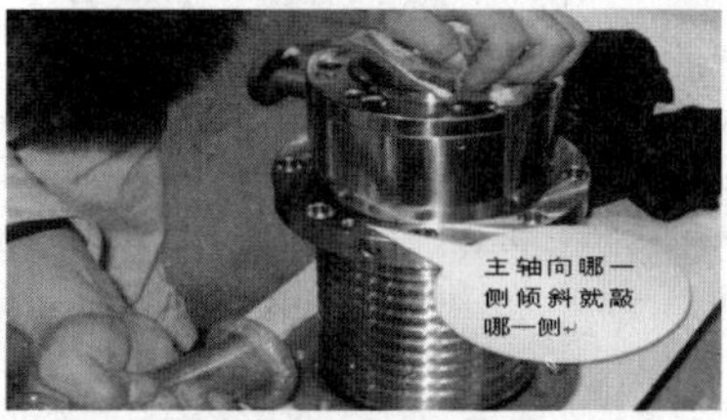 主轴向哪一侧倾斜就敲哪一侧
固定主轴	用8个螺钉按照直径对称方向先预拧紧，逐渐交替拧紧。涂拧紧标识。注意：确保主轴端面与主轴箱端面结合处0.02 mm塞尺不入	
清理主轴箱	清理主轴箱安装面	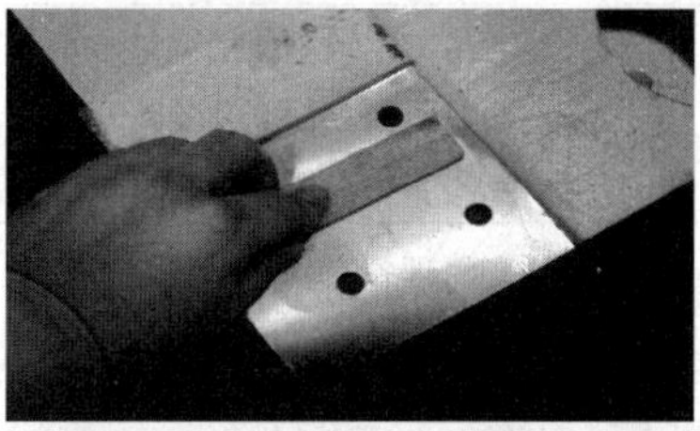
吊装主轴部件	用吊绳将主轴箱落在立柱上，使主轴箱基准面靠严立柱线轨。主轴箱翻转必须运用吊车缓缓翻转	

续表

步骤	工艺说明	图例
固定主轴箱	用16个螺钉（M10×40）将主轴箱非正式拧紧	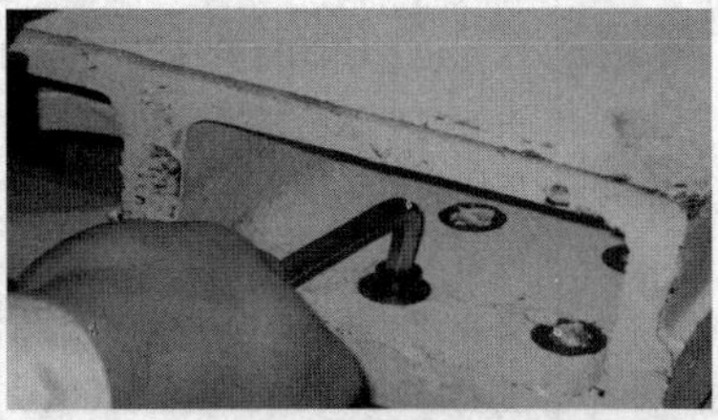
安装压块	用6个螺钉（M8×25）将两个压块安装到主轴箱侧面基准导轨一侧。正式拧紧正面螺钉，拧紧顺序为对角逐渐拧紧	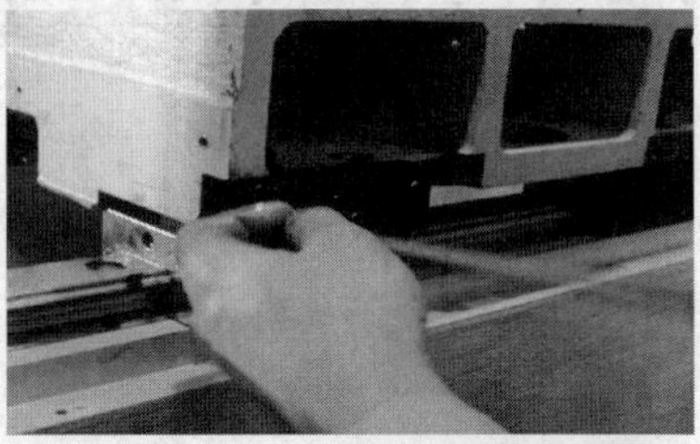
安装气缸	安装气缸连接板及气缸。注意安装方向，气管接头朝上	
检验主轴精度	将检棒装入主轴中，用百分表检测导轨立面直线度≤0.01 mm/300 mm。要求：主轴母线正向抬头0.012 mm以内，侧向不大于0.01 mm。用千分表检测主轴径向跳动，近端0.004 mm，远端300 mm处0.01 mm	
刮研主轴箱底面和侧面	吊下主轴箱，根据检查的精度刮研主轴箱底面和侧面，各结合面0.02mm塞尺不入。保证接触点不少于6点/25 mm×25 mm	
安装检棒	清理各安装面，安装*Z*轴丝母座检棒，安装*Z*轴电动机座及轴承座检棒	
检测精度	保证中间棒端面与丝母座端面0.02 mm塞尺不入的情况下，测量中间棒母线的正向和侧向，读数不大于0.01 mm，根据中间棒的精度，测量电动机座母线的正向和侧向，自身母线读数不大于0.01 mm，和中间棒之间的精度差不大于0.1mm	

续表

步骤	工艺说明	图例
安装电动机座和轴承座定位销	用 ϕ9.8 mm 钻头钻 Z 轴定位销孔，用 ϕ10 mm 铰刀手动铰 Z 轴定位销孔。安装电动机座定位销，保证定位销顶端距离电动机座上表面 1～2 mm。清理铁屑	
安装丝杠	将旋转油封打入电动机座内，将轴承涂润滑脂。润滑脂占轴承空间的 30%，电动机座 3 个轴承打入轴承方向，用轴承套筒把 3 个电动机座轴承打入电动机座，将自由端轴承套在丝杠端部用卡簧卡死，用铜棒将丝杠穿入电动机座与轴承座之间，放入隔套，安装压盖，保证压板缝隙 0.02～0.08 mm 塞尺可入	
检测跳动	安装丝杠锁紧螺帽，用百分表测量 Z 轴丝杠径向跳动数值不大于 0.03 mm。安装锁紧螺帽防松顶丝	
安装润滑油路	安装 Z 轴润滑油分油器，安装油管与油管接头	
清理现场	立柱补漆，用抹布清理立柱并涂抹防锈油，清理工具、量检具、吊具，填写机床档案	

项目实施

立柱与主轴箱的装配

一、考场准备（每人一份）

1. 设备及材料准备

序号	部件名称	规格	数量	备注
1	加工中心各基础组件与总装配图		1 台	机械部分
2	吊装设备		1 副	
3	稿纸	A4	1 张	
4	机油	油脂和油液	若干	

2. 工具、量具准备

名称	规格	精度（读数值）	数量	备注
锤子	0.5kg		1 把	
平板锉	250 mm（1 号纹）		1 把	
平板锉	200 mm（2 号纹）		1 把	
平板锉	150 mm（4 号纹）		1 把	
钢直尺	0 ~ 150 mm		1 把	
杠杆百分表		0.01	1 个	
百分表架			1 副	
检验棒	L600 mm	一级	1 套	
游标高度尺	150 mm	0.02	1 把	
游标卡尺	150 mm	0.02	1 把	
塞尺	0.02 ~ 1 mm	0.02	1 把	
外径千分尺	25 ~ 50 mm	0.01	1 把	
千分表（含表架）	0 ~ 1 mm	0.001	1 套	
水平仪	200 mm	0.02 mm	1 个	
平尺			1 个	
可调量块			1 套	
刮刀			1 把	

3. 考生准备

名称	规格	精度（读数值）	数量	备注
钢笔或中性笔	黑色		1 支	

二、考核内容

1. 本题分值

30 分。

2. 考试时间

90 min。

3. 考核形式

笔试和实操。

4. 具体要求

（1）问答题问题（10 分）

试述立柱与主轴箱的装配操作步骤、要求以及相关的装配精度。

（2）实操部分（20 分）

完成立柱与主轴箱的装配。

要求：达到装配质量要求，同时操作过程中要做到安全、规范。

三、配分与评分标准

1. 看图回答问题（10分）

（1）清洗立柱轨道研磨面与主轴箱接触面（1分）。

（2）检测立柱与主轴箱的相关精度（若不合格可进行刮削）（1分）。

（3）将主轴箱安装到立柱上，完成与立柱的连接（1分）。

（4）调试完毕后将嵌条座、左右嵌条和平嵌条一起固定，将鞍座来回移动，测试嵌条是否与底座研磨面接触良好以及移动是否灵活（1分）。

（5）根据相关的精度项目进行调整（1分）。

（6）各项装配精度的填写（5分）。

2. 实操部分（20分）

序号	考核内容	考核要点	配分	评分标准	扣分	得分
1	装配过程	装配的步骤、方法、安全性，工具、量具的使用，物品的摆放等	8	每项扣2分，扣完为止		
2	装配结果	各项装配精度的检验	10	按检测项目的多少均分10分，超差扣分，扣完为止		
3	现场考核	文明生产	2	每项扣2分，扣完为止		
合计			20			
否定项：若考生发生下列情况之一，则应及时终止考试，考生该试题成绩记为零分 （1）由于操作不当损坏工具、部件或设备 （2）由于操作不当造成人身、设备等安全事故						

模块二

数控机床电气系统的连接与调试

项目1　数控机床电气控制基础

项目目标

1. 了解数控机床常用的低压电器类型、结构、工作原理、图形和文字符号。

2. 了解数控系统及各附件的功能和作用。

3. 能够读懂数控机床电气原理图。

项目描述

根据数控机床电气控制原理图，对数控机床的电气工作原理进行描述。

项目分析

能够对数控机床电气控制原理图进行识图，是数控机床电气系统连接与调试的基础，是学好数控机床电气部分装调与维修的前提。

相关知识

一、数控机床电气部件

1. 低压断路器

低压断路器又称自动空气开关或自动空气断路器，简称断路器（见图2—1—1）。它是一种既有手动开关作用，又能自动进行失压、欠压、过载和短路保护的电器。它可用来分配电能，不频繁地启动异步电动机，对电源线路及电动机等实行保护。当发生严重的过载、短路及欠压等故障时能自动切断电路，其功能相当于熔断器式开关与过压欠压热继电器的组合。低压断路器在分断故障电流后一般不需要变更零部件，已获得了广泛的应用。

（1）低压断路器的结构及工作原理

低压断路器主要由三个基本部分组成：触头、灭弧系统和各种脱扣器。脱扣器包括电流脱扣器、失压欠压脱扣器、热脱扣器、分励脱扣器和自由脱扣器。如图2—1—2所示是低压断路器工

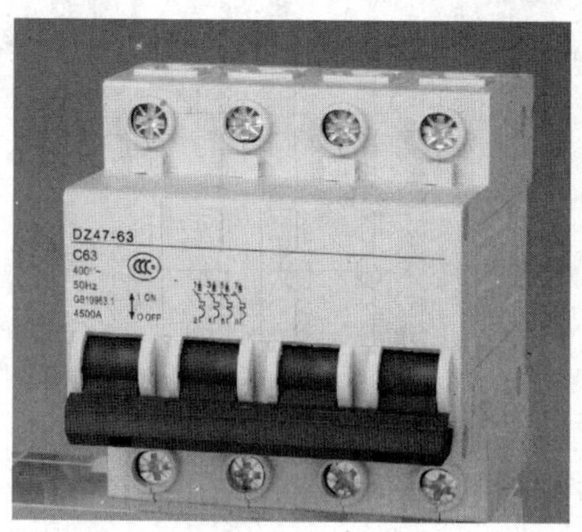

图 2—1—1　断路器

作原理图。开关是靠操作机构手动或电动合闸的，触头闭合后，自由脱扣器机构将触头锁在合闸位置上。当电路发生故障时，通过各自的脱扣器使自由脱扣机构动作，自动跳闸实现保护作用。

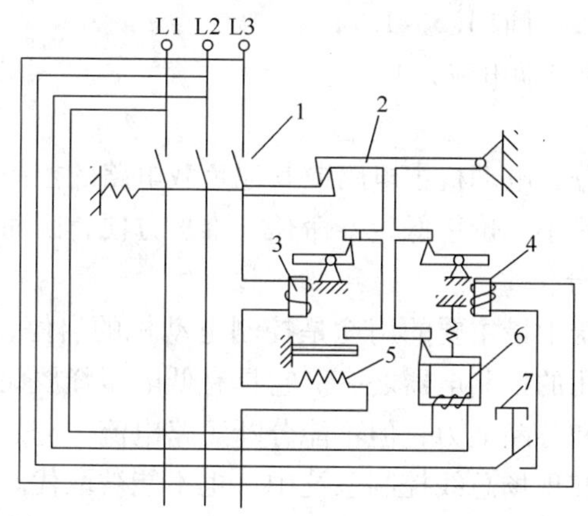

图 2—1—2　断路器工作原理图

1—主触头　2—自由脱扣机构　3—过电流脱扣器　4—分励脱扣器
5—热脱扣器　6—失压脱扣器　7—按钮

（2）低压断路器的主要参数

1）额定电流。是指断路器在长期工作时的允许持续电流。

2）额定电压。是指断路器在长期工作时的允许电压，通常等于或大于电路的额定电压。

3）通断能力。是指断路器在规定的电压、频率以及规定的线路参数下，所能接通和分断的短路电流值。

4）分断能力。是指断路器切断故障电流所需的时间。

（3）低压断路器的图形文字符号

低压断路器的图形文字符号如图 2—1—3 所示。

（4）低压断路器的选择

1）额定电流和额定电压应大于或等于线路、设备的正常工作电压和工作电流。

2）热脱扣器的整定电流应与所控制负载的额定电流一致。

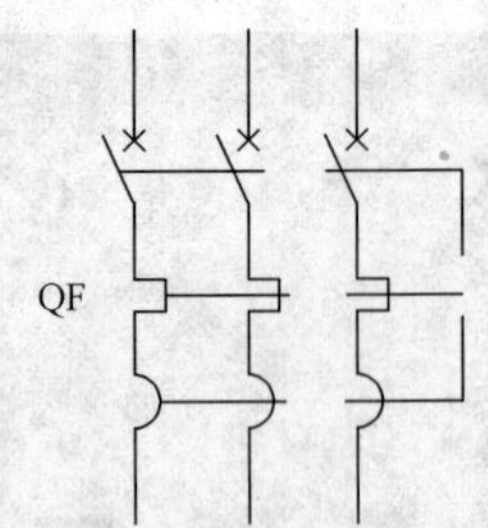

图 2—1—3　断路器图形文字符号

3）欠电压脱扣器的额定电压应等于线路的额定电压。

4）过电流脱扣器的额定电流应大于或等于线路的最大负载电流。对于单台电动机来说，可以按下式计算：

$$I_z \geqslant kI_q$$

式中　I_z——过电流脱扣器的额定电流，A；

k——安全系数，可取 1.5～1.7；

I_q——电动机的启动电流，A。

2. 接触器

接触器是用来接通或分断电动机主电路或其他负载电路的控制电器，用它可以实现频繁的远距离控制。由于它体积小、价格低、寿命长、维护方便，因而用途十分广泛。

（1）接触器的用途及分类

接触器在电路控制系统中最主要的用途是控制电动机的启停、正反转、制动和调速等，因此它是最重要也是最常用的控制电器之一。它具有低电压释放保护功能，具有比工作电流大数倍乃至几十倍的接通和分断能力，但不能分断短路电流。它是一种执行电器，即使在现在的可编程序控制器系统和现场总线控制系统中，也不能被取代。

接触器种类很多，按操作机构可分为电磁式、气动式和液压式，以电磁式应用最为广泛。按接触器主触点控制电路中电流种类可分为交流接触器和直流接触器两种。按其主触点的极数（即主触点的对数）来分，有单极、双极、三极、四极和五极等多种。

（2）接触器的结构

如图 2—1—4 所示为交流接触器的结构剖面示意图。如图 2—1—5 所示为接触器实物图。

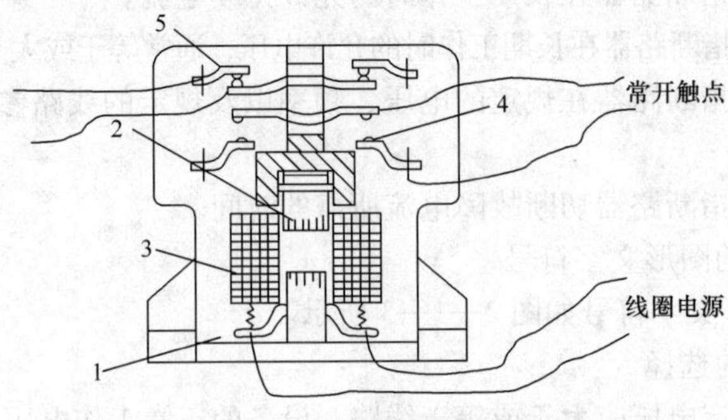

图 2—1—4　接触器剖面示意图

1—铁芯　2—衔铁　3—线圈　4—常开触点　5—常闭触点

1）电磁机构。电磁机构由线圈、铁芯和衔铁组成。铁芯一般是双 E 形衔铁直动式电磁机构，有的衔铁采用绕轴转的拍合式电磁机构。

2）主触点和灭弧系统。根据主触点的容量大小，有桥式触点和指形触点两种。直流接触器和电流在 20 A 以上的交流接触器均装有灭弧罩，有的还带有栅片或磁吹灭弧装置。

3）辅助触点。有常开和常闭辅助触点，在结构上均为桥式双断点形式，其容量较小。接触器安装辅助触点的目的是使其在控制电路中起联动作用，用于和接触器相关的逻辑控制。辅助触点不设灭弧装置，所以不能用来分合主电路。

4）反力装置。该装置由释放弹簧和触点弹簧组成，均不能进行弹簧松紧的调节。

图 2—1—5　接触器实物图

5）支架和底座。它用于接触器的固定和安装。

（3）接触器的工作原理

当交流接触器线圈通电后，在铁芯中产生磁通，由此在衔铁气隙处产生吸力，使衔铁产生闭合动作，主触点在衔铁的带动下闭合，于是接通了主电路。同时衔铁还带动辅助触点动作，使原来断开的辅助触点闭合，而原来闭合的辅助触点断开。当线圈断电或电压显著降低时，吸力消失或减弱（小于反力），衔铁在释放弹簧作用下打开，主、辅触点又恢复到原来状态。这就是接触器的工作原理。

直流接触器的结构和工作原理与交流接触器基本相同，仅在电磁机构方面有所不同，这里不再赘述。

（4）接触器的图形符号和文字符号

接触器的图形符号和文字符号如图 2—1—6 所示。

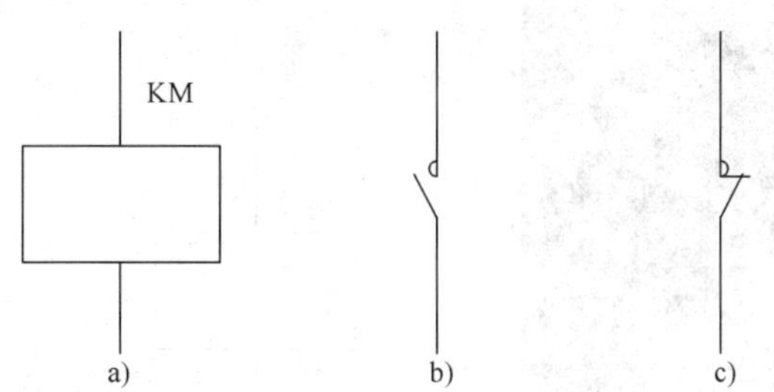

图 2—1—6　接触器的图形符号和文字符号

a）线圈　b）常开触点　c）常闭触点

（5）接触器的技术参数

1）额定电压。额定电压指主触点的额定电压，在接触器铭牌上标注。常见的有：交流 220 V、380 V 和 660 V，直流 110 V、220 V 和 440 V。

2）额定电流。额定电流指主触点的额定电流，在接触器铭牌上标注。它是在一定的条件（额定电压、使用类别和操作频率等）下规定的，常用的电流等级有 10 ~ 800 A。

3）线圈的额定电压。指加在线圈上的电压。常用的线圈额定电压有：交流 220 V 和 380 V，直流 24 V 和 220 V。

4）接通和分断能力。接通和分断能力是指主触点在规定条件下能可靠地接通和分断的电流值。在此电流值下，接通电路时主触点不应发生熔焊，分断电路时主触点不应发生长时间燃弧。

5）额定操作频率。额定操作频率是指接触器每小时的操作次数。交流接触器最高为 600 次/h，而直流接触器最高为 1 200 次/h。操作频率直接影响接触器的使用寿命，对于交流接触器还影响线圈的温度。

（6）接触器的选择

接触器使用广泛，其额定工作电流或额定控制功率随使用条件不同而不同，只有根据不同的使用条件正确选用，才能保证接触器可靠运行。一般来说，交流负载选用交流接触器，直流负载选用直流接触器。

接触器是电气控制系统中不可缺少的执行器件，而三相笼型电动机也是最常用的控制对象。对额定电压为 AC 380 V 的接触器，如果知道了电动机的额定功率，则相应的接触器其额定电流的数值也基本可以确定。对于 5.5 kW 以下的电动机，其控制接触器的额定电流为电动机额定功率数值的 2 ~ 3 倍；对于 5.5 ~ 11 kW 的电动机，其控制接触器的额定电流约为电动机额定功率数值的 2 倍；对于 11 kW 以上的电动机，其控制接触器的额定电流为电动机额定功率数值的 1.5 ~ 2 倍。记住这些关系，对在实际工作中迅速选择接触器十分有用。

3. 中间继电器

在控制电路中起信号传递、放大、切换和逻辑控制等作用的继电器称作中间继电器，如图 2—1—7 所示。它属于电压继电器的一种，主要用于扩展触点数量，实现逻辑控制。中间继电器也有交、直流之分，可分别用于交流控制电路和直流控制电路。中间继电器的图形符号和文字符号如图 2—1—8 所示，文字符号为 KA。

图 2—1—7　中间继电器实物图

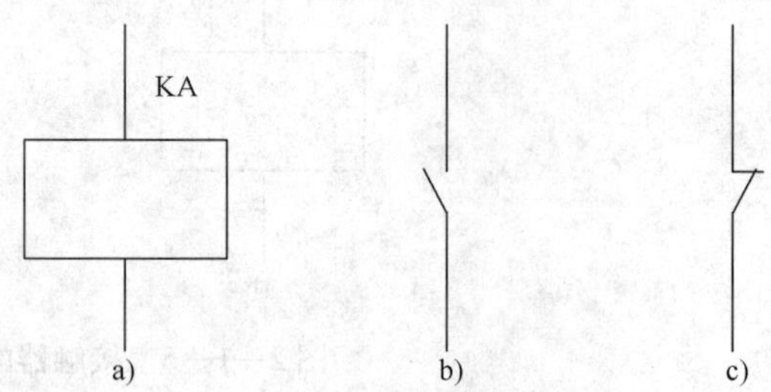

图 2—1—8　中间继电器图形符号和文字符号

a）中间继电器　b）常开触点　c）常闭触点

中间继电器的主要技术参数有额定电压、额定电流、触点对数以及线圈电压种类和规格等。选用时要注意线圈的电压种类和电压等级应与控制电路一致。另外，要根据控制电路的需求来确定触点的形式和数量。当一个中间继电器的触点数量不够用时，也可以将两个中间继电器并联使用，以增加触点的数量。

新型中间继电器触点在闭合过程中，其动、静触点间有一段滑擦、滚压过程。该过程可以有效地清除触点表面的各种生成膜及尘埃，减小接触电阻，提高接触的可靠性。有的还安装了防尘罩或采用密封结构，进一步提高了可靠性。有些中间继电器安装在插座上，插座有多种型号可供选择；有些中间继电器可直接安装在导轨上，安装和拆卸均很方便。

4. 灭弧器

当电源电压超过数十伏、开断电流在数十安以上时，为减少电弧对触头的烧损和限制电弧扩展的空间，通常需要采取加强灭弧能力的措施，为此而采用的装置称为灭弧装置。

数控机床中，灭弧器采用接触器的触点灭弧，有两种方法：一种是磁灭弧，即将接入接触器触点的那根导线绕成线圈，当接触器闭合或断开时（感性负载主要在断开时）产生的电流变化形成的磁场，将电弧吹（吸）灭；一种是阻断法，当接触器断开时，在触点间形成的拉弧往往是一个连接两触点的弧形，利用绝缘材料组成栅格隔断电弧的弧形路线来灭弧。如图 2—1—9 所示为数控机床上的灭弧器。

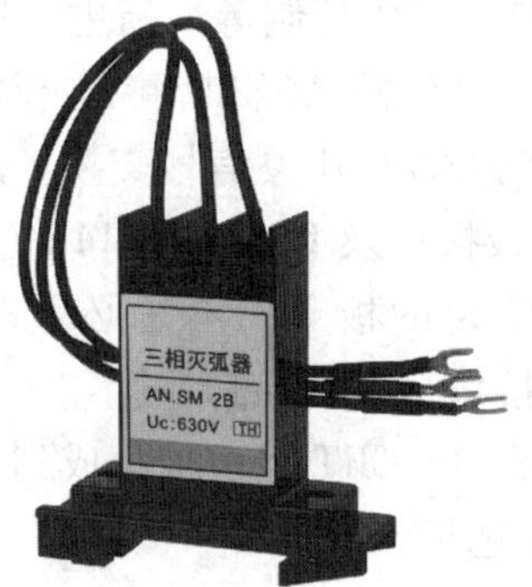

图 2—1—9 交流灭弧器

5. 分线器模块

分线器模块是把各种板卡上的任何插头形式的电缆信号转换成便于连接、测量的导线信号，解决工程中的分线困难、连接可靠性差等实际问题，广泛应用于自动化领域。安装形式采用通用的 35 mm U 形导轨安装，安装方便、快捷。如图 2—1—10 所示为分线器模块。

图 2—1—10 分线器模块

6. 数控系统

日本 FANUC 公司是从事数控产品生产最早、产品市场占有率最大、最有影响的数控产品开发和制造厂家之一，该公司自 20 世纪 50 年代末期生产数控系统以来，已开发出 40 多种系列的数控系统。

（1）数控系统的结构

数控机床一般由输入输出设备、数控装置（CNC 装置）、伺服单元、驱动装置（又称执行机构）、可编程控制器（PLC，又称 PMC）、电气控制装置、辅助装置、机床主体及测量装置组成。

数控装置即数控系统，是数控机床的核心，由硬件和软件两大部分组成。它接受从数控机床输入装置（软磁盘、硬磁盘、纸带阅读机、磁带机等）输入的控制信号代码，经过输入、缓存、译码、寄存、运算、存储等转变成控制指令实现直接或通过可编程控制器（PLC）对伺服驱动系统的控制。数控装置主要包括微处理器（CPU）、存储器、局部总线、外围逻辑电路以及与 CNC 系统其他组成部分联系的接口等。

FANUC 数控系统的典型构成如下。

1）数控主板：用于核心控制、运算、存储、伺服控制等。新主板集成了 PLC 功能。

2）PLC 板：用于外围动作控制。新系统的 PLC 板已经和数控主板集成到一起。

3）I/O 板：早期的 I/O 板用于数控系统和外部的开关信号交换。新型的 I/O 板主要集成了显示接口、键盘接口、手轮接口、操作面板接口及 RS-232 接口等。

4）MMC 板：人机接口板。这是个人电脑化的板卡，不是必须匹配的。其本身带有 CRT、标准键盘、软驱、鼠标、存储卡及串行接口、并行接口。

5）CRT 接口板：用于连接显示器。新系统中，CRT 接口被集成到 I/O 板上。

另外，FANUC 数控系统还提供其他一些可选板卡。

下面以 FANUC 0i Mate C 为例来介绍 FANUC 数控系统的组成。

FANUC Series 0i Mate（系统配置图见图 2—1—11）是高可靠性、高性价比的 CNC 系统。于 2004 年 4 月在中国市场上推出的 FANUC 0i-C/0i Mate-CCNC 系统是高可靠性、高性价比、高集成度的小型化系统。该系统是基于 16i/18i-B 的技术设计的，代表了目前常用 CNC 系统的最高水平，并使用了高速串行伺服总线（用光缆连接）和串行 I/O 数据口，还带有以太网口。使用该系统的数控机床可以单机运行，也可以方便地入网用于柔性加工生产线。和 0i-B 一样，该系统有提高精度的先行控制功能（G05 和 G08），因此，非常适合模具加工数控机床使用。

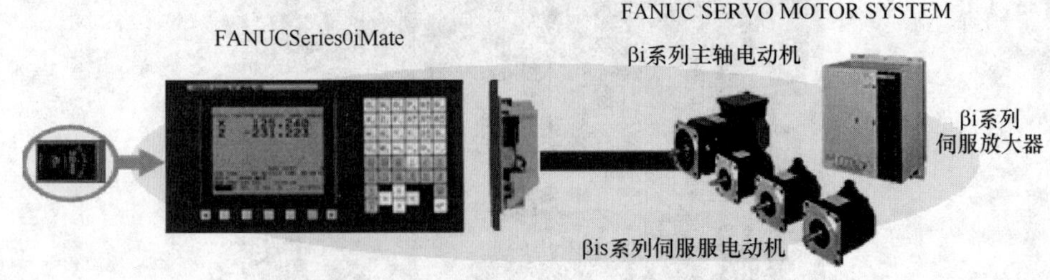

图 2—1—11　FANUC 0i Mate C 系统配置

（2）FANUC 0i Mate C 系统的功能连接

FANUC 0i Mate C 系统结构与 FANUC 0i C 系统结构基本相同，只是取消了扩展小槽功能板，如远程缓冲器串行通信板 DNC1/DNC2、数据服务器板、以太网功能板等，具体结构如图 2—1—12 所示。

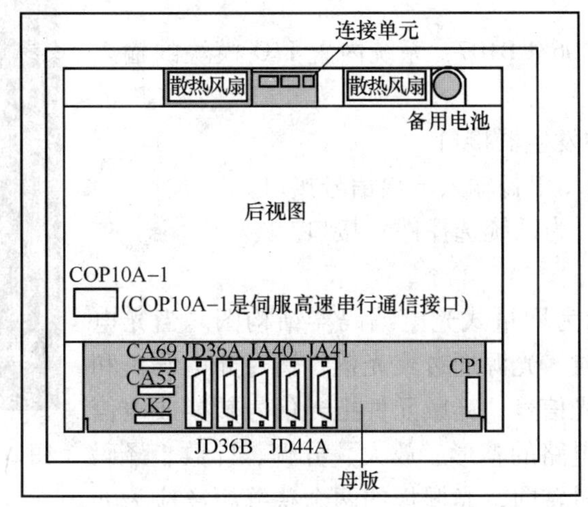

图 2—1—12　FANUC 0i Mate C 主板接口布置

FANUC 0i Mate C 主板接口的功能介绍如下。

CP1：系统直流 24 V 输入电源接口，一般与数控机床侧的 24 V 稳压电源连接。

JA41：串行主轴/主轴位置编码器信号接口。当主轴为串行主轴时，与主轴放大器的 JA7B 连接，实现主轴模块与 CNC 系统的信息传递；当主轴为模拟量时，该接口又是主轴位置编码器的主轴位置反馈信号接口。

JD44A：外接的 I/O 卡或 I/O 模块接口信号（I/O Link）。

JA40：模拟量主轴的速度信号接口，CNC 系统输出的速度信号（0 ~ 10 V）与变频器的模拟量频率设定端相连接。

JD36B：RS-232 C 串行通信总线（2 通道）。

JD36A：RS-232 C 串行通信总线（0、1 通道）。

CA69：伺服检测板接口。

CA55：系统 MDI 软键信号接口。

CK2：系统操作软键信号接口。

COP10A-1：系统伺服高速串行通信 FSSB 接口（光缆），与伺服放大器的 COP10B 连接。

Battery：系统备用电池（3 V 标准锂电池）。

Fan motor：散热风扇电动机（两个）。

7. I/O 单元

FANUC I/O 单元主要作为机床 PMC 的输入输出点。0i D 系列 I/O 单元模块是 FANUC 系统数控机床使用最为广泛的 I/O 单元模块，如图 2—1—13 所示。采用 4 个 50 芯插座连接的方式，4 个 50 芯插座分别为 CB104、CB105、CB106、CB107。输入点有 96 点，每个 50

芯插座中包含 24 点的输入点，这些输入点被分为 3 字节；输出点数为 64，每个 50 芯插座中包含 16 点的输出点，这些输出点被分为 2 字节。如图 2—1—13 所示为 0i D 系列 I/O 单元模块示意图。

各接口含义如下。

CB104/CB105、CB106/CB107：系统内置 I/O 模块的输入输出信号接口。

JA3：机床手摇脉冲发生器接口。

JD1A：系统 I/O Link 串行输入输出信号接口。

CD38T：以太网卡（为系统选择件）接口。

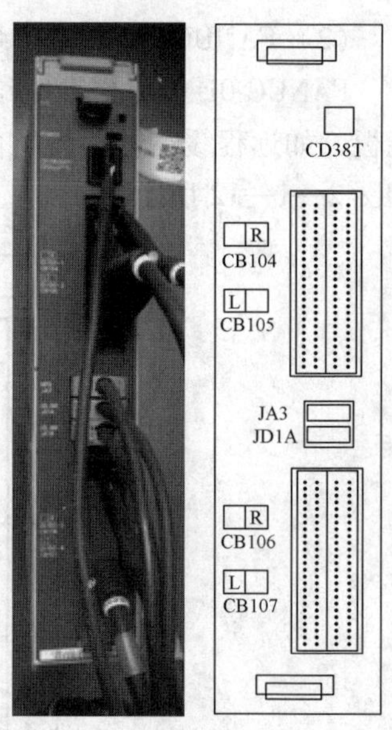

图 2—1—13　0i D 系列 I/O 单元模块

8. 编码器

如图 2—1—14 所示为增量式光电编码器结构图。当光电码盘随工作轴一起转动时，光源通过聚光镜，透过光电码盘和光栅板形成忽明忽暗的光信号，光敏元件把光信号转换成电信号，然后通过信号处理电路的整形、放大、分频、计数、译码后输出或显示。为了测量转向，光栅板的两个狭缝距离应为 $m\pm1/4\tau$（τ 为光电码盘两个狭缝之间的距离，即节距；m 为任意整数）。这样两个光敏元件的输出信号（分别称为 A 信号和 B 信号）相差 $\pi/2$ 相位。将输出信号送入鉴相电路，即可判断光电码盘的旋转方向。

增量式光电编码器的测量精度取决于它所能分辨的最小角度 α（分辨角或分辨率），而这与光电码盘圆周内所分狭缝的条数有关，可表示为：

$$\alpha = 360°/缝数$$

由于光电编码器每转过一个分辨角就发出一个脉冲信号，因此根据脉冲数目可得出工作轴的回转角度，由传动比可换算出直线位移距离。根据脉冲频率可得工作轴的转速。根据光栅板上两个狭缝中信号的相位先后，可判断光电码盘的正、反转。

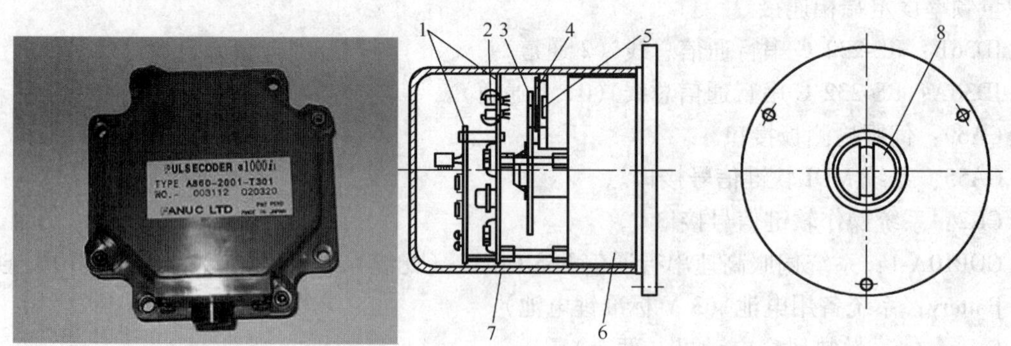

图 2—1—14　增量式光电编码器结构图

1—印制电路板　2—光源　3—圆光栅　4—指示光栅　5—光电池组　6—底座　7—护罩　8—轴

此外，在光电编码器的内圈还增加一条透光条纹 Z，每转产生一个零位脉冲。在进给电动机所用的光电编码器上，零位脉冲用于精确确定数控机床的参考点；而在主轴电动机上，则可用于主轴准停以及螺纹加工等。

数控装置的接口电路通常会对接收到的增量式光电编码器差动信号做四倍频处理，从而提高检测精度，方法是从 A 和 B 的上升沿和下降沿各取一个脉冲，则每转所检测的脉冲数为原来的四倍频。

进给电动机常用增量式光电编码器的分辨力有 2 000 p/r、2 024 p/r、2 500 p/r 等。目前，光电编码器每转可发出数万至数百万个方波信号，因此可满足高精度位置检测的需要。

光电编码器的安装有两种形式：一种是安装在伺服电动机的非输出轴端，称为内装式编码器，用于半闭环控制；另一种是安装在传动链末端，称为外置式编码器，用于闭环控制。安装光电编码器时，要保证连接部位可靠、不松动，否则会影响位置检测精度，引起进给运动不稳定，数控机床产生振动。

光电脉冲编码器的维护主要注意以下两个问题。

（1）防振和防污

编码器是精密光学测量元件，污染容易造成信号丢失，振动容易使编码器内的紧固件松动脱落，损坏精密光学元件，且造成内部电源短路。

（2）连接松动

在有些交流伺服电动机中，内装式编码器除了位置检测外，同时还具有测速检测作用。编码器连接松动会引起进给运动的不稳定，影响交流伺服电动机的换向控制，从而引起数控机床的振动。

9. 光栅尺

光栅利用光的透射、衍射原理，通过光敏元件测量莫尔条纹移动的数量来测量数控机床工作台的位移量，一般用于闭环控制数控系统。光栅主要由标尺光栅和光栅读数头两部分组成。通常，标尺光栅固定在数控机床运动部件上（如工作台或丝杠上），光栅读数头产生相对移动。如图 2—1—15 所示为直线光栅。

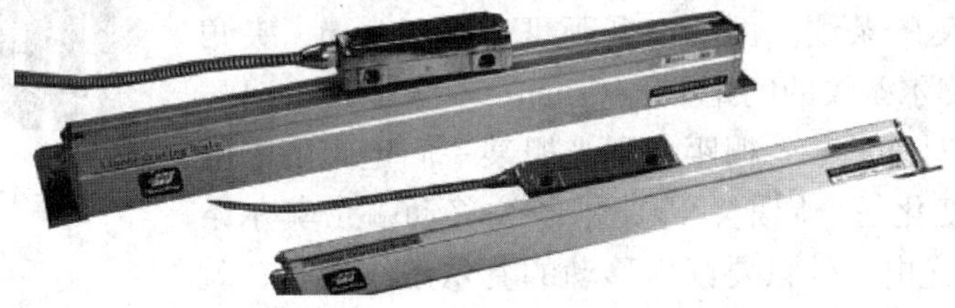

图 2—1—15　直线光栅

光栅安装在数控机床上，容易受到油雾、冷却液污染，造成信号丢失，影响位置控制精度，所以对光栅要经常维护，保持光栅的清洁。特别是对于玻璃透射光栅要防止振动和敲击，以免损坏光栅。下面以透射光栅为例介绍光栅的工作原理。

透射光栅测量系统工作原理如图 2—1—16 所示，它由光源、透镜、标尺光栅、指示光栅、光敏元件和信号处理电路组成。信号处理电路又包括放大、整形、鉴向和细分等。通常情况下，除标尺光栅与工作台装在一起随工作台移动外，光源、透镜、指示光栅、光敏元件和信号处理电路均装在一个壳体内，做成一个单独部件固定在机床上，这个部件称为光栅读数头，其作用是将光信号转换成所需的电脉冲信号。光栅读数是利用莫尔条纹的形成原理进行的。如图 2—1—17 所示为莫尔条纹形成原理图。将指示光栅和标尺光栅叠合在一起，中间保持 0.01 ~

0.1 mm 的间隙，并且指示光栅和标尺光栅的线纹相互交叉保持一个很小的夹角 θ。当光源照射光栅时，在 a—a 线上，两块光栅的线纹彼此重合，形成一条横向透光亮带；在 b—b 线上，两块光栅的线纹彼此错开，形成一条不透光的暗带。这些横向明暗相间出现的亮带和暗带就是莫尔条纹。

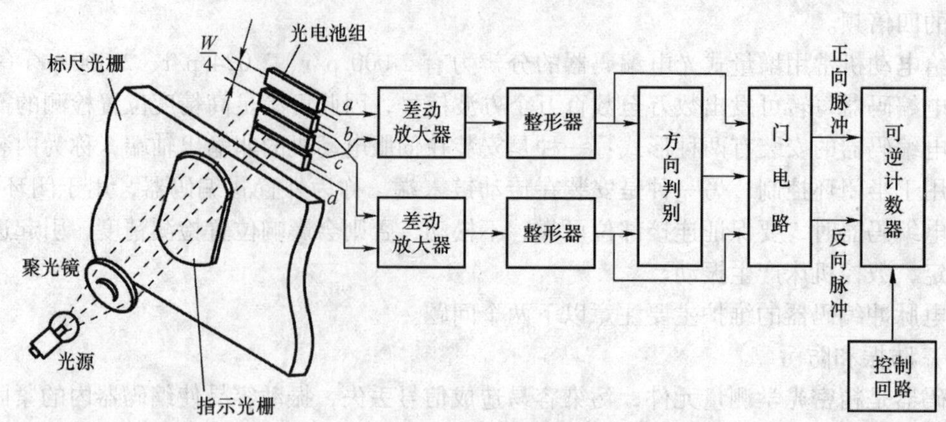

图 2—1—16　透射光栅测量系统工作原理

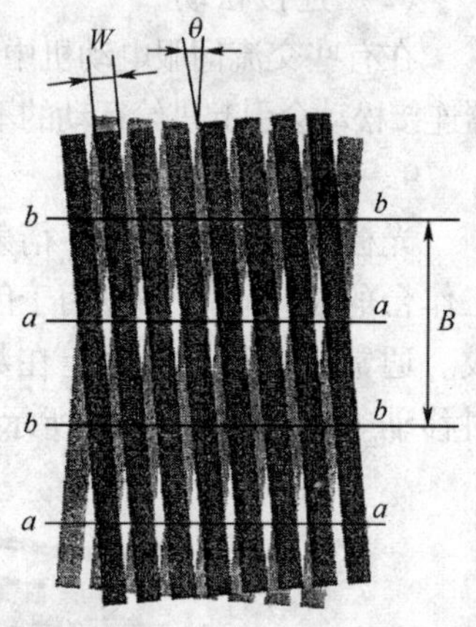

图 2—1—17　莫尔条纹形成原理

两条暗带或两条亮带之间的距离称为莫尔条纹的间距 B，设光栅的栅距为 W，两光栅线纹夹角为 θ，则它们之间的几何关系为：

$$B=\frac{W}{2\sin(\theta/2)}$$

因为夹角 θ 很小，所以可取 $\sin(\theta/2)\approx\theta/2$，故上式可改写成：$B=\frac{W}{\theta}$

由上式可见，θ 越小，则 B 越大，相当于把栅距 W 扩大了 $1/\theta$ 倍后，转化为莫尔条纹。例如，栅距 $W=0.01$ mm，夹角 $\theta=0.001$ rad，则莫尔条纹的间距 $B=10$ mm，扩大了1 000 倍。

两块光栅每相对移动一个栅距，则光栅某一固定点的光强就按明-暗-明规律变化一个周期，即莫尔条纹移动一个莫尔条纹的间距。因此，光电元件只要读出移动的莫尔条纹数目，就可以知道光栅移动了多少栅距，也就知道了运动部件的准确位移量。

光栅尺的维护要注意以下两点。

（1）防污

光栅尺直接安装在工作台和数控机床床身上，极易受到冷却液的污染，从而造成信号丢失，影响位置控制精度，因此，最好通入低压净化干燥的压缩空气。

（2）防振

光栅拆装时要用静力，不能用硬物敲击，以免引起光学元件的损坏。

二、数控机床控制电路图

下面以大连机床 VDF850 加工中心电路图（见图 2—1—18）为例说明数控机床部分电气原理。

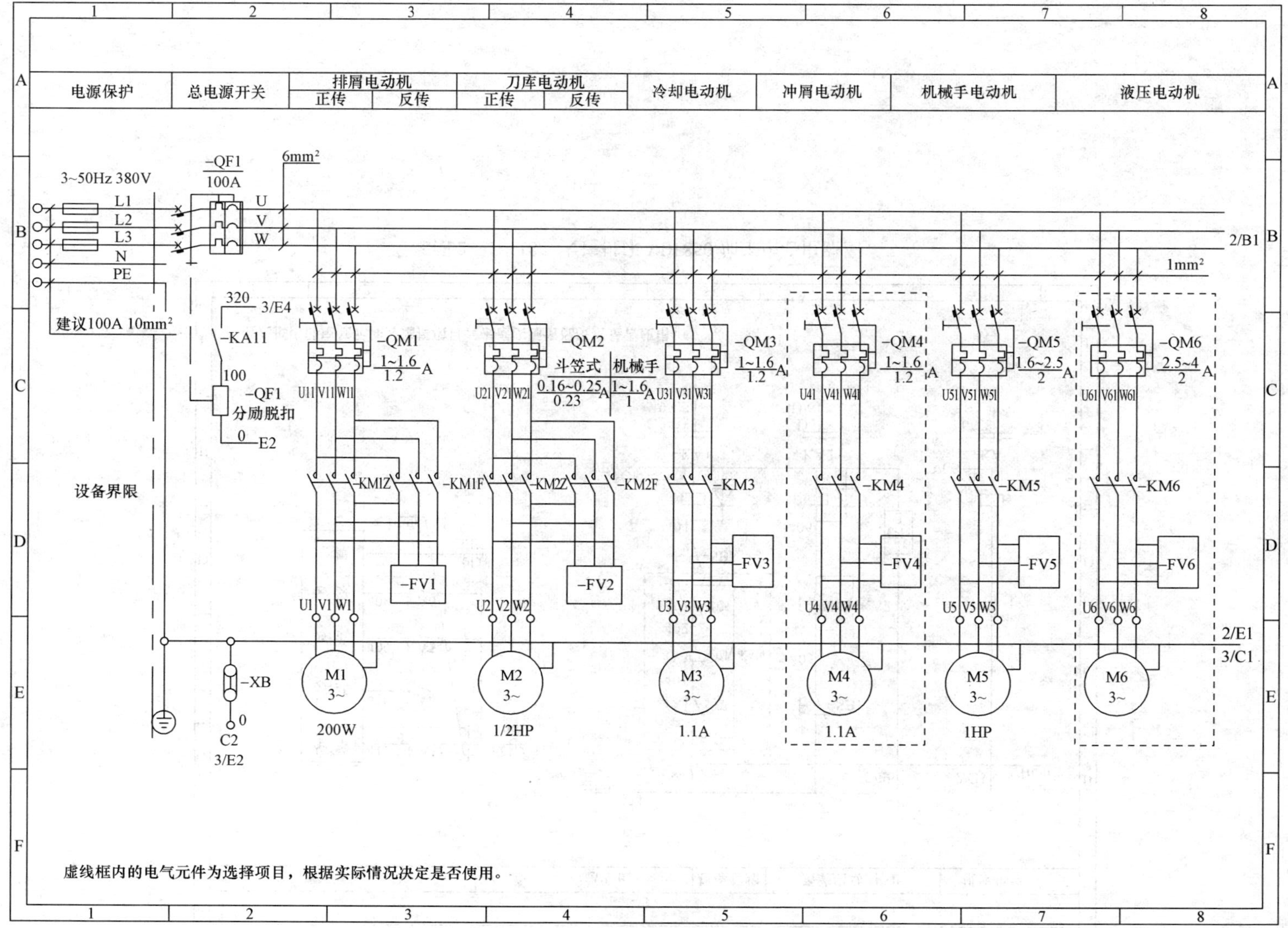

电源保护
总电源开关
排屑电动机
正传
反传
刀库电动机
正传
反传
冷却电动机
冲屑电动机
机械手电动机
液压电动机
3~50Hz 380V
L1
L2
L3
N
PE
建议100A 10mm²
设备界限
-QF1
100A
U
V
W
6mm²
320
3/E4
-KA11
100
-QF1
分励脱扣
0
E2
-XB
0
C2
3/E2
2/B1
1mm²
2/E1
3/C1
-QM1
1~1.6 A
1.2
-QM2
斗笠式 0.16~0.25 A
0.23
机械手 1~1.6 A
1
-QM3
1~1.6 A
1.2
-QM4
1~1.6 A
1.2
-QM5
1.6~2.5 A
2
-QM6
2.5~4 A
2
-KM1Z
-KM1F
-KM2Z
-KM2F
-KM3
-KM4
-KM5
-KM6
-FV1
-FV2
-FV3
-FV4
-FV5
-FV6
M1 3~
200W
M2 3~
1/2HP
M3 3~
1.1A
M4 3~
1.1A
M5 3~
1HP
M6 3~
虚线框内的电气元件为选择项目，根据实际情况决定是否使用。

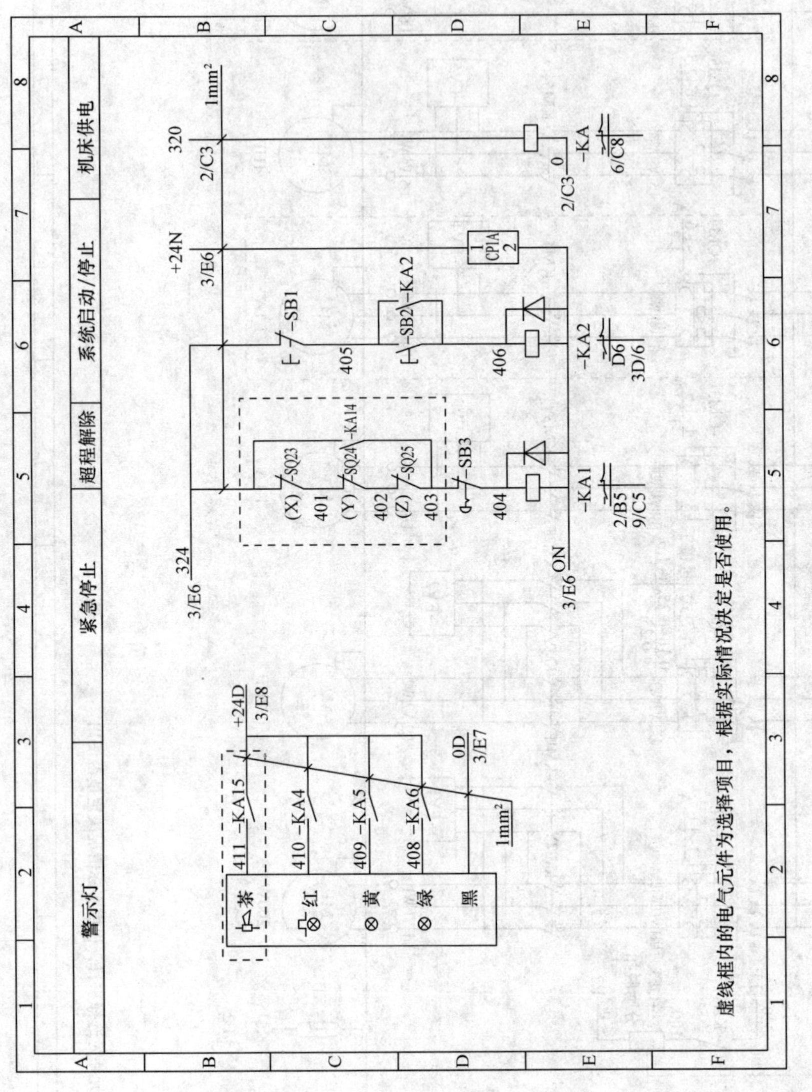

虚线框内的电气元件为选择项目，根据实际情况决定是否使用。

图 2—1—18　大连机床 VDF850 加工中心电路图

项目实施

考核内容

1. 本题分值

15 分。

2. 考试时间

30 min。

3. 考核形式

笔试。

4. 具体要求

阅读数控铣床的动力图（见图 2—1—19）后回答问题（15 分）。

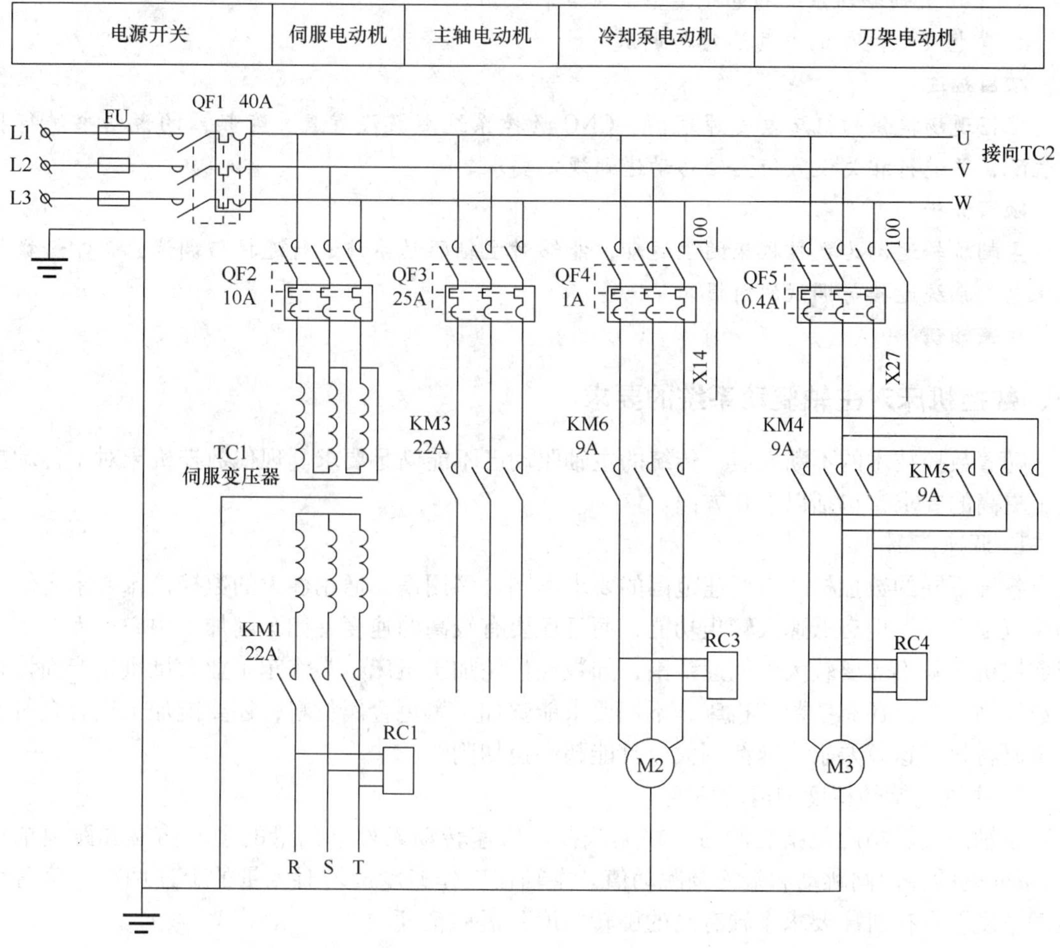

图 2—1—19 数控铣床的动力图

①图中 KM1、KM3、KM6 分别为控制伺服电动机、主轴电动机、冷却泵电动机的____________，分别控制相应的电动机，TC1 是将交流电压____________变换为交流电压____________的主变压器，采用

____________________连接，输出的交流电供给伺服电源模块（每空 2 分，共 8 分）。

②图中，QF1、QF2、QF3、QF4 分别为电源总开关以及伺服强电、主轴强电、冷却电动机所在电路的__________，在各自的电路中起____________________作用（每空 2 分，共 4 分）。

③电路中的 RC1、RC3、RC4 为阻容吸收器，它们起什么作用（3 分）？

项目 2　主轴驱动系统的连接与调试

项目目标

1. 了解主轴驱动系统的电气类型、特点和应用。
2. 掌握变频主轴的电气连接与调试。

项目描述

根据现场提供的机床电气原理图、CNC 数控系统参数设置表、变频器的说明书进行接线装配，并进行相关设置使主轴转动达到规定要求。

项目分析

主轴旋转运动为数控机床的主运动，能够对主轴驱动系统进行连接与调试，是学好数控机床电气系统连接与调试的前提。

相关知识

一、数控机床对主轴驱动系统的要求

随着数控技术的不断发展，传统的主轴驱动已不能满足要求。现代数控机床对主传动提出了更高的要求，包括以下几方面。

1. 调速范围

各种不同的数控机床对调速范围的要求不同。多用途、通用性大的数控机床要求主轴的调速范围大，不但有低速大转矩功能，而且还要有较高的速度，如车削加工中心；而对于专用数控机床就不需要较大的调速范围，如数控齿轮加工机床、为汽车工业大批量生产而设计的数控钻镗床；还有些数控机床，不但要求能够加工黑色金属材料，还要能加工铝合金等有色金属材料，这就要求变速范围大，且能超高速切削。

2. 主轴的旋转精度和运动精度

主轴的旋转精度是指装配后，在无载荷、低速转动条件下测量的主轴前端和距离前端 300 mm 处的径向圆跳动和端面圆跳动值。主轴在工作速度旋转时测量的上述两项精度称为运动精度。数控机床要求主轴有高的旋转精度和运动精度。

3. 数控机床主轴的变速

数控机床主轴的变速是依指令自动进行的，要求能在较宽的转速范围内进行无级调速，并减少中间传递环节，简化主轴箱。目前主轴驱动装置的调速范围已达 1∶100，这对于中小型数控机床已经够用。对于中型以上的数控机床，如要求调速范围超过 1∶100，则需通过齿轮换挡的方法实现。

4. 恒功率范围要宽

要求主轴在整个范围内均能提供切削所需功率，并尽可能在全速度范围内提供主轴电动机的最大功率，即恒功率范围要宽。由于主轴电动机与驱动的限制，主轴在低速段均为恒转矩输出。为满足数控机床低速强力切削的需要，常采用分段无级变速的方法，即在低速段采用机械减速装置，以提高输出转矩。

5. 具有四象限驱动能力

要求主轴在正、反向转动时均可进行自动加减速控制，即要求具有四象限驱动能力，并且加减速时间短。

6. 具有高精度的准停控制

为满足加工中心自动换刀以及某些加工工艺的需要，要求主轴具有高精度的准停控制。

7. 具有旋转进给轴（C 轴）的控制功能

在车削中心上，还要求主轴具有旋转进给轴（C 轴）的控制功能。

为满足上述要求，数控机床常采用直流主轴驱动系统。但由于直流电动机受机械换向的影响，其使用和维护都比较麻烦，并且其恒功率调速范围小。进入 20 世纪 80 年代后，随着微电子技术、交流调速理论和大功率半导体技术的发展，交流驱动进入实用阶段，现在绝大多数数控机床均采用笼型交流电动机配置矢量变换变频调速的主轴驱动系统。这是因为：一方面笼型交流电动机不像直流电动机那样有机械换向带来的麻烦和在高速、大功率方面受到的限制；另一方面交流驱动的性能已达到直流驱动的水平，加上交流电动机体积小、质量轻，采用全封闭罩壳，对灰尘和油有较好的防护功能，因此交流电动机将彻底取代直流电动机已肯定无疑。

二、主轴驱动装置的特点

主轴驱动系统是数控机床的大功率执行机构，其功能是接收数控系统（CNC）的 S 码（速度指令）及 M 码（辅助功能指令），驱动主轴进行切削加工。主轴驱动系统接收来自 CNC 的驱动指令，经速度与转矩（功率）调节输出驱动信号驱动主电动机转动，同时接收速度反馈实施速度闭环控制。主轴驱动系统还通过 PLC 将主轴的各种现实工作状态通告 CNC，以完成对主轴的各项功能控制。

为满足数控机床对主轴驱动的要求，主轴电动机必须具备下述功能：

1. 输出功率大。
2. 在整个调速范围内速度稳定，且恒功率范围宽。
3. 在断续负载下电动机转速波动小，过载能力强。
4. 加速时间短。
5. 电动机温升低。
6. 振动、噪声小。
7. 电动机可靠性高，使用寿命长，易维护。
8. 体积小、质量轻。

三、通用变频模拟主轴

模拟量控制的主轴驱动装置常采用变频器实现控制。数控机床主轴驱动以及普通机床的改造中多采用变频器控制。作为主轴驱动装置用的变频器种类很多，下面以三菱变频器为例进行介绍。如图 2—2—1 所示为三菱变频器实物图。

图 2—2—1　三菱变频器实物图

1. 操作面板

操作面板不能从变频器上拆下。操作面板上各按键名称及功能如图 2—2—2 所示。

2. 基本操作

变频器的基本操作主要包含监视器频率的设定和参数值的设定，具体的操作方式如图 2—2—3 所示。

3. 接线

如图 2—2—4 所示为三菱变频器 D700 的端子接线图。由于噪声可能导致误动作发生，所以信号线要离动力线 10 cm 以上，另外主电路的输入侧和输出侧分开配置。要始终保持变频器的清洁，接线时不要在变频器内留下电线切屑，电线切屑可能导致异常、故障、误动作发生。

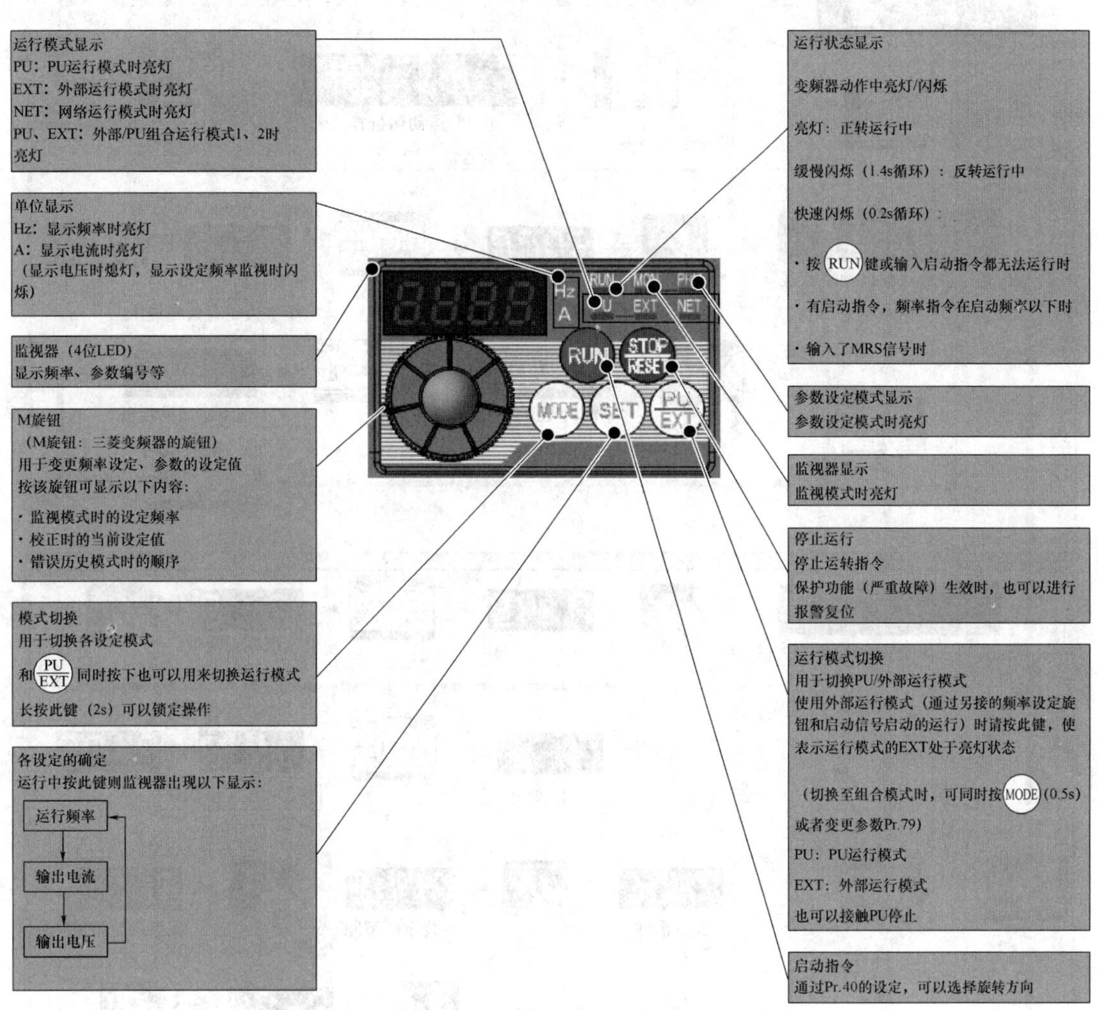

运行模式显示
PU：PU运行模式时亮灯
EXT：外部运行模式时亮灯
NET：网络运行模式时亮灯
PU、EXT：外部/PU组合运行模式1、2时亮灯
单位显示
Hz：显示频率时亮灯
A：显示电流时亮灯
（显示电压时熄灯，显示设定频率监视时闪烁）
监视器（4位LED）
显示频率、参数编号等
M旋钮
（M旋钮：三菱变频器的旋钮）
用于变更频率设定、参数的设定值
按该旋钮可显示以下内容：
· 监视模式时的设定频率
· 校正时的当前设定值
· 错误历史模式时的顺序
模式切换
用于切换各设定模式
和PU/EXT同时按下也可以用来切换运行模式
长按此键（2s）可以锁定操作
各设定的确定
运行中按此键则监视器出现以下显示：
运行频率
输出电流
输出电压
运行状态显示
变频器动作中亮灯/闪烁
亮灯：正转运行中
缓慢闪烁（1.4s循环）：反转运行中
快速闪烁（0.2s循环）：
· 按RUN键或输入启动指令都无法运行时
· 有启动指令，频率指令在启动频率以下时
· 输入了MRS信号时
参数设定模式显示
参数设定模式时亮灯
监视器显示
监视模式时亮灯
停止运行
停止运转指令
保护功能（严重故障）生效时，也可以进行报警复位
运行模式切换
用于切换PU/外部运行模式
使用外部运行模式（通过另接的频率设定旋钮和启动信号启动的运行）时请按此键，使表示运行模式的EXT处于亮灯状态
（切换至组合模式时，可同时按MODE（0.5s）或者变更参数Pr.79）
PU：PU运行模式
EXT：外部运行模式
也可以接触PU停止
启动指令
通过Pr.40的设定，可以选择旋转方向
Hz
A
RUN
MON
PU
EXT
NET
RUN
STOP RESET
MODE
SET
PU EXT

图 2—2—2　操作面板各按键名称及功能

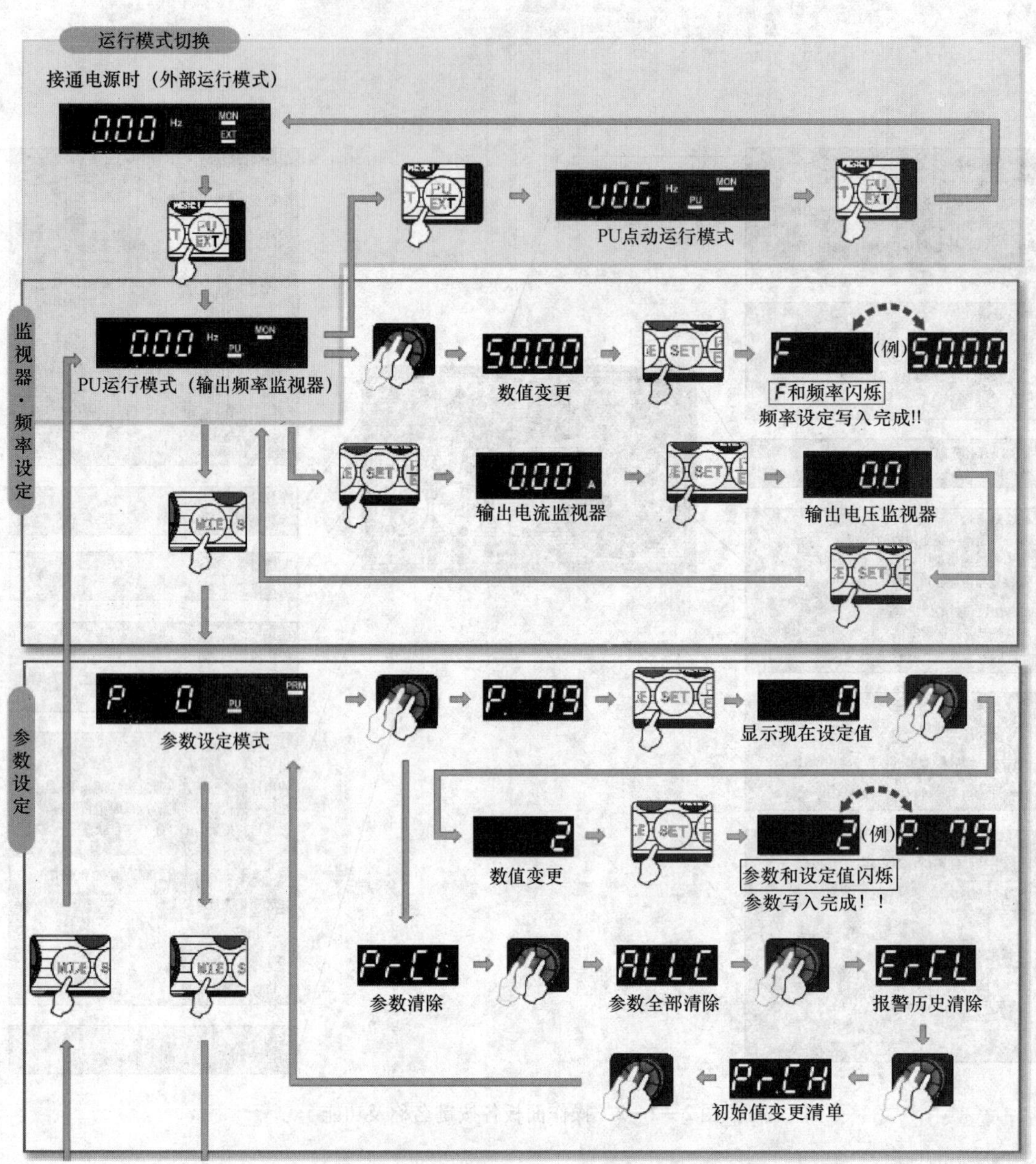

图 2—2—3　变频器的基本操作

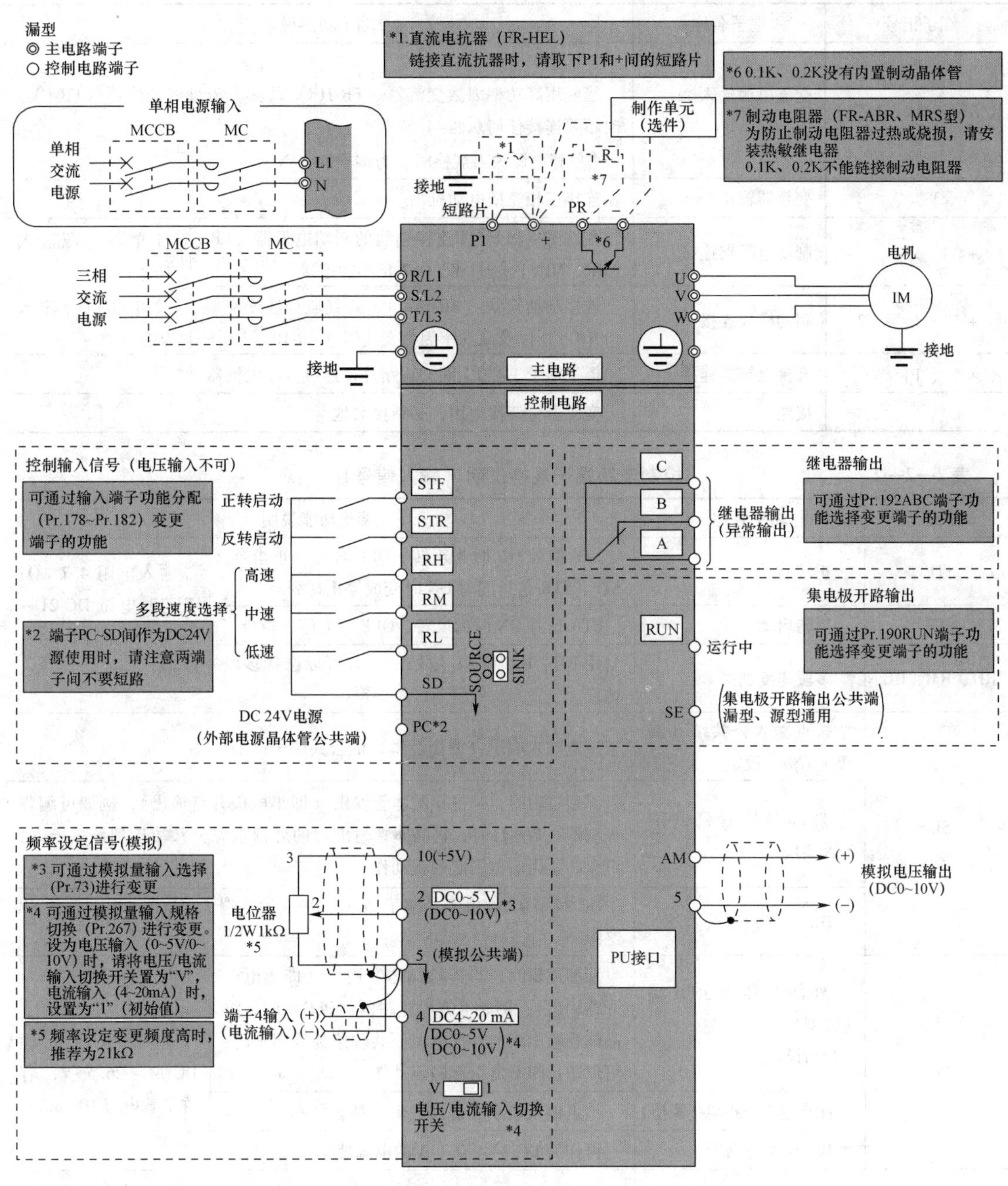

图 2—2—4　D700 的端子接线图

4. 端子规格

主电路端子规格说明见表 2—2—1，控制电路输入信号端子规格说明见表 2—2—2，控制电路输出信号端子规格说明见表 2—2—3，安全停止功能端子规格说明见表 2—2—4。

表 2—2—1　　主电路端子规格说明

端子记号	端子名称	端子功能说明	
R/L1、S/L2、T/L3	交流电源输入	连接工频电源 当使用高功率因数变流器（FR-HC）及共直流母线变流器（FR-CV）时不要连接任何东西 *单相电源输入规格时，为端子 L1、N	
U、V、W	变频器输出	连接三相笼型电动机	
P/+*1、PR	制动电阻器连接	在端子+和 PR 间连接选购的制动电阻器（FR-ABR、MRS）（0.1 K、0.2 K 不能连接）	*1 单相电源输入为端子“+” *2 单相电源输入为端子“-”
P/+*1、N/-*2	制动模块连接	连接制动模块（FR-BU2）、共直流母线变流器（FR-CV）以及高功率因数变流器（FR-HC）	
P/+*1、P1	直流电抗器连接	拆下端子+和 P1 间的短路片，连接直流电抗器	
	接地	变频器机架接地用，必须接大地	

表 2—2—2　　控制电路端子规格说明（输入信号）

端子记号	端子名称	端子功能说明	
STF	正转启动	STF 信号 ON 时为正转、OFF 时为停止指令。STF、STR 信号同时 ON 时变成停止指令	输入电阻 4.7 kΩ；开路时电压 DC 21~26 V，短路时 DC 4~6 mA
STR	反转启动	STR 信号 ON 时为反转、OFF 时为停止指令	
RH、RM、RL	多段速度选择	用 RH、RM 和 RL 信号的组合可以选择多段速度	
SD	接点输入公共端（漏型）（初始设定）	接点输入端子（漏型逻辑）的公共端子	
	外部晶体管公共端（源型）	源型逻辑时，当连接晶体管输出（即集电极开路输出），例如可编程控制器（PLC）时，将晶体管输出用的外部电源公共端接到该端子时，可以防止因漏电引起的误动作	
	DC 24 V 电源公共端	DC 24 V 0.1A 电源（端子 PC）的公共输出端子。与端子 5 及端子 SE 绝缘	
PC	外部晶体管公共端（漏型）（初始设定）	漏型逻辑时，当连接晶体管输出（即集电极开路输出），例如可编程控制器（PLC）时，将晶体管输出用的外部电源公共端接到该端子时，可以防止因漏电引起的误动作	电源电压范围 DC 22~26.5 V，容许负载电流 100 mA
	接点输入公共端（源型）	接点输入端子（源型逻辑）的公共端子	
	DC 24 V 电源	可作为 DC 24 V 0.1 A 的电源使用	
10	频率设定用电源	作为外接频率设定（速度设定）用电位器时的电源使用（参照 Pr. 73 模拟量输入选择）	电源电压范围 DC 5.0 V±0.2 V，容许负载电流 10 mA
2	频率设定（电压）	如果输入 DC 0~5 V（或 0~10 V），在 5 V（10 V）时为最大输出频率，输入输出成正比。通过 Pr. 73 进行 DC 0~5 V（初始设定）和 DC 0~10 V 输入的切换操作	输入电阻 10 kΩ±1 kΩ，最大容许电压 DC 20 V

续表

端子记号	端子名称	端子功能说明	
4	频率设定（电流）	如果输入 DC 4～20 mA（或 0～5 V，0～10 V），在 20 mA 时为最大输出频率，输入输出成正比。只有 AU 信号为 ON 时端子 4 的输入信号才会有效（端子 2 的输入将无效）。通过 Pr. 267 进行 4～20 mA（初始设定）和 DC 0～5 V、DC 0～10 V 输入的切换操作。电压输入（0～5 V/0～10 V）时，请将电压/电流输入切换开关切换至“V”	电流输入的情况下：输入电阻 233 Ω ± 5 Ω，最大容许电流 30 mA；电压输入的情况下：输入电阻 10 kΩ ± 1 kΩ，最大容许电压 DC20 V
5	频率设定公共端	频率设定信号（端子 2 或 4）及端子 AM 的公共端子。请勿接大地	
10 2	PTC 热敏电阻输入	连接 PTC 热敏电阻输出。将 PTC 热敏电阻设定为有效（Pr. 561 ≠ “9999”）后，端子 2 的频率设定无效	适用 PTC 热敏电阻值 100 kΩ～30 kΩ

表 2—2—3　　控制电路端子规格说明（输出信号）

端子记号	端子名称	端子功能说明	额定规格
A、B、C	继电器输出（异常输出）	指示变频器因保护功能动作时输出停止的 1c 接点输出。异常时：B—C 间不导通（A—C 间导通），正常时：B—C 间导通（A—C 间不导通）	接点容量 AC 230 V 0.3 A（功率因数 = 0.4）DC30 V　0.3 A
RUN	变频器正在运行	变频器输出频率大于或等于启动频率（初始值 0.5 Hz）时为低电平，已停止或正在直流制动时为高电平。低电平表示集电极开路输出用的晶体管处于 ON（导通状态），高电平表示处于 OFF（不导通状态）	容许负载 DC 24 V（最大 DC 27 V）0.1 A（ON 时最大电压降 3.4 V）
SE	集电极开路输出公共端	端子 RUN 的公共端子	
AM	模拟电压输出	可以从多种监视项目中选一种作为输出。变频器复位中不被输出。输出信号与监视项目的大小成比例	输出信号 DC 0～10 V，许可负载电流 1 mA（负载阻抗 10 kΩ 以上），分辨率 8 位

表 2—2—4　　安全停止功能端子规格说明

端子记号	端子名称	端子功能说明	
S1	安全停止输入（系统 1）	端子 S1 及 S2 用于安全继电器模块的安全停止输入信号。端子 S1 及 S2 同时使用。（双通道）通过 S1—SC、S2—SC 间的短路、开路来实现变频器的切断输出，初始状态下的端子 S1 通过短路电缆与端子 SC 相连接。使用安全停止功能时，请拆下该短路电缆，将其连接到安全继电器模块	输入电阻 4.7 kΩ；开路时电压 DC 21～26 V，短路时 DC 4～6 mA
S2	安全停止输入（系统 2）		

续表

端子记号	端子名称	端子功能说明	
SC	安全停止输入端子公共端	端子 S1、S2、S0 的公共端。在变频器内部与端子 SD 相连	
S0	安全监视输出（集电极开路输出）	表明安全停止输入信号的状态。安全状态下为低电平，在可运行的状态下或在异常检测状态下时为高电平。所谓低电平，即表明集电极开路输出晶体管为 ON（导通状态）。所谓高电平，即表明集电极开路输出晶体管为 OFF（不导通状态）	容许负载 DC 24 V（最大 DC 27 V）0.1 A（ON 时最大电压降 3.4 V）

5. 主电路端子的端子排列与电源、电动机的接线

电源线必须连接至 R/L1、S/L2、T/L3（没有必要考虑相序），绝不能接至 U、V、W，否则会损坏变频器。电动机接到 U、V、W，接通正转开关信号时，电动机的转动方向从负载轴方向看为逆时针方向；如果转向相反，将 U、V、W 任意两相相序改变。三相 400 V 级别主电路端子接线图如图 2—2—5 所示，两相 200 V 级别主电路端子接线图如图 2—2—6 所示。

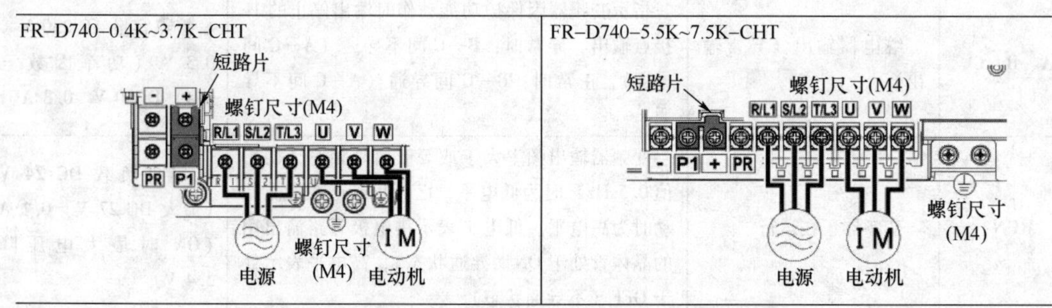

图 2—2—5　三相 400 V 级别主电路端子接线图

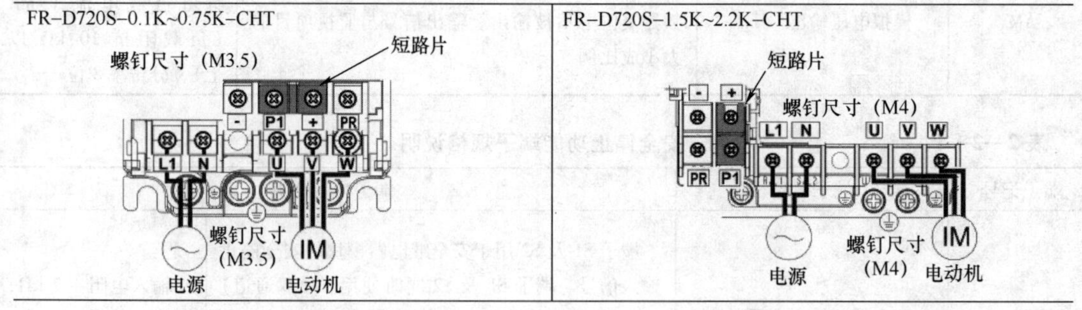

图 2—2—6　两相 200 V 级别主电路端子接线图

6. 控制电路的接线

（1）控制电路端子的端子排列

如图 2—2—7 所示为三菱变频器控制电路端子排列，推荐电线规格 0.3 ~ 0.75 mm^2。

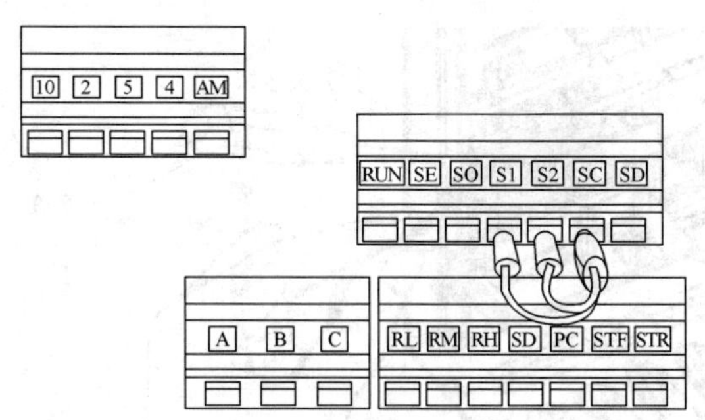

图 2—2—7　三菱变频器控制电路端子

（2）接线方法

控制电路接线时请剥开电线外皮，使用棒状端子接线。单线时可剥开外皮直接使用。将棒状端子或单线插入接线口进行接线。

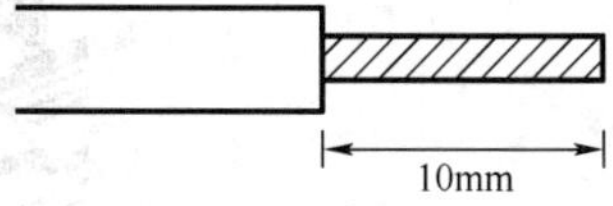

图 2—2—8　电线皮剥开尺寸

1）电线外皮的剥开尺寸如图 2—2—8 所示。外皮剥开过长会有与邻线发生短路的危险，剥开过短电线可能会脱落。应对电线进行良好的接线处理，避免散乱，勿采用焊接处理。

2）压接棒状端子。使电线的芯线部分从套管露出 0 ~ 0. 5 mm 后插入。压接后，确认棒状端子的外观。未正确压接或侧面有损伤的棒状端子不要使用。如图 2—2—9、图 2—2—10 所示分别为压接后正确和错误的棒状端子外观。

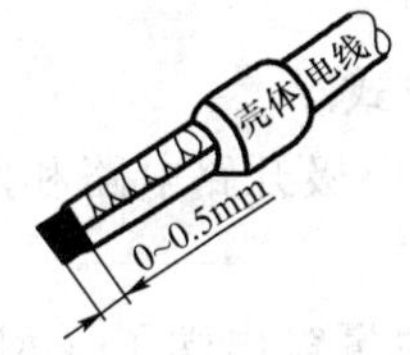

图 2—2—9　正确棒状端子外观

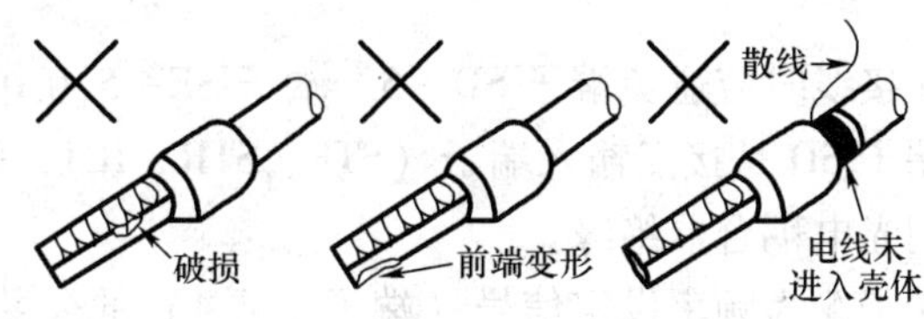

图 2—2—10　错误棒状端子外观

3）将电线插入端子（见图 2—2—11）。绞线状态且未使用棒状端子时，请用一字旋具将开关按钮按入深处，然后再插入电线，如图 2—2—12 所示。若直接连接绞线，为避免绞线与邻近端子或接线发生短路或断路，在接线前应对电线进行充分绞合。将一字旋具对准开关按钮笔直压下，刀头的滑动可能会造成变频器损坏和受伤事故。拆卸电线时，用一字旋具将开关按钮按入深处，然后再拔出电线，如图 2—2—13 所示。

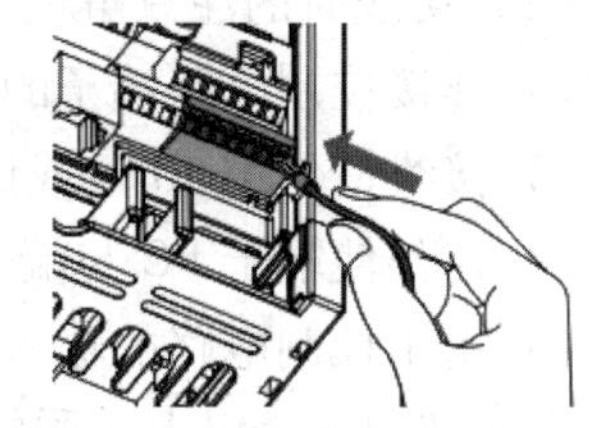

图 2—2—11　电线插入端子

（3）控制电路的公共端端子（SD、5、SE）

端子 SD、SE 以及端子 5 是输入输出信号的公共端端子（任何一个公共端端子都是互相绝缘的。请不要将该公共端端子接大地）。

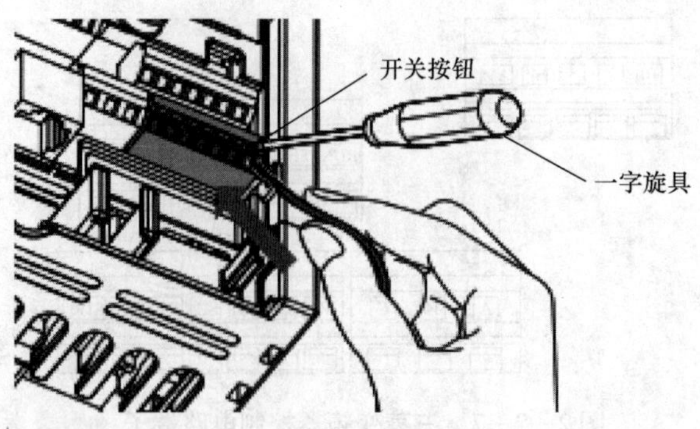

图 2—2—12　插入

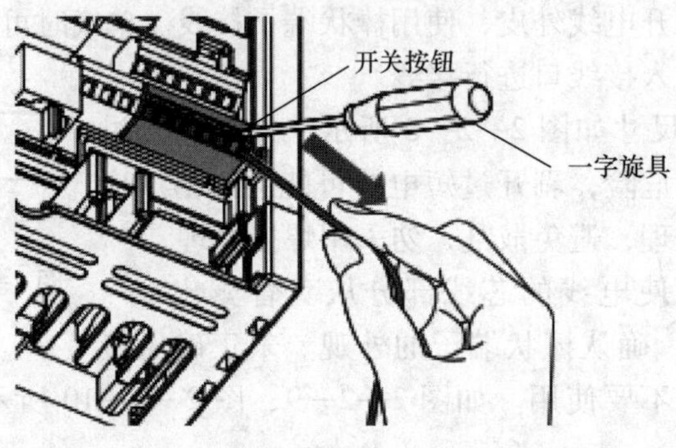

图 2—2—13　拔出

在接线时应避免端子 SD—5、端子 SE—5 互相连接的接线方式。

端子 SD 是接点输入端子（STF、STR、RH、RM、RL）。集电极开路电路和内部控制电路采用光电耦合器绝缘。

端子 5 为频率设定信号（端子 2 或 4）的公共端端子及模拟量输出端子（AM）的公共端端子。采用屏蔽线或双绞线，以避免受外来干扰。

（4）接线时的注意事项

1）连接控制电路端子的电线建议使用尺寸为 0. 3 ~0. 75 mm^2 的电线。

2）接线请使用 30 m 或以下长度的电线。

3）请勿使端子 PC 与端子 SD 短路，否则可能导致变频器故障。

4）由于控制电路的输入信号是微电流，所以插入接点时，为了防止接触不良，微信号用接点应使用两个以上并联的接点或使用双接点。

5）控制电路端子的接线应使用屏蔽线或双绞线，而且必须与主电路、强电电路分开接线。

6）不要向控制电路的接点输入端子（例如 STF）输入电压。

7）异常输出端子（A、B、C）上必须接上继电器线圈或指示灯。

7. 变频器使用时的注意事项

变频器虽然是高可靠性产品，但周边电路的连接方法错误以及运行、使用方法不当也会导致产品寿命缩短或损坏。运行前要重新确认下列注意事项。

（1）电源及电动机接线的压接端子推荐使用带绝缘套管的端子。

（2）电源一定不能接到变频器输出端子（U、V、W），否则将损坏变频器。

（3）保持变频器的清洁。接线时请勿在变频器内留下电线切屑，电线切屑可能会导致异常、故障、误动作发生。在控制柜等上钻孔时，请勿使切屑掉进变频器内。

（4）为使电压降在2%以内应选用适当规格的电线进行接线。变频器和电动机间的接线距离较长时，特别是低频率输出时，会由于主电路电缆的电压降而导致电动机的转矩下降。

（5）接线总长不要超过500 m。尤其是长距离接线时，由于接线寄生电容所产生的充电电流会引起高响应电流限制功能下降，变频器输出侧连接的设备可能会发生误动作或异常，因此，要务必注意接线长度。

（6）电磁波的干扰会使变频器输入输出（主电路）包含有谐波成分，可能干扰变频器附近的通信设备（如AM收音机）。这种情况下安装无线电噪声滤波器FR-BIF（输入侧专用）、线噪声滤波器FR-BSF01、FR-BLF等选件，可以将干扰降低。

（7）在变频器的输出侧请勿安装移相用电容器或浪涌吸收器、无线电噪声滤波器等，否则将导致变频器故障、电容器和浪涌抑制器的损坏。如上述任何一种设备已安装，请立即拆掉。以单相电源规格使用无线电噪声滤波器（FR-BIF）时，请在对T相进行切实的绝缘后再连接到变频器输入侧。

（8）断开电源一段时间内，电容器仍处于高压状态，非常危险。断开电源后不久，平滑电容器上仍然残留高压电，因此当进行变频器内部检查时，在断开电源10 min后用万用表等确认变频器主电路P/+和N/-间的电压在直流30 V以下后再进行检查。

（9）变频器输出侧的短路或接地可能会导致变频器模块损坏。

1）由于周边电路异常而引起的反复短路、接线不当、电动机绝缘电阻低下而实施的接地都可能造成变频器模块损坏，因此在运行变频器前请充分确认电路的绝缘电阻。

2）在接通电源前请充分确认变频器输出侧的对地绝缘、相间绝缘。

使用特别旧的电动机或者使用环境较差时，应切实进行电动机绝缘电阻的确认。

（10）不要使用变频器输入侧的电磁接触器启动/停止变频器。由于电源接通时浪涌电流的反复入侵会导致变频器的寿命（开关寿命为100万次左右）缩短，因此应避免通过输入侧的电磁接触器频繁开关变频器。变频器的启动与停止要务必使用启动信号（STF、STR信号的ON、OFF）进行。

（11）除了外接再生制动用放电电阻器以外，+、PR端子不要连接其他设备，也不要连接机械式制动器。0.1 K、0.2 K不能连接制动电阻器。不要在端子+、PR间连接任何设备，同时不要使端子+、PR间短路。

（12）变频器输入输出信号电路上不能施加超过容许电压以上的电压。如果向变频器输入输出信号电路施加了超过容许电压的电压，极性错误时输入输出元件便会损坏。特别要注意确认接线，确保不会出现速度设定用电位器连接错误、端子10－5之间短路的情况。

（13）在有工频供电与变频器切换的操作中，确保用于工频切换的MC1和MC2可以进行电气和机械互锁。除了误接线外，还有如图2—2—14所示的工频供电与变频器切换电路时的电弧或顺控错误造成的振荡等，引起变频器损坏。

(14) 需要防止停电后恢复通电时设备的再启动，在变频器输入侧安装电磁接触器，同时不要将顺控设定为启动信号 ON 的状态。若启动信号（启动开关）保持 ON 的状态，通电恢复后变频器将自动重新启动。

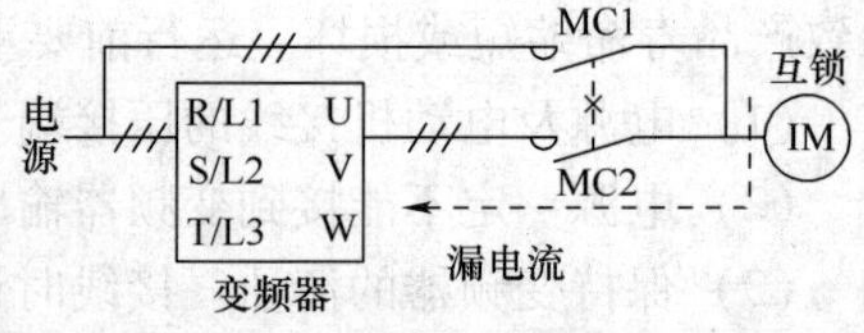

图 2—2—14　电弧或顺控错误造成振荡

(15) 变频器反复运行、停止的频度过高时，因大电流反复流过，变频器的晶体管元件会反复升温、降温，从而可能因热疲劳导致使用寿命缩短。热疲劳的程度受电流大小的影响，因此，减小堵转电流及启动电流可以延长使用寿命。虽然减小电流可延长使用寿命，但由于电流不足可能引起转矩不足，从而导致无法启动的情况发生。因此，可采取增大变频器容量（提高 2 级左右），使电流保持一定宽裕的对策。

(16) 充分确认规格、额定值是否符合机器及系统的要求。

(17) 针对变频器所产生的噪声的对策。通过模拟信号使电动机转速可变后使用时，为了防止变频器发出的噪声导致频率设定信号发生变动以及电动机转速不稳定等情况，要采取下列对策：

1) 避免信号线与动力线（变频器输入/输出线）平行接线和成束接线。

2) 信号线尽量远离动力线（变频器输入/输出线）。

3) 信号线使用屏蔽线。

4) 信号线上设置铁氧体磁芯。

8. 简单模式参数设定

变频器常见功能参数很多，一般都有数十甚至上百个参数供用户选择设定。实际应用中，没必要对每一参数都进行设置和调试，多数采用出厂设定值即可。但有些参数由于与实际使用情况有很大关系，且有的还相互关联，因此要根据实际情况进行设定和调试。

因各类型变频器功能有差异，而相同功能参数的名称也不一致，为叙述方便，本文以三菱变频器参数名称为例进行说明。由于各类型变频器参数区别并不是太大，有可能名称有区别，但是其功能基本一致，只要对一种变频器的参数熟悉精通以后，完全可以做到触类旁通。三菱变频器 D700 系列简单模式参数见表 2—2—5。

初始设定时，参数通过 Pr. 160 扩展功能显示选择设定为只显示简单模式参数，根据需要进行 Pr. 160 扩展功能显示选择的设定。

表 2—2—5　**三菱变频器 D700 系列简单模式参数**

编号	名称	单位	初始值	范围	用途
0	转矩提升（%）	0.1	6/4/3	0 ~ 30	V/F 控制时，在需要进一步提高启动时的转矩、负载后电动机不转动、输出报警（OL）且（OC1）发生跳闸的情况下使用。初始值根据变频器容量不同而不同（0.75 K 以下/1.5 K ~ 3.7 K/5.5 K、7.5 K）
1	上限频率（Hz）	0.01	120	0 ~ 120	设置输出频率的上限时使用

续表

编号	名称	单位	初始值	范围	用途
2	下限频率（Hz）	0.01	0	0~120	设置输出频率的下限时使用
3	基准频率（Hz）	0.01	50	0~400	请确认电动机的额定铭牌
4	3 速设定（高速）（Hz）	0.01	50	0~400	用参数预先设定运转速度，用端子切换速度时使用
5	3 速设定（中速）（Hz）	0.01	30	0~400	
6	3 速设定（低速）（Hz）	0.01	10	0~400	
7	加速时间（s）	0.1	5/10	0~3 600	可以设定加、减速时间。初始值根据变频器容量不同而不同（3.7 K 以下/5.5 K、7.5 K）
8	减速时间（s）	0.1	5/10	0~3 600	
9	电子过电流保护（A）	0.01	变频器额定电流	0~500	用变频器对电动机进行热保护。设定电动机的额定电流
79	操作模式选择	1	0	0	外部/PU 切换模式
				1	PU 运行模式固定
				2	外部运行模式固定
				3	外部/PU 组合运行模式 1（外部；频率，PU；启动）
				4	外部/PU 组合运行模式 2（外部；频率，PU；启动）
				5	切换模式
				6	外部运行模式（PU 运行互锁）
125	端子 2 频率设定增益效率（Hz）	0.01	50	0~400	可变更电位器最大值（5 V 初始值）的频率
126	端子 4 频率设定增益效率（Hz）	0.01	50	0~400	可变更电流最大输入（20 mA 初始值）时的频率
160	扩展功能显示选择	1	9 999	0	显示所有参数
				9 999	只显示简单模式的参数
Pr. CL	参数清除	1	0	0.1	设定为 1 时，除校正参数外的参数将恢复到初始值
ALLC	参数全部清除	1	0	0.1	设定为 1 时，所有参数都恢复到初始值
Pr. CL	报警历史清除	1	0	0.1	设定为 1 时，将清除过去 8 次的报警历史

四、TR-700D 变频器与 FANUC 0i Mate C 数控系统连接

如图 2—2—15 所示为某数控车床主轴驱动装置的接线图，下面以该图为例具体说明配置 FANUC 0i Mate C 系统的数控机床与变频器的连接。图中 QF6 为主电路断路器。

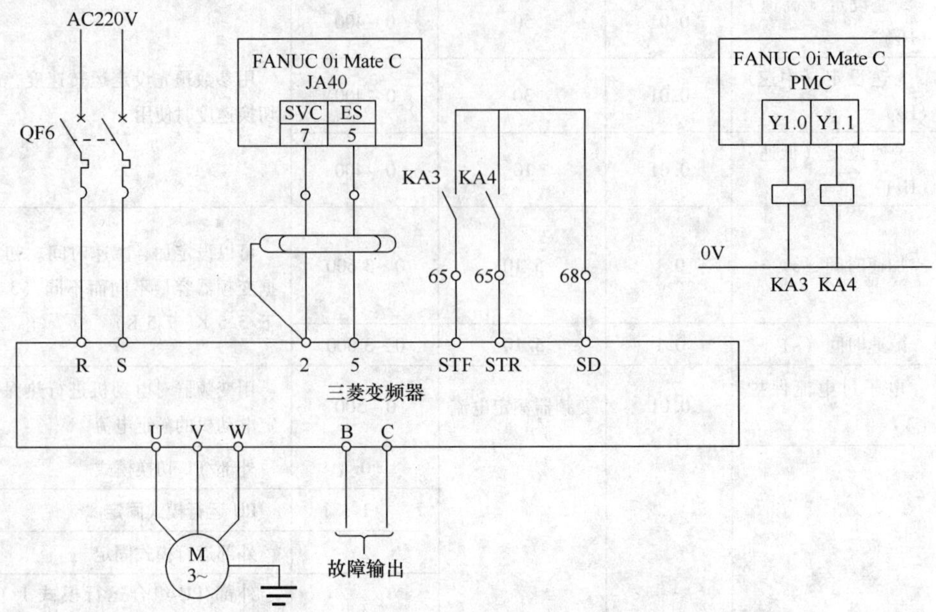

图 2—2—15　数控车床主轴驱动装置的接线图

1. CNC 到变频器的信号

（1）主轴正转信号（SD-STF）、主轴反转信号（SD-STR）

用于手动操作（JOG 状态）和自动状态（自动加工 M03、M04、M05）中，实现主轴的正转、反转及停止控制。系统在点动状态时，利用机床操作面板上的主轴正转和反转按钮发出主轴正转和反转信号，通过系统 PMC 控制 KA3、KA4 的线圈通断，然后相应的常开触点闭合，变频器得到正、反转信号，实现主轴的正、反转控制。此时，主轴的速度是由系统存储的 S 值与机床主轴的倍率开关决定的。系统在自动加工时，通过对程序辅助功能代码 M03、M04、M05 的译码，利用系统的 PMC 实现继电器 KA3 和 KA4 的通断控制，从而达到主轴的正、反转及停止控制，此时的主轴速度是由系统程序中的 S 值与数控机床的倍率开关决定的。

（2）主轴电动机速度模拟量信号（2-5）

用来接收系统发出的主轴速度信号（模拟量电压信号），实现主轴电动机的速度控制。在 FANUC 0i Mate C 数控系统中，系统把程序中的 S 指令值与主轴倍率的乘积转换成相应的模拟量电压（0 ~ 10 V），通过 JA40 的 7-5，输送到变频器的模拟量电压频率给定端（2-5），从而实现主轴电动机的速度控制。

2. 变频器到 CNC 的信号（通过系统 PMC）

当变频器出现任何故障时，数控系统都要停止工作并发出相应的报警（数控机床报警

灯亮并发出相应的报警信息）。主轴故障信号通过变频器的输出端 B-C（正常时为“通”，故障时为“断”）发出，再通过 PMC 向系统发出急停信号，使系统停止工作。

五、伺服主轴

1. 直流主轴驱动装置

直流主轴电动机的结构与永磁式伺服电动机不同，要求能输出大的功率，一般是励磁式。为缩小体积，改善冷却效果，避免电动机过热，直流主轴驱动装置常采用轴向强迫风冷或热管冷却技术。

直流驱动装置有闸流晶体管（简称晶闸管）和脉宽调制 PWM 调速两种形式。由于脉宽调制 PWM 调速具有很好的调速性能，因而在数控机床特别是对精度、速度要求较高的数控机床的进给驱动装置上广泛使用。而三相全控晶闸管调速装置则在大功率应用方面具有优势，因而常用于直流主轴驱动装置。

2. 交流主轴驱动装置

主轴伺服提供加工各类工件所需的切削功率，因此，只需完成主轴调速及正、反转功能。但当要求机床有螺纹加工、准停和恒线速加工等功能时，对主轴也提出了相应的位置控制要求。因此，要求主轴输出功率大，具有恒转矩段及恒功率段，有准停控制，主轴与进给联动。与进给伺服相同，主轴伺服经历了从普通三相异步电动机传动到直流主轴传动的过程。随着微处理器技术和大功率晶体管技术的发展，现在又进入了交流主轴伺服系统的时代。

（1）交流异步伺服系统

交流异步伺服通过在三相异步电动机的定子绕组中产生幅值、频率可变的正弦电流，及该正弦电流产生的旋转磁场与电动机转子所产生的感应电流相互作用，产生电磁转矩，从而实现电动机的旋转。其中，正弦电流的幅值可分解为给定或可调的励磁电流与等效转子力矩电流的矢量和；正弦电流的频率可分解为转子转速与转差之和，以实现矢量化控制。交流异步伺服通常有模拟式伺服、数字式伺服两种方式。与模拟式伺服相比，数字式伺服加速特性近似直线，时间短，且可提高主轴定位控制时系统的刚度和精度，操作方便，是数控机床主轴驱动主要采用的形式。但是交流异步伺服存在两个主要问题：一是转子发热，效率较低，转矩密度较小，体积较大；二是功率因数较低。因此，要获得较宽的恒功率调速范围，要求较大的逆变器容量。

（2）交流同步伺服系统

近年来，随着高能低价永磁体的开发和性能的不断提高，使得采用永磁同步调速电动机的交流同步伺服系统的性能日益突出，为解决交流异步伺服存在的问题带来了希望。与采用矢量控制的异步伺服相比，永磁同步电动机转子温度低，轴向连接位置精度高，要求的冷却条件不高，对数控机床环境的温度影响小，容易达到极小的低限速度，即使在低限速度下，也可做恒转矩运行，特别适合强力切削加工；同时，其转矩密度高，转动惯量小，动态响应特性好，特别适合高生产率运行；较容易达到很高的调速比，允许同一数控机床主轴具有多种加工能力，既可以加工铝等低硬度材料，又可以加工很硬、很脆的合金，为数控机床进行最优切削创造了条件。

项目实施

电气线路的装配与调试

一、考场准备（每人一份）

1. 材料准备

序号	材料名称	规格	数量	备注
1	塑料软铜线	0.5 mm^2，多芯	1（匝）	黄色
2	塑料软铜线	2 mm^2，多芯	1（匝）	黑色
3	塑料软铜线	1 mm^2	1（匝）	交流（红色）
4	塑料软铜线	1 mm^2	1（匝）	直流（蓝色）
5	接线排		5 排	每排 10 位
6	黄绿线	2.5 mm^2，多芯	1（匝）	
7	线槽	35 mm × 35 mm	若干	
8	接地铜排	L150 mm	1 条	
9	导轨铁架	1 000 mm	1 条	
10	线耳	叉形	1 包	
11	螺钉	ϕ4 mm	1 包	

2. 设备准备

序号	名称	规格	序号	名称	规格
1	电气接线考核台架	1.20 m × 0.7 m	9	车床床身	含主轴
2	主轴电动机	三相电动机	10	电动机转速测速器	光电式
3	断路器	DZ47 400V ~（三相）	11	配套说明书	相关设备
4	变压器	380 V 变压 220 V	12	保险座	RT18-32
5	变频器	普通	13	接触器	CJX20910
6	控制电源器	AC 220 V 变压 DC 24 V	14	自动断路器	DZ5-20/330
7	继电器	MY-2NJ DC 24 V	15	熔丝	6 A
8	数控系统	凯恩帝、广数、华中或法那克			

3. 工具准备

名称	规格	数量	备注
万能表	DT9205L	1 个	
压线钳		1 套	
剥线钳		1 套	
旋具	一字形（大、小）	1 套	

续表

名称	规格	数量	备注
旋具	十字形（大、小）	1套	
弓锯		1把	
手电钻	ϕ0 ~ 10 mm	1把	
钻头	ϕ3. 2 mm	1把	
丝锥	ϕ4 mm	1套	

二、考核内容

1. 本题分值

30 分。

2. 考试时间

90 min。

3. 考核形式

实操。根据现场提供的机床电气原理图、CNC 数控系统参数设置表、变频器的说明书进行接线装配，并进行相关设置，使主轴转动达到规定要求。

三、配分与评分标准

序号	考核内容	考核要点	配分	评分标准	扣分	得分
1	变频主轴线路的装配	根据提供的元件和资料进行主轴线路电气装配	10	（1）安装与布线工艺不规范，每处扣1分 （2）导线、电缆选错规格、型号，每项扣2分 （3）一次通电调试主轴不转，扣5分 （4）二次通电调试主轴不转，扣8分 （5）三次通电调试主轴不转，扣10分		
2	变频主轴线路的调试	调试 M03、M04、M05 和 S 功能指令，速度到达反馈功能，变频器故障报警功能	20	（1）在 CNC 数控系统的主轴速率为100%时，进入 MDI（手动数据输入方式），输入 M03 和 S 指令（S 值在 150 ~ 200 之间），方向相反扣 3 分，用测速器测量转速，每超差 5 r/min 扣 2 分 （2）同上述方法，输入 M04 和 S 指令（S值在 150 ~ 200 之间），方向相反扣 3 分，用测速器测量转速，每超差 5 r/min 扣 2 分 （3）同上述方法，输入 M05 指令，如果主轴不能停，则扣 5 分 （4）因漏接变频器故障报警线使得 CNC 不能正常工作，扣 5 分		
合计			30			

续表

否定项：若考生发生下列情况之一，则应及时终止考试，考生该试题成绩记为零分
（1）安装时由于操作不当损坏元器件
（2）带电安装电气控制线路
（3）通电调试时由于操作失误出现短路、触电等电气安全事故
（4）通电调试时由于操作失误引起仪器、仪表、设备等的损坏

项目 3　进给驱动系统的连接与调试

项目目标

1. 了解进给驱动系统的电气类型、特点和应用。

2. 掌握进给伺服系统的电气连接与调试。

项目描述

根据现场提供的机床电气原理图进行接线装配，使进给系统达到规定要求。

项目分析

进给系统直接影响着数控机床的加工精度。能够对进给驱动系统进行连接与调试，是学好数控机床电气系统连接与调试的重要保证。

相关知识

一、步进驱动系统

简单来说，步进驱动系统包括步进电动机和步进驱动器。

步进电动机流行于 20 世纪 70 年代，该系统结构简单、控制容易、维修方便，且控制为全数字化。步进电动机是一种能将数字脉冲转化成一个步距角增量的电磁执行元件，能很方便地将电脉冲转换为角位移，具有定位精度高、无漂移和无积累定位误差的优点，能跟踪一定频率范围的脉冲列，可作同步电动机使用。随着计算机技术的发展，除功率驱动电路之外，其他部分均可由软件实现，从而进一步简化结构。因此，至今国内外对这种系统仍在进一步开发。

步进电动机是一种用电脉冲信号进行控制，并将电脉冲信号转换成相应的角位移的执行器。其角位移量与电脉冲数成正比，其转速与电脉冲频率成正比，通过改变脉冲频率就可以调节电动机的转速。如果停机后某些相的绕组仍保持通电状态，则还具有自锁功能。步进电动机每转一周都有固定的步数，从理论上说其步距误差不会积累。如图 2—3—1 所示为步进电动机工作原理。

步进电动机的最大缺点在于其容易失步，特别是在大负载和速度较高的情况下，失步更容易发生。但是，近年来发展起来的恒流斩波驱动、PWM 驱动、微步驱动、超微步驱动及它们的综合运用，使得步进电动机的高频输出能力得到很大提高，低频振荡得到显著改善。特别是，随着智能超微步驱动技术的发展，必然会将步进电动机的性能提高到一个新的水平。步进电动机将以极佳的性价比，获得更为广泛的应用，在许多领域将取代直流伺服电动机及相应的伺服系统。

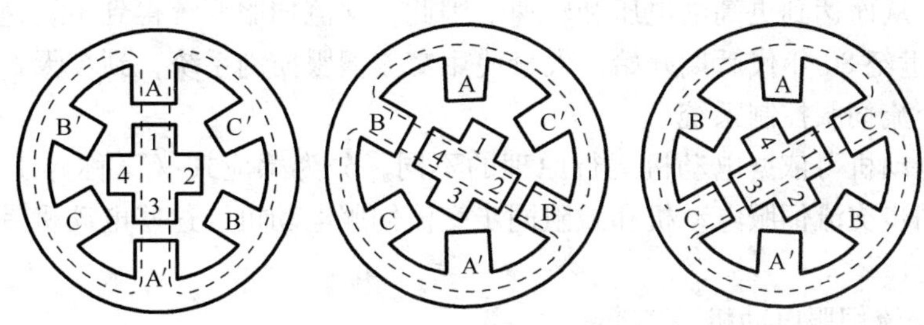

图 2—3—1　步进电动机工作原理

目前，步进电动机主要用于经济型数控机床的进给驱动，一般采用开环的控制结构。用于数控机床驱动的步进电动机主要有两类：反应式步进电动机和混合式步进电动机，反应式步进电动机又称磁阻式步进电动机。如图 2—3—2 所示为步进电动机类型。

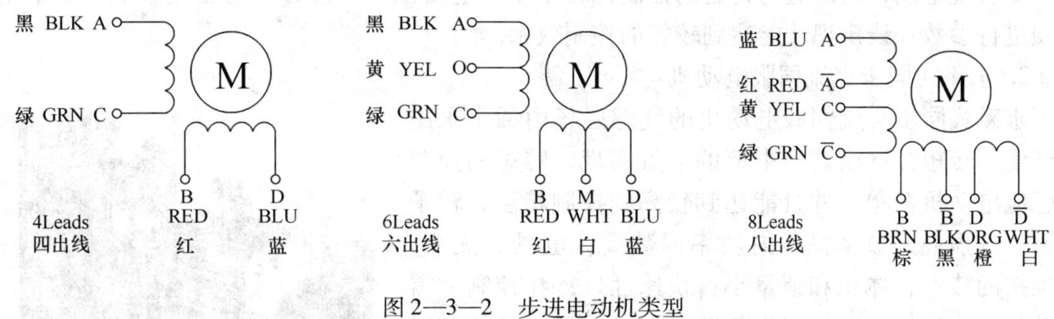

图 2—3—2　步进电动机类型

二、直流伺服电动机

直流伺服控制系统常用的伺服电动机有小惯量直流伺服电动机和永磁直流伺服电动机（又称大惯量宽调速直流伺服电动机）。小惯量伺服电动机最大限度地减小了电枢的转动惯量，从而能获得最好的快速性，在早期的数控机床上应用较多，现在也有应用。小惯量伺服电动机一般都设计成有高的额定转速和低的惯量，在应用时，要经过中间机械传动（如齿轮副）才能与丝杠相连接。

永磁直流伺服电动机能在较大过载转矩下长时间工作，但电动机的转子惯量较大，能直接与丝杠相连接而无须中间传动装置。此外，永磁直流伺服电动机还有一个特点是可在低速下运转，如能在 1 r/min 甚至在 0.1 r/min 下平稳地运转。因此，这种直流伺服控制系统在数控机床上获得了广泛的应用。自 20 世纪 70 年代至 80 年代中期，在数控机床上的应用占绝对统治地位，现在许多数控机床上仍使用这种电动机的直流伺服系统。永磁直流伺服电动机的缺点是电刷，它限制了转速的提高，一般额定转速为 1 000 ~ 1 500 r/min，而且结构复杂、价格较贵。

三、交流伺服驱动系统

由于直流伺服电动机存在着一些固有的缺点，而使其应用环境受到限制。交流伺服电动机没有这些缺点，且转子惯量较直流电动机小，使得动态响应好。另外在同样体积条件下，交流电动机的输出功率可比直流电动机提高 10% ~ 70%。而且，交流电动机的容量可以比直流电动机大，从而达到更高的电压和转速。因此，交流伺服系统得到了迅速发展，已经形成潮流。从 20 世纪 80 年代后期开始，大量使用交流伺服控制系统，到今天，有些国家的厂家已全部使用交流伺服控制系统。

交流伺服电动机可依据电动机运行原理的不同，分为感应式（又称异步）交流伺服电动机、永磁式同步交流伺服电动机和磁阻同步交流伺服电动机，这些电动机具有相同的三相绕组的定子结构。

1. 感应式交流伺服电动机

感应式交流伺服电动机的转子电流由滑差电势产生，并与磁场相互作用产生转矩。其主要优点是无刷，结构坚固、造价低、免维护，对环境要求低，其主磁通由励磁电流产生，很容易实现弱磁控制，最高转速可以达到额定转速的 4 ~ 5 倍；其缺点是需要励磁电流，内功率因数低，效率较低，转子散热困难，要求较大的伺服驱动器容量，电动机的电磁关系复杂，要实现电动机的磁通与转矩的控制比较困难，电动机非线性参数的变化影响控制精度，必须进行参数在线辨识才能达到较好的控制效果。

2. 永磁式同步交流伺服电动机

永磁式同步交流伺服电动机的气隙磁场由稀土永磁体产生，转矩控制由调节电枢的电流实现，转矩的控制较感应电动机简单，并且能达到较高的控制精度；转子无铜、铁损耗，效率高、内功率因数高，也具有无刷、免维护的特点，体积和惯量小，快速性好；在控制上需要轴位置传感器，以便识别气隙磁场的位置；价格较感应式电动机高。如图 2—3—3 所示为交流伺服电动机。

图 2—3—3　交流伺服电动机外形

3. 磁阻同步交流伺服电动机

磁阻同步交流伺服电动机的转子磁路具有不对称的磁阻特性，无永磁体或绕组，也不产生损耗；其气隙磁场由定子电流的激磁分量产生，定子电流的转矩分量则产生电磁转矩；内功率因数较低，要求较大的伺服驱动器容量，也具有无刷、免维护的特点；并克服了永磁式同步电动机弱磁控制效果差的缺点，可实现弱磁控制，速度控制范围可达到 0. 1 ~ 10 000 r/min；也兼有永磁式同步电动机控制简单的优点，但需要轴位置传感器；价格较永磁式同步电动机便宜，但体积较大些。

四、FANUC 进给伺服系统

FANUC 公司从 1982 年开始开发 PWM 交流伺服控制系统，1983 年形成系列产品，先后经过模拟量交流伺服、数字交流伺服 S 系列和全数字交流伺服系统 α 系列。21 世纪初，FANUC 公司又成功地开发出高速串行总线（FSSB）控制的全数字交流伺服系统 αi 系列和 βi 系列，实现了数控机床的高精度、高速度、高可靠性及高效节能的控制。

FANUC 0i Mate C 系列数控系统最多可控制三轴。其中，FANUC 0i Mate MC 可控制三轴，主要用于加工中心、铣床，配置 βi 系列的放大器和 βi（或 βis）系列伺服电动机。FANUC 0i Mate TC 控制两轴，主要用于车床，配置 βi 系列的放大器和 βi（或 βis）系列伺服电动机。而且对于 FANUC 0i Mate-C 系统，如果没有主轴电动机，伺服放大器是单轴型

（SVU），其实物图如图 2—3—4、图 2—3—5 所示，如果包括主轴电动机，放大器是一体型（SVPM），其实物图如图 2—3—6 所示。

图 2—3—4 βi-SVU 实物图

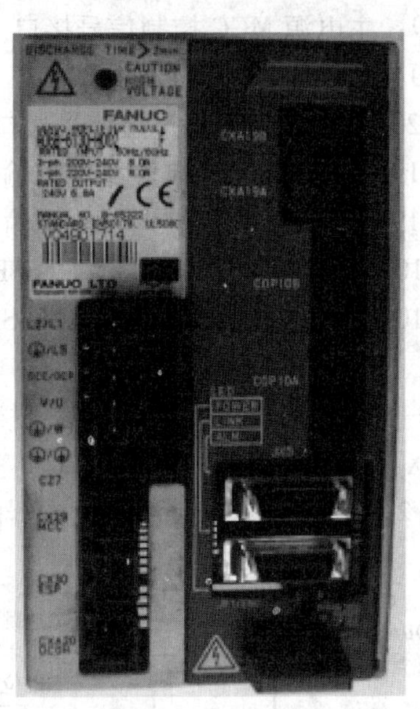

图 2—3—5 βi 系列伺服单元实物图

图 2—3—6 βi-SVPM（一体型）

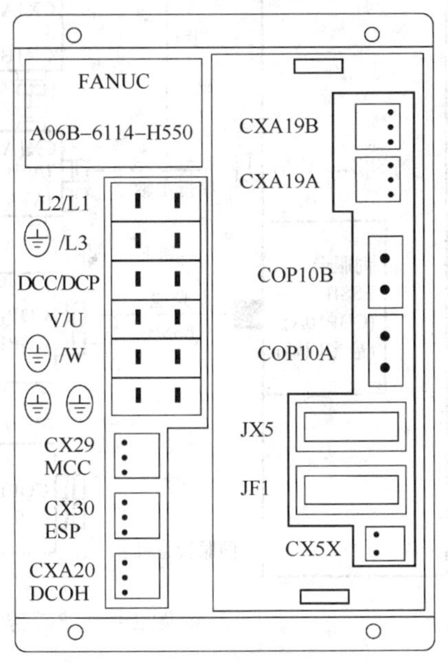

图 2—3—7 βi 系列伺服单元结构图

βi 系列伺服单元结构如图 2—3—7 所示。

βi 系列伺服单元各接口说明如下：

L1、L2、L3：主电源输入端接口，三相交流电源 200 V、50/60 Hz。

U、V、W：伺服电动机的动力线接口。

DCC、DCP：外接 DC 制动电阻接口。

CX29：主电源 MCC 控制信号接口。

CX30：急停信号（ESP）接口。

CXA20：DC 制动电阻过热信号接口。

CXA19A：DC24 V 控制电路电源输入接口，连接外部 24 V 稳压电源。

CXA19B：DC24 V 控制电路电源输出接口，连接下一个伺服单元的 CXA19A。

COP10A：伺服高速串行总线（FSSB）接口，与下一个伺服单元的 COP10B 连接（光缆）。

COP10B：伺服高速串行总线（FSSB）接口，与 CNC 系统的 COP10A 连接（光缆）。

JX5：伺服检测板信号接口。

JF1：伺服电动机内装编码器信号接口。

CX5X：绝对编码器的电池接口。

如图 2—3—8 所示为带主轴放大器的伺服系统连接图。

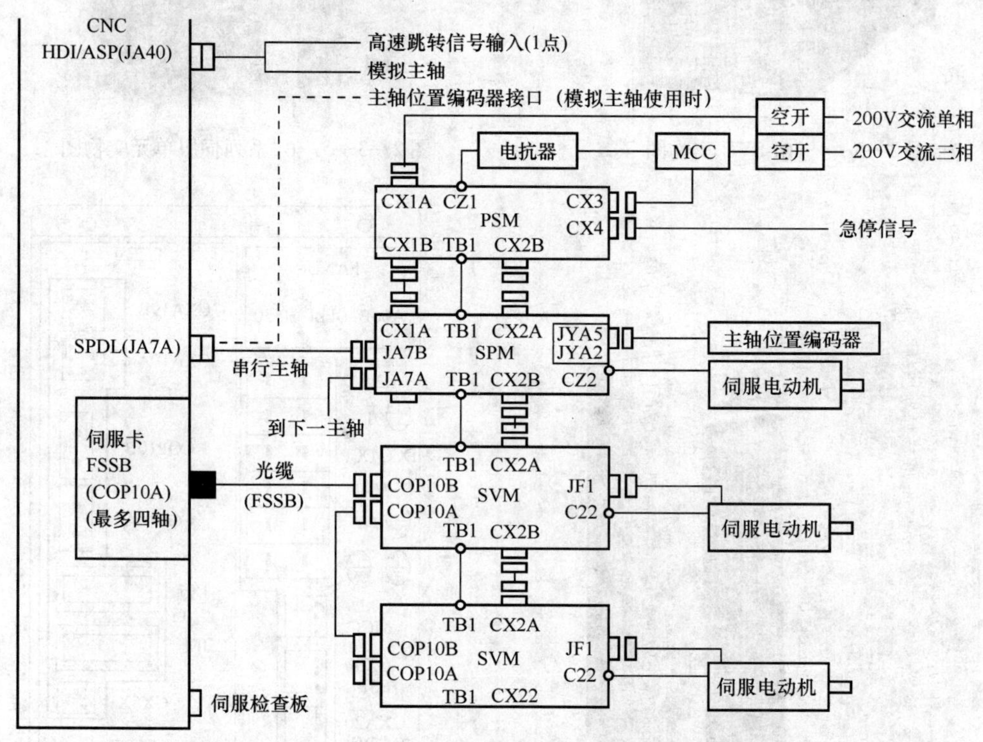

图 2—3—8 带主轴放大器的伺服系统连接图

FANUC 0i Mate C 系统与 βi 系列伺服单元连接图如图 2—3—9 所示。380 V 动力电源经伺服变压器变为 200 ~ 230 V，分别连接到伺服单元的 L1、L2、L3，作为伺服单元主电路的输入电源。外部 24 V 稳压电源连接到 *X* 轴伺服单元的 CX19A，*X* 轴伺服单元的 CXA19B 连接到 *Z* 轴伺服单元的 CXA19A，作为伺服单元的控制电路的输入电源。JF1 连接到相应的伺服电动机内装编码器接口上，作为 *X* 轴、*Z* 轴的速度和位置反馈信号控制。

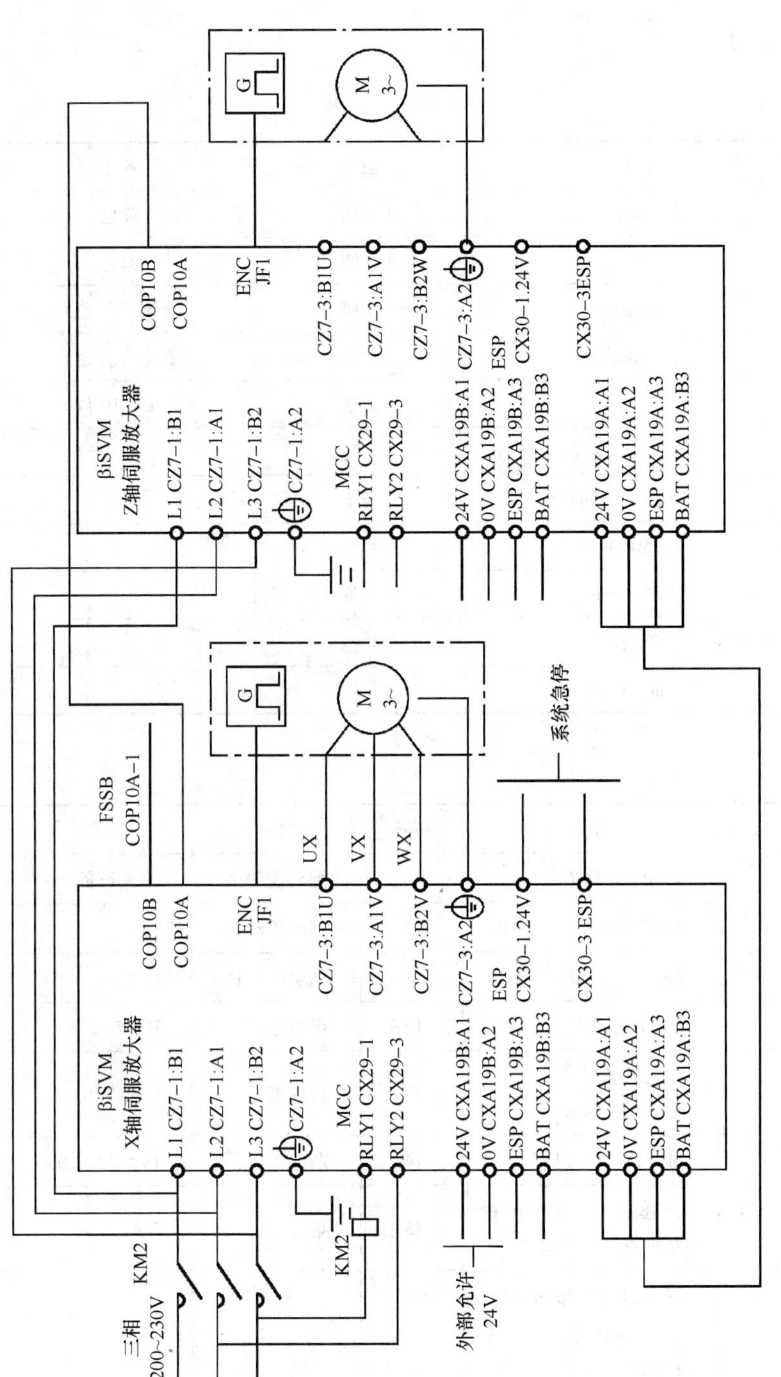

图2—3—9 FANUC 0i Mate C 系统与 βi 系列伺服单元连接图

项目实施

电气线路的装配与调试

一、考场准备（每人一份）

1. 材料准备

序号	材料名称	规格	数量	备注
1	塑料软铜线	0.5 mm^2，多芯	1（匝）	黄色
2	塑料软铜线	2 mm^2，多芯	1（匝）	黑色
3	塑料软铜线	1 mm^2	1（匝）	交流（红色）
4	塑料软铜线	1 mm^2	1（匝）	直流（蓝色）
5	接线排		5 排	每排 10 位
6	黄绿线	2.5 mm^2，多芯	1（匝）	
7	线槽	35 mm×35 mm	若干	
8	接地铜排	L150 mm	1 条	
9	导轨铁架	1 000 mm	1 条	
10	线耳	叉形	1 包	
11	螺钉	ϕ4 mm	1 包	

2. 设备准备

序号	名称	规格	序号	名称	规格
1	电气接线考核台架	1.20 m×0.7 m	9	配套说明书	相关设备
2	断路器	DZ47 400 V~（三相）	10	伺服驱动器	
3	变压器	380 V 变压 220 V	11	伺服电动机	
4	游标卡尺	200 mm 以上	12	保险座	RT18-32
5	控制电源器	AC 220 V 变压 DC 24 V	13	接触器	CJX20910
6	继电器	MY-2NJ DC 24 V	14	断路器	DZ5-20/330
7	数控系统	凯恩帝、广数、华中或法那克	15	熔丝	2 A、6 A
8	车床床身	含 *Z* 轴机械传动部件，有三个行程开关、三个行程挡块			

3. 工具准备

名称	规格	数量	备注
万能表	DT9205L	1 个	
压线钳		1 套	
剥线钳		1 套	
旋具	一字形（大、小）	1 套	
旋具	十字形（大、小）	1 套	
弓锯		1 把	
手电钻	$\phi 0 \sim 10$ mm	1 把	
钻头	$\phi 3.2$ mm	1 把	
丝锥	$\phi 4$ mm	1 套	

二、考核内容

1. 本题分值

30 分。

2. 考试时间

90 min。

3. 考核形式

实操。根据现场提供的机床电气原理图、CNC 数控系统参数设置表、*Z* 轴驱动器说明书进行机床电气装配，然后把电动机与床身的 *Z* 轴传动部件对接，进行相关参数设置，使 *Z* 轴移动达到规定要求。

三、配分与评分标准

序号	考核内容	考核要点	配分	评分标准	扣分	得分
1	*Z* 向进给轴线路的装配	根据提供的元件和资料进行 *Z* 向进给轴电气装配	10	（1）安装与布线工艺不规范，每处扣 1 分 （2）导线、电缆选错规格、型号，每项扣 2 分 （3）一次通电 CNC 系统无法工作，扣 5 分 （4）二次通电 CNC 系统无法工作，扣 8 分 （5）三次通电 CNC 系统无法工作，扣 10 分 （6）*Z* 轴进给电动机在进给操作时不能转动或进给驱动器没响应或有任何报警，扣 4 分		

续表

序号	考核内容	考核要点	配分	评分标准	扣分	得分
2	Z 向进给轴线路的调试	调试 Z 轴在 CNC 上坐标显示的相对移动距离与溜板箱实际的移动距离相一致	20	进入手动方式移动溜板箱，Z 向 CNC 显示相对移动 100 mm，测量溜板箱实际移动距离，每超差 0.5 mm 扣 5 分，移动方向错误不得分		
合计			30			

否定项：若考生发生下列情况之一，则应及时终止考试，考生该试题成绩记为零分

(1) 安装时由于操作不当损坏元器件

(2) 带电安装电气控制线路

(3) 通电调试时由于操作失误出现短路、触电等电气安全事故

(4) 通电调试时由于操作失误引起仪器、仪表、设备等的损坏

项目 4　自动换刀控制系统的连接与调试

项目目标

1. 了解自动换刀控制系统的电气类型、特点和应用。
2. 掌握自动换刀控制系统的电气连接与调试方法。

项目描述

根据现场提供的机床电气原理图进行换刀系统接线装配并进行调试，使换刀系统达到规定要求。

项目分析

数控机床的换刀系统主要包括车床刀架控制系统和加工中心刀库控制系统，是数控机床能够进行加工必不可少的部分。

相关知识

一、车床刀架控制系统

1. 电动刀架工作原理

系统发出换刀信号，刀架电动机正转继电器动作，电动机正转，通过减速机构和升降机构将上刀体上升至一定位置，离合盘起作用，带动上刀体旋转到所选择刀位，发信盘发出刀位信号，刀架电动机反转继电器动作，电动机反转，完成初定位后上刀体下降，齿牙盘啮合，完成精确定位，并通过升降机构锁紧刀架。

2. 电动刀架设定

电动刀架可为四工位或六工位（即刀架上可装四或六把刀具）。每把刀具都有一个固定刀号，通过霍尔开关（一般为 NPN 型，因此，在接入 PNP 型 PLC 时要并联一个电阻）进行到位检测。到位信号经故障设置引至 I/O 演示板下方的拨码开关上。刀架电动机顺时针旋转时为选刀过程，逆时针旋转时为锁紧过程，选刀时间由 PLC 14 号定时器决定，锁紧时间由

PLC 15 号定时器决定（定时器的计时单位为 ms）。

3. 两相四工位电动刀架电气控制原理

两相四工位电动刀架电气控制原理如图 2—4—1 ~ 图 2—4—4 所示。

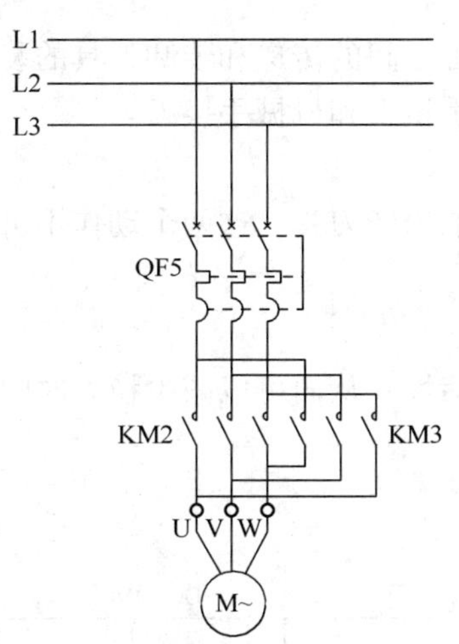

图 2—4—1 电动刀架电气控制原理 1

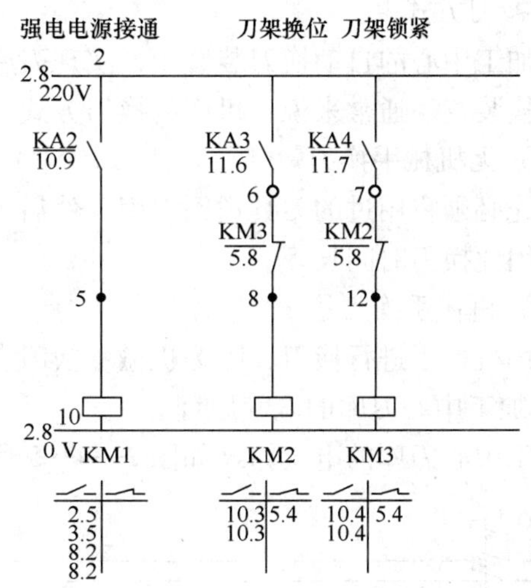

图 2—4—2 电动刀架电气控制原理 2

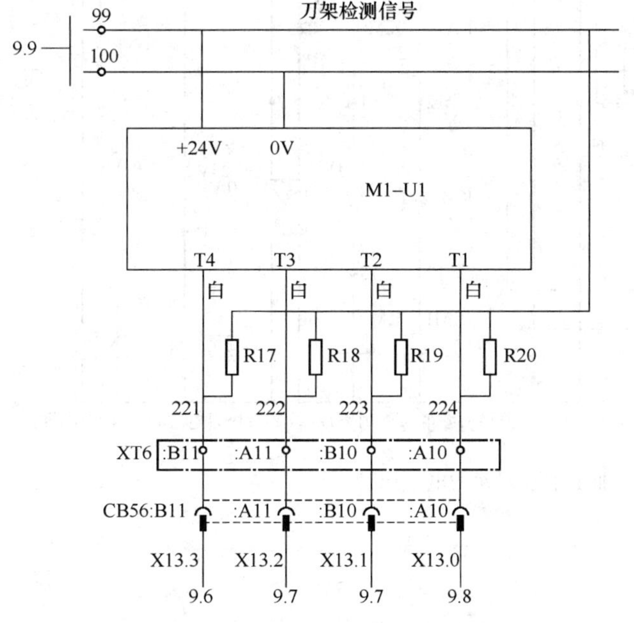

图 2—4—3 电动刀架电气控制原理 3

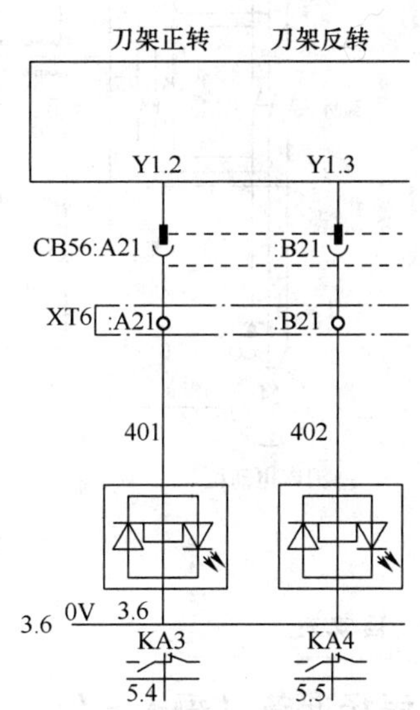

图 2—4—4 电动刀架电气控制原理 4

二、加工中心刀库控制系统

1. 加工中心刀库的概述

加工中心为了在一次装夹中可以完成多道工序加工，所以设计了自动换刀装置。刀库作为自动换刀装置的主要部件之一，用来存放刀具，并把下一把即将用到的刀具送到指定的位置。根据刀库存放刀具的数目和渠道方式，刀库可以设计成不同的类型。

加工中心刀库按照机械结构不同分为盘式刀库和链式刀库。

2. 换刀方式

在加工中心的自动换刀装置中，实现刀库与机床主轴之间的传递和装卸刀具的装置称为刀具交换装置。通常来说，机床的换刀方式分为无机械手换刀和机械手换刀。

（1）无机械手换刀

首先必须将用过的刀具送回刀库，然后再从刀库中取出新刀具，这两个动作不可能同时进行，因此换刀时间长。

（2）机械手换刀

采用机械手进行换刀，因为机械手换刀有很大的灵活性，从而可以减少换刀时间。

3. 加工中心刀库的电气原理

加工中心刀库的电气原理如图 2—4—5 所示。

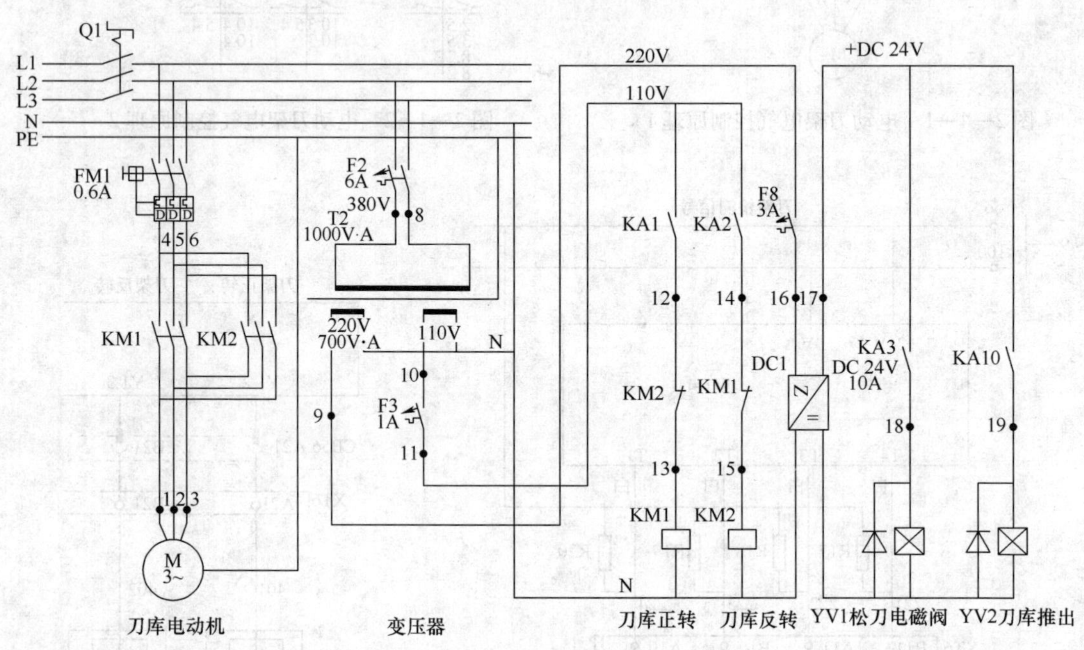

图 2—4—5　加工中心刀库的电气原理

项目实施

一、考场准备（每人一份）

1. 材料准备

序号	材料名称	规格	数量	备注
1	塑料软铜线	0.5 mm^2 多芯	1（匝）	黄色
2	塑料软铜线	2 mm^2 多芯	1（匝）	黑色

续表

序号	材料名称	规格	数量	备注
3	塑料软铜线	1 mm^2	1（匝）	交流（红色）
4	塑料软铜线	1 mm^2	1（匝）	直流（蓝色）
5	接线排		5 排	每排 10 位
6	黄绿线	2.5 mm^2 多芯	1（匝）	
7	线槽	35 mm×35 mm	若干	
8	接地铜排	L150 mm	1 条	
9	导轨铁架	1 000 mm	1 条	
10	线耳	叉形	1 包	
11	螺钉	ϕ4 mm	1 包	

2. 设备准备

序号	名称	规格	序号	名称	规格
1	电气接线考核台架	1.30 m×0.8 m	7	数控系统	凯恩帝、广数、华中或法那克
2	自动换刀机构	（含主轴）	8	配套说明书	相关设备
3	断路器	DZ47 400 V～（三相）	9	保险座	RT18-32
4	变压器	380 V 变压 220 V	10	接触器	CJX20910
5	控制电源器	AC 220 V 变压 DC 24 V	11	自动断路器	DZ5-20/330
6	继电器	MY-2NJ DC 24 V	12	熔丝	6 A

3. 工具准备

名称	规格	数量	备注
万能表	DT9205L	1 个	
压线钳		1 套	
剥线钳		1 套	
旋具	一字形（大、小）	1 套	
旋具	十字形（大、小）	1 套	
弓锯		1 把	
手电钻	ϕ0～10 mm	1 把	
钻头	ϕ3.2 mm	1 把	
丝锥	ϕ4 mm	1 套	

二、考核内容

1. 本题分值

30 分。

2. 考试时间

90 min。

3. 考核形式

实操。根据现场提供的机床电气原理图、自动换刀系统的说明书进行接线装配，并进行相关调试，使主轴转动达到规定要求。

三、配分与评分标准

序号	考核内容	核要点	配分	评分标准	扣分	得分
1	自动换刀机构线路的装配	根据提供的元件和资料进行自动换刀机构电气装配	20	（1）安装与布线工艺不规范，每处扣 1 分 （2）导线、电缆选错规格、型号，每项扣 2 分 （3）一次通电调试主轴不转，扣 5 分 （4）二次通电调试主轴不转，扣 8 分 （5）三次通电调试主轴不转，扣 10 分		
2	自动换刀机构的调试	调试 T 功能指令，能正确执行 T 功能代码	10	进入 MDI 方式，输入 T 代码能准确换刀得满分，否则不得分		
合计			30			

否定项：若考生发生下列情况之一，则应及时终止考试，考生该试题成绩记为零分

（1）安装时由于操作不当损坏元器件

（2）带电安装电气控制线路

（3）通电调试时由于操作失误出现短路、触电等电气安全事故

（4）通电调试时由于操作失误引起仪器、仪表、设备等的损坏

项目 5　机床辅助功能的连接与调试

项目目标

1. 了解机床气动和液压系统等辅助功能的电气类型、特点和应用。

2. 掌握机床辅助功能的电气连接与调试。

项目描述

根据现场提供的机床电气原理图进行气动和液压系统接线装配，并进行相关设置，使机床辅助功能达到规定要求。

相关知识

一、气动系统

下面以 H400 型加工中心气动系统为例进行说明。

加工中心气动系统的设计及布置与加工中心的类型、结构、要求完成的功能等有关，结合气压传动的特点，一般在要求力或力矩不太大的情况下采用气压传动。

H400 型加工中心是一种小功率、中精度的加工中心，为降低制造成本、提高安全性、减少污染，结合气、液压传动的特点，该加工中心的辅助动作主要采用气压驱动装置来完成。

如图 2—5—1 所示为 H400 型卧式加工中心气动原理。该气动系统主要包括松刀气缸支路、主轴吹气支路、交换台托升支路、工作台拉紧支路、工作台定位面吹气支路、鞍座定位支路、鞍坐锁紧支路、刀库移动支路等。

H400 型卧式加工中心启动系统要求提供额定压力为 0.7 MPa 的压缩空气，压缩空气通过 8 mm 的管道连接到气动系统减压、过滤、油雾气动三联件 ST 后，干燥、洁净的压缩空气中加入适当的润滑用油雾，供给后面的执行机构使用，保证整个气动系统的稳定、安全运行，避免或减少执行部件、控制部件的磨损而使其寿命减短。YK1 为压力开关，该元件在气动系统达到额定压力时发出电参量开关信号，通知机床气动系统正常工作。在该系统中，为了减小负载变化对系统工作稳定性的影响，设计时均采用单向出口节流的方法调节气缸的运行速度。

1. 松刀气缸支路

松刀气缸是完成刀具的拉紧和松开的执行机构。为保证机床切削加工过程的稳定、安全、可靠，刀具拉紧拉力应大于 12 000 N，抓刀、松刀动作时间在 2 s 以内。换刀时，通过气动系统对刀柄与主轴间的 7∶24 定位锥孔进行清理，使用高速气流清除结合面上的杂物。为达到这些要求，并且尽可能地使气缸结构紧凑、重量轻，再考虑到工作缸直径不能大于 150 mm，所以采用复合双作用气缸（额定压力 0.5 MPa）。

在无换刀操作指令的状态下，松刀气缸在自动复位控制阀 HF1 的控制下始终处于上位状态并由感应开关 LS11 检测该位置信号，以保证松刀气缸活塞杆与拉杆脱离，避免主轴旋转时与拉杆摩擦损坏。主轴对刀具的拉力由碟形弹簧受压力产生的弹力提供。当进行自动手动换刀时，两位四通电磁阀 HF1 线圈 1YA 得电，松动气缸上腔通入高压气体，活塞向下移动，活塞杆压住拉杆克服弹簧弹力向下移动，直到刀爪松开刀柄上的拉钉，刀柄与主轴脱离。感应开关 LS12 检测到位信号，通过变送扩展板传送到计算机数控系统的 PMC 中，作为对换刀机构进行协调控制的状态信号。DJ1、DJ2 是调节气缸压力和送刀速度的单相节流阀，以避免气流冲击和振动的产生。电磁阀 HF2 是控制主轴和刀柄之间的定位锥面在换刀时的吹气清理气流的开关，主轴锥孔吹气的气体流量大小用节流阀 JL1 调节。

2. 交换台托升支路

交换台是实现双工作台交换的关键部件，由于 H400 型加工中心交换台提升载荷较大（达 12 000 N），工作过程中冲击较大，设计上升、下降动作时间为 3 s，且交换台位置空间较大，故采用大直径气缸（$D = 350$ mm）、6 mm 内径的气管，满足设计载荷和交换时间的要求。机床无工作台交换时，在两位双电控电磁阀 HF3 的控制下交换台托升缸处于下位，感应开关 LS17 有信号，交换台与托叉分离，可自由运动。当进行自动和手动双工总台交换时，数控系统通过 PMC 发出信号，使两位双电控电磁阀 HF3 的 3YA 得电，托升缸下腔通入高压气体，活塞带动托叉连同交换台一同上升，当达到上下运动的上终点位置时，接近开关 LS16 检测其位置信号，并通过变送扩展板传送到数控系统的 PMC 中，双工作台交换过程结束，机床可以进行下一步的操作。该支路中采用 DJ3、DJ4 单向节流阀调节交换台上升和下降的速度，避免较大的载荷冲击及机械部件的损伤。

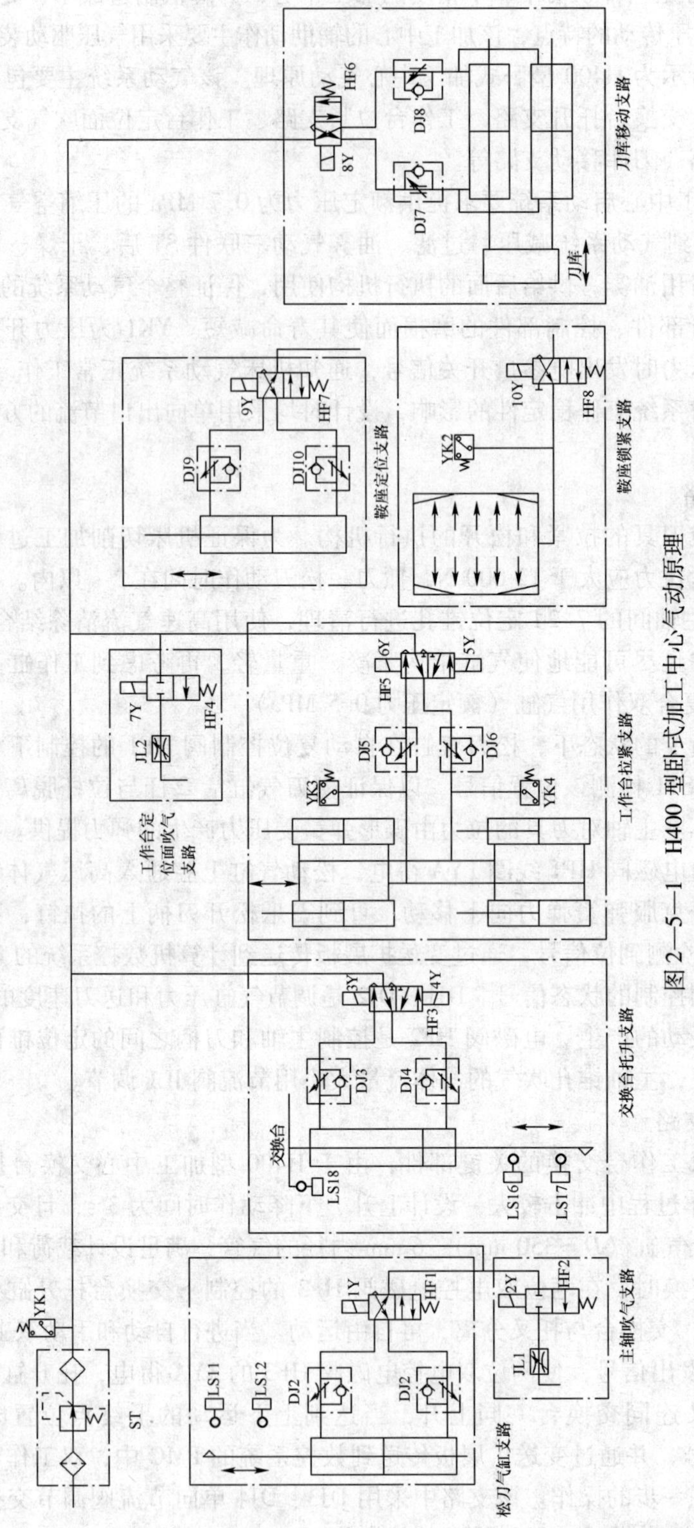

图 2—5—1 H400 型卧式加工中心气动原理

3. 工作台拉紧支路

由于H400型加工中心要进行双工作台的交换，为了节约交换时间，保证交换的可靠性，所以交换台与鞍座之间必须具有快速可靠的定位、夹紧及快速脱离的功能。可交换的工作台固定于鞍座上，由四个带定位锥的气缸夹紧，并且为了拉力大于12 000 N的可靠工作要求，以及受位置结构的限制，该气缸采用了弹簧增力结构，在气缸内径仅为63 mm的情况下就达到了设计拉力要求。该支路采用两位双电控电磁阀HF5进行控制，当双工作台交换将要进行或已经进行完毕时，数控系统通过PMC控制电磁阀HF5使线圈5YA或6YA得电，分别控制气缸活塞的上升或下降，通过钢珠拉套机构放松或拉紧工作台上的拉钉，完成鞍座与工作台的放松或拉紧。为了避免活塞运动的冲击，采用具有得电动作、失电不动作、双线圈同时得电不动作特点的双电控电磁阀HF5进行控制，可避免在动作进行过程中突然断电造成的机械部件冲击损伤。采用单相节流阀DJ5、DJ6来调节拉紧的速度，避免较大的冲击载荷。该位置由于受结构限制，用感应开关检测放松与拉紧信号较为困难，故采用可调工作点的压力继电器YK3、YK4检测压力信号，并以此信号作为气缸到位信号。

4. 鞍座定位与锁紧支路

H400型卧式加工中心工作台的回转分度功能是通过与工作台连为一体的鞍座采用蜗轮蜗杆机构实现的。鞍座与床鞍之间有相对回转运动，并分别采用插销和可以变形的薄壁气缸实现床鞍和鞍座之间的定位与锁紧。当数控系统发出鞍座回转命令并做好相应准备后，两位单电控电磁阀HF7得电，定位插销气缸活塞向下带动定位销从定位孔拔出，到达下运动极限位置后，感应开关检测到位信号，通知数控系统可以进行鞍座与床鞍的放松，此时两位单电控电磁阀HF8得电动作，锁紧气缸中的高压气体放出，锁紧活塞变形回复，使鞍座与床鞍分离。该位置由于受结构限制，检测放松与锁紧信号较困难，故采用可调工作点的压力继电器YK2检测压力信号，并以此信号作为检测信号。该信号送数控系统，控制鞍座进行回转动作，鞍座在电动机、同步带、蜗轮蜗杆机构的带动下进行回转运动。当达到预定位置时，感应开关发出到位信号，鞍座停止转动，回转运动的初次定位完成。电磁阀HF7断电，插销气缸下腔通入高压气体，活塞带动插销向上运动插入定位孔，进行回转运动的精确定位。定位销到位后，感应开关发出信号通知锁紧气缸锁紧，电磁阀HF8失电，锁紧气缸充入高压气体，锁紧活塞变形，YK2检测到压力达到预定值后鞍座与床鞍锁紧完成。至此，整个鞍座回转动作完成。另外，在该定位支路中，DJ9、DJ10是为避免插销冲击损坏而设置的调节上升、下降速度的单向节流阀。

5. 刀库移动支路

H400型卧式加工中心采用盘式刀库，具有10个刀位。进行自动换刀时，要求气缸驱动刀盘前后移动，与主轴上、下、左、右方向的运动进行配合来实现刀具的装卸，并要求在运行过程中稳定、无冲击。换刀时当主轴达到相应位置后，使电磁阀HF6得电或失电，从而使刀盘前后移动，到达两端的极限位置，并由位置开关检测到位信号，与主轴运动、刀盘回转运动协调配合，完成换刀动作。HF6断电时，刀库部件处于远离主轴的原位。DJ7、DJ8是为避免冲击而设置的单向节流阀。

该气动系统中，交换台托升支路和工作台拉紧支路采用两位双电控电磁阀（HF3、HF5），以避免在动作进行过程中突然断电造成的机械部件的冲击损伤。系统中所有的控制阀完全采用板式集装阀连接。这种安装方式结构紧凑，易于控制，维护与故障点检测方便。为了避免气流放出时产生噪声，在各支路的放气口均加装了消声器。

二、液压系统

1. 数控机床液压系统

MJ-50 型数控机床液压系统主要承担卡盘、回转刀架、刀盘及尾座套筒的驱动与控制任务，它能实现：卡盘的夹紧、放松，及两种夹紧力（高与低）之间的转换；回转刀盘的正、反转，及刀盘的松开与夹紧；尾座套筒的伸缩。液压系统的所有电磁铁的通、断均由数控系统通过 PLC 来控制。整个液压系统由卡盘分系统、回转刀盘分系统与尾座套筒分系统组成，并以一个变量液压泵为动力源。系统的压力调定为 4 MPa。如图 2—5—2 所示为 MJ-50 型数控机床液压系统工作原理。

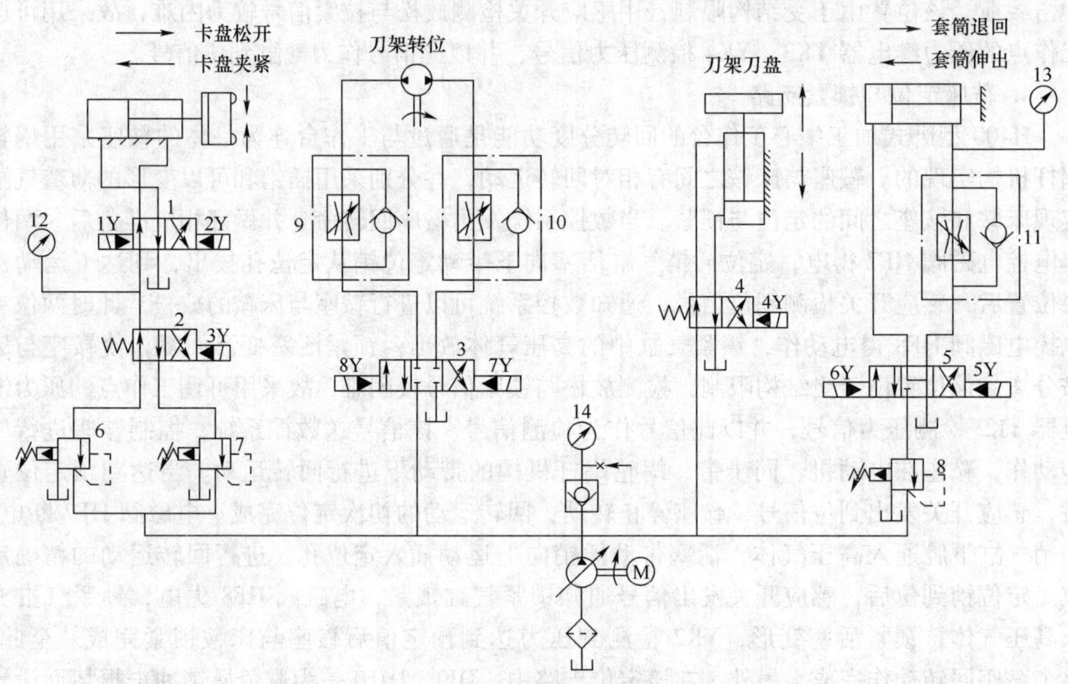

图 2—5—2　MJ-50 型数控机床液压系统工作原理

1、2、3、4、5—换向阀　6、7、8—减压阀　9、10、11—调速阀　12、13、14—压力表

各分系统的工作原理如下。

（1）卡盘分系统

卡盘分系统的执行元件是一个液压缸，控制油路则由一个有两个电磁铁的二位四通换向阀 1、一个二位四通换向阀 2、两个减压阀 6 和 7 组成。

高压夹紧：3Y 失电、1Y 得电、换向阀 2 和 1 均位于左位。系统的进油路为：液压泵→减压阀 6→换向阀 2→换向阀 1→液压缸右腔，回油路为：液压缸左腔→换向阀 1→油箱。这时活塞左移使卡盘夹紧（称正夹或外夹），夹紧力的大小可通过减压阀 6 来调节。由于减压阀 6 的调定值高于减压阀 7，所以卡盘处于高压夹紧状态。松夹时，使 2Y 得电、1Y 失电，换向阀 1 切换至右位。进油路为：液压泵→减压阀 6→换向阀 2→换向阀 1→液压缸右腔，回油路为：液压缸右腔→换向阀 1→油箱。活塞右移，卡盘松开。

低压夹紧：油路与高压夹紧状态基本相同，唯一的不同是这时 3Y 得电，使换向阀 2 切换至右位，因而液压泵的供油只能经减压阀 7 进入分系统。通过调节减压阀 7 便能实现低压夹紧状态下的夹紧力。

（2）回转刀架分系统

回转刀架分系统有两个执行元件，刀架的松开与夹紧由液压缸执行，而液压马达则驱动刀盘回转。因此，分系统的控制回路也有两条支路：第一条支路由三位四通换向阀 3 和两个单相调速阀 9 和 10 组成，通过三位四通换向阀 3 的切换控制液压马达，即刀盘正、反转，而两个单相调速阀 9 和 10 与变量液压泵，则使液压马达在正、反转时都能通过进油路容积节流调速来调节旋转速度；第二条支路控制刀盘的放松与夹紧，它是通过二位四通换向阀的切换来实现的。

刀盘的完整旋转过程是刀盘松开与刀盘通过左转或右转就近到达指定刀位→刀盘夹紧。因此电磁铁的动作顺序是：4Y 得电（刀盘松开）→8Y（正转）或 7Y（反转）得电，刀盘旋转→8Y（正转）或 7Y（反转）失电，刀盘停止转动→4Y 失电（刀盘夹紧）。

（3）尾座套筒分系统

尾座套筒通过液压缸实现顶出与缩回。控制回路由减压阀 8、三位四通换向阀 5 和单向调速阀 11 组成。分系统通过调节减压阀 8，将系统压力降为尾座套筒顶紧所需的压力。单向调速阀 11 用于在尾座套筒伸出时实现回油节流调速，控制伸出速度。所以，尾座套筒伸出时，6Y 得电，其油路为：系统供油经减压阀 8、换向阀 5 左位进入液压缸的无杆腔，而有杆腔的液压油则经调速阀 11 和换向阀 5 回油箱。尾座套筒缩回时，5Y 得电，系统供油经减压阀 8、换向阀 5 右位、调速阀 11 的单向阀进入液压缸的有杆腔，而无杆腔的油则经换向阀 5 直接回油箱。

通过上述系统的分析，不难发现数控机床液压系统的特点如下：

1）数控机床控制的自动化程度要求较高，类似于机床的液压控制，它对动作的顺序要求较严格，并有一定的速度要求。液压系统一般由数控系统的 PLC 或 PC 来控制，所以动作顺序较多地直接通过电磁换向阀的切换来实现。

2）由于数控机床的主运动已趋于直接用电动机驱动，所以液压系统的执行元件主要承担各种辅助功能，虽然其负载变化幅度不是太大，但要求稳定。因此，常采用减压阀来保证支路压力的恒定。

2. 加工中心液压系统

VP1050 型加工中心为工业型龙门结构立式加工中心，它利用液压系统传动功率大、效率高、运行安全可靠的优点，实现了链式刀库的刀链驱动、上下移动的主轴箱的平衡配重、刀具的安装和主轴高低速的转换等辅助动作。如图 2—5—3 所示为 VP1050 型加工中心的液压系统工作原理。整个液压系统采用变量叶片泵为系统提供压力油，并在泵后设置单向阀 2，用于减小系统断电或其他故障造成的液压泵压力突降而对系统的影响，避免机械部件的冲击损坏。压力开关 YK1 用以检测液压系统的状态。如压力达到预定值，则发出液压系统压力正常的信号，该信号作为计算机数控系统开启后 PLC 高级报警程序自检的首要检测对象。如 YK1 无信号，PLC 自检发出报警信号，整个数控系统的动作全部停止。

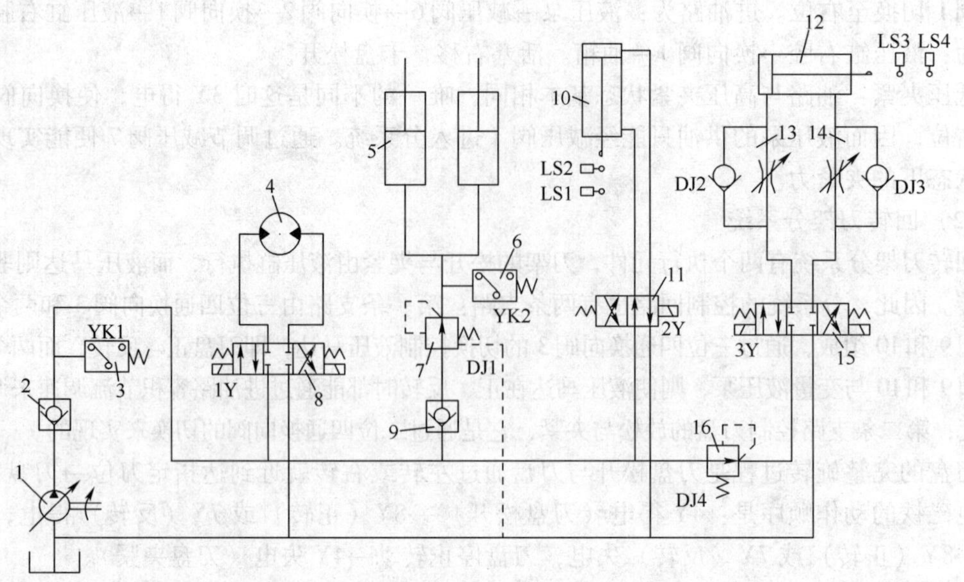

图 2—5—3 VP1050 型加工中心的液压系统工作原理

1—液压泵 2、9—单向阀 3、6—压力开关 4—液压马达 5—配重液压缸

7、16—减压阀 8、11、15—换向阀 10—松刀缸 12—变速液压缸

13、14—单向节流阀 LS1、LS2、LS3、LS4—行程开关

(1) 刀链驱动支路

VP1050 型加工中心配备 24 刀位的链式刀库，为节省换刀时间，选刀采用就近原则。换刀时，双向液压马达 4 拖动刀链，使所选刀位移动到机械手抓刀位置。液压马达的转向控制由双电控三位电磁阀 1Y 完成，计算机数控系统运算后，发信号至 PLC，通过控制 1Y 不同的得电方式来控制液压马达 4 的不同转动。刀链不需要驱动时，1Y 失电，处于中位截止状态，液压马达 4 停止。刀链到位信号由感应开关发出。

(2) 主轴箱平衡支路

VP1050 型加工中心的 Z 轴进给是通过主轴箱的上下移动实现的，为消除主轴箱自重对 Z 轴伺服电动机驱动 Z 向运动的精度和控制的影响，采用两个液压缸进行平衡。主轴箱向上运动时，高压油通过单向阀 9 和直动型减压阀 7 向平衡缸下腔供油，产生向上的平衡力；当主轴箱向下移动时，液压缸下腔高压油通过减压阀 7 适当减压。压力开关 YK2 用于检测主轴箱平衡支路的工作状态。

(3) 松刀缸支路

VP1050 型加工中心采用 BT40 型刀柄连接刀具与主轴。为了能够可靠地夹紧与快速地更换刀具，采用碟形弹簧拉紧机构，使刀柄与主轴连接为一体，用液压缸使刀柄与主轴脱开。机床在不换刀时，单电控两位四通电磁换向阀 2Y 失电，控制高压油进入松刀缸 10 的下腔，松刀缸 10 的活塞始终处于上位状态，行程开关 LS2 检测松刀缸上位信号；当主轴需要换刀时，通过手动或自动操作，使单电控两位四通电磁阀 2Y 得电换位，松刀缸 10 上腔通入高压油，活塞下移，使主轴刀爪松开刀柄拉钉，刀柄脱离主轴，松刀缸运动到位后行程开关 LS1 发出到位信号并提供给 PLC，PLC 协调刀库、机械手等其他机构完成换刀操作。

（4）高低速转换支路

在 VP1050 型加工中心主轴传动链中，通过一级双联滑移齿轮进行高、低速转换。在由高速向低速转换时，主轴电动机接收到数控系统的调速信号后，转速降低到额定值，然后齿轮滑移，完成高低速的转换。在液压系统中，该支路采用双电控三位四通电磁阀 3Y 控制液压油的流向，变速液压缸 12 通过推动拨叉控制主轴箱交换齿轮位置，从而实现主轴高低速的自动转化。高速、低速齿轮位置信号分别由行程开关 LS3、LS4 向 PLC 发送。当机床停机或控制系统出现故障时，液压系统通过双电控三位四通电磁阀 3Y 使变速齿轮处于原工作位置，避免高速运动的主轴传动系统产生硬件冲击损坏。单向节流阀 DJ2、DJ3 用于控制液压缸的速度，避免齿轮换位时的冲击振动。减压阀 16 用于调节变速液压缸 12 的工作压力。

项目实施

气动卡盘的电气装配

一、考场准备（每人一份）

1. 材料准备

序号	材料名称	规格	数量	备注
1	塑料软铜线	0.5 mm^2，多芯	1（匝）	黄色
2	塑料软铜线	2 mm^2，多芯	1（匝）	黑色
3	塑料软铜线	1 mm^2	1（匝）	交流（红色）
4	塑料软铜线	1 mm^2	1（匝）	直流（蓝色）
5	接线排		5 排	每排 10 位
6	黄绿线	2.5 mm^2，多芯	1（匝）	
7	线槽	35 mm × 35 mm	若干	
8	接地铜排	L150 mm	1 条	
9	导轨铁架	1 000 mm	1 条	
10	线耳	叉形	1 包	
11	螺钉	ϕ4 mm	1 包	

2. 设备准备

序号	名称	规格	序号	名称	规格
1	气缸卡紧总成				
2	气泵（气站）		6	DC 24 V 电源	AC 220 V 变压 DC 24 V 100 W 以上
3	24 V 继电器（直流）5 个		7	CNC 专用电源	
4	110 V 交流接触器 1 个	1 kW 以上	8	数控系统	凯恩帝、广数、华中或法那克
5	气动三位换向阀门（DC 24 V）		9	配套说明书	相关设备

3. 工具准备

名称	规格	数量	备注
万能表	DT9205L	1 个	
压线钳		1 套	
剥线钳		1 套	
旋具	一字形（大、小）	1 套	
旋具	十字形（大、小）	1 套	
弓锯		1 把	
手电钻	ϕ0 ~ 10 mm	1 把	
钻头	ϕ3.2 mm	1 把	
丝锥	ϕ4 mm	1 套	

二、考核内容

1. 本题分值

30 分。

2. 考试时间

90 min。

3. 考核形式

实操。根据现场提供的设备说明书进行机床气动卡盘的电气接线，使功能正常。

三、配分与评分标准

序号	考核内容	考核要点	配分	评分标准	扣分	得分
1	气动卡盘电气安装接线	气动卡盘电气安装接线，卡盘是否有动作	10	（1）安装与布线工艺不规范，每处扣 1 分 （2）导线、电缆选错规格、型号，每项扣 2 分 （3）一次通电调试卡盘没响应，扣 5 分 （4）二次通电调试卡盘没响应，扣 8 分 （5）三次通电调试卡盘没响应，扣 10 分		
2	气动卡盘电气调试	能进行松开和卡紧到位检测反馈，工作压力欠压检测反馈	20	每处检测不到扣 10 分		
	合计		30			

否定项：若考生发生下列情况之一，则应及时终止考试，考生该试题成绩记为零分

（1）安装时由于操作不当损坏元器件

（2）带电安装电气控制线路

（3）通电调试时由于操作失误出现短路、触电等电气安全事故

（4）通电调试时由于操作失误引起仪器、仪表、设备等的损坏

模块三

数控机床梯形图程序的识读与调试

项目1　数控机床 PMC 控制基础

项目目标

1. 了解数控机床 PMC 工作原理。
2. 掌握数控机床 PMC 在线编辑的基本操作。
3. 掌握数控机床 PMC 备份的方法和步骤。

项目描述

在线完成数控机床 PMC 的修改和备份。

项目分析

PMC 是数控机床正常工作的必要程序，掌握 PMC 的简单修改和备份是维修人员必备的技能之一。

相关知识

一、梯形图语言编程简介

可编程机床控制器（programmable machine controller，PMC）由内置于 FANUC 数控系统主机中的 PMC 控制模块和外置的 I/O 模块单元组成。它与传统的 PLC 非常相似，由于它专用于对机床的控制，所以也称为可编程机床控制器。

所谓顺序控制，就是按照事先确定的顺序或逻辑，对控制的每一个阶段依次进行的控制。用来对机床进行顺序控制的程序叫作顺序程序。通常，广泛应用的是基于梯形图语言（ladder language）的顺序程序。

二、PMC 顺序程序构成

如图 3—1—1 所示为数控机床的 PMC 顺序程序的基本构成。

1. 优先级执行

一般 PMC 程序分为第一级、第二级、第三级（可选）和子程序。PMC 顺序程序的第一级为优先级，系统每隔 8 ms 对第一级程序执行一次。因此，对一些要求系统急速处理的急停信号、位置限位信号等编辑在第一级中，以保证这些信号能够及时处理。

在 8 ms 内，除去执行第一级程序所需时间外，余下的时间再来执行第二级程序。如果第二级程序较长，系统会自动对它进行分割，分割得到的每一部分所需时间与第一级程序所需时间共同构成 8 ms。

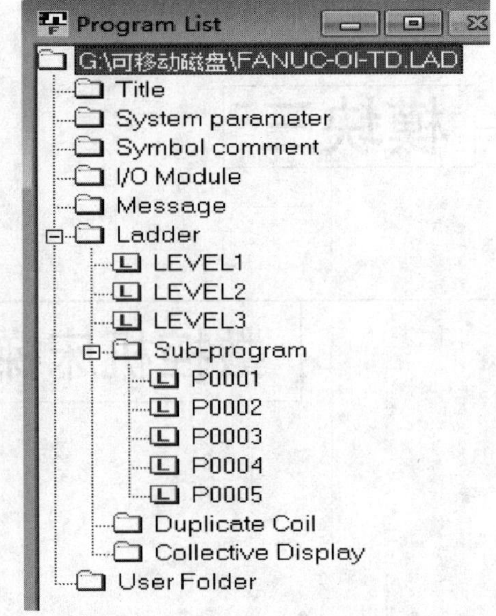

图 3—1—1　PMC 顺序程序的基本构成

2. 循环周期

PMC 顺序程序的循环周期是指完整执行一次 PMC 顺序程序所需要的时间。PMC 顺序程序的循环周期等于 8 ms × *N*（第二级顺序程序分割所得的数目）。一旦顺序号编程完成，PMC 顺序的循环周期也就确定了。

三、PMC 信号处理过程

PMC 的输入信号有来自 CNC 的输入信号（M 功能、T 功能信号等）和来自机床的输入信号（循环启动按钮、进给保持信号按钮等）。此外，由 PMC 输出的信号有输出到 CNC 的信号（循环启动指令、进给保持信号指令等）和输出到机床的信号（转塔旋转、主轴停止等）。PMC 利用顺序程序控制这些输入输出信号，并控制机床。如图 3—1—2 所示为数控机床内部 PMC 信号。

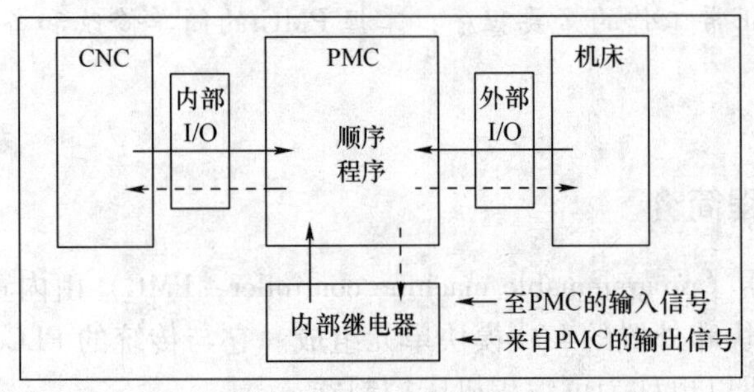

图 3—1—2　FANUC 数控系统内部 PMC 信号

四、PMC 相关信号地址

PMC 的信号存储在各种地址中，按照 PMC 信号的作用，PMC 信号地址分为多种信号类型，如图 3—1—3 所示为信号地址的传递网络。

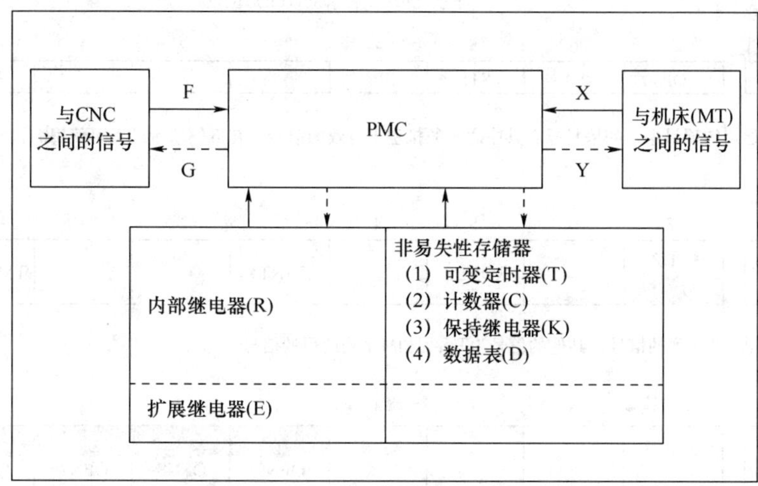

图 3—1—3　FANUC 数控系统内部 PMC 信号地址

1. PMC 和 CNC 间的信号地址（F、G）

这是 CNC 和 PMC 间的接口信号地址，信号和地址的关系由 CNC 给定。F 表示从 CNC 输入到 PMC 的输入信号，G 表示从 PMC 输出到 CNC 的输出信号。

2. PMC 和机床间的信号地址（X、Y）

为了控制连接外部的机床，可以使用有效范围内的任意地址分配 PMC 和机床一侧之间的输入、输出信号。X 表示从机床一侧输入 PMC 的输入信号，Y 表示从 PMC 输出到机床一侧的输出信号。

3. 内部继电器和扩展继电器的地址（R、E）

这是在顺序程序的执行处理中使用于运算结果的暂时存储的地址。内部继电器的地址还包含 PMC 的系统软件所使用的预留区。预留区的信号不能在顺序程序内写入。

4. 信息显示的信号地址（A）

顺序程序所使用的指令中，备有在 CNC 画面上进行信息显示的指令（DISPB 指令），这是由该指令使用的地址。

5. 非易失性存储器的地址

这是即使切断电源存储器的内容也不会丢失的地址。这些地址使用于下列数据的管理：可变定时器（T）、计数器（C）、保持继电器（K）、数据表（D）、标签号（L）等。此外，这些数据叫作 PMC 参数。

为了方面查阅 FANUC 附带的说明书，下面简要介绍说明书阅读方案。如图 3—1—4 所示为说明书中信号的表达方式。

五、PMC 机床基本操作

1. PMC 操作界面

PMC 程序既可以在计算机上利用 FANUC LADDER Ⅲ进行编写和修改，也可以利用数控系统自带的编辑器进行修改。如图 3—1—5 所示为 FANUC 自带的 PMC 操作界面。

地址	符号（#0~#7表示位（bit）位置）							
	7	6	5	4	3	2	1	0
Fn000	OP	SA	STL	SPL				RWD

在T系列和M系列通用的项目中，如果是只在其中之一的机型上有效的信号，在下例所示的不可使用的机型上，标记有底纹（ ）

	7	6	5	4	3	2	1	0	
Gn053	*CDZ		ROVLP		UINT			TMRON	T系列 M系列

[例1]*CDZ表示只属于T系列的信号，其他的信号为T系列和M系列通用的信号。

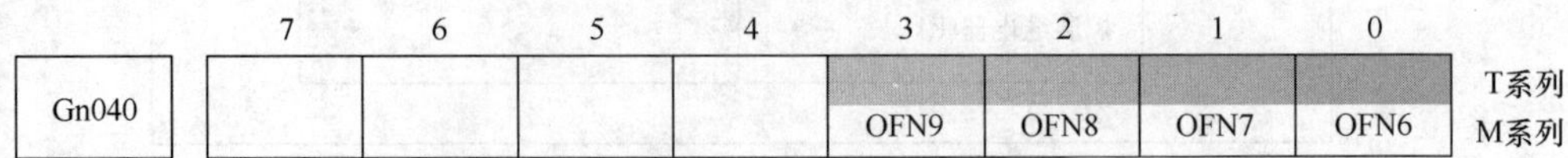

	7	6	5	4	3	2	1	0	
Gn040					OFN9	OFN8	OFN7	OFN6	T系列 M系列

[例2]OFN6~OFN9表示权限M系列的信号。

图 3—1—4　说明书中信号的表达方式

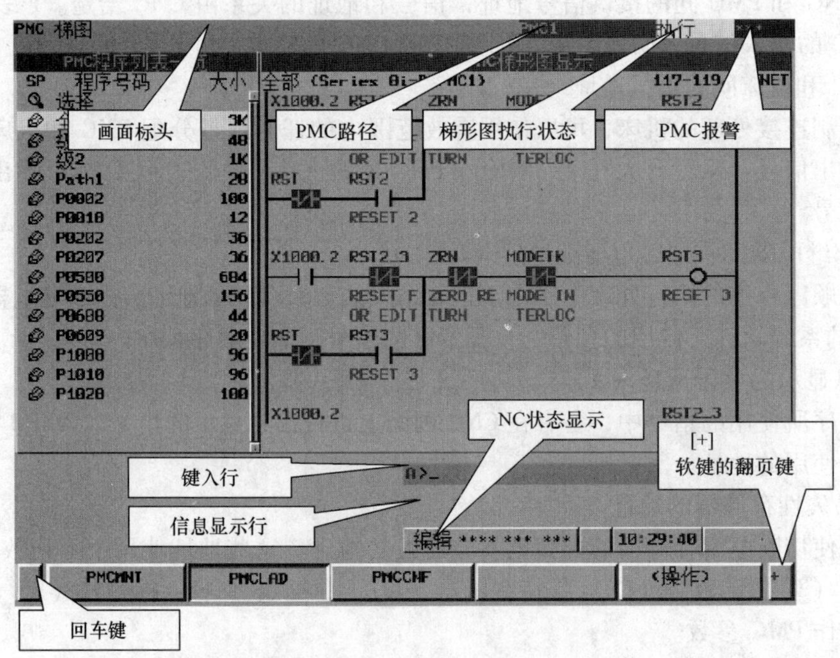

图 3—1—5　PMC 操作界面

画面标头：显示 PMC 的各辅助菜单名。

梯形图执行状态：显示梯形图的执行状态。

PMC 报警：显示 PMC 报警的发生情况。

PMC 路径：显示当前所选的 PMC 路径。

键入行：这是用于数值和字符串输入的键入行。

信息显示行：显示错误信息和警告信息。

NC 状态显示：显示 NC 方式、NC 程序的执行情况、当前的 NC 路径号。

回车键：在从 PMC 的操作菜单切换到 PMC 的各辅助菜单，从 PMC 的各辅助菜单切换到 PMC 主菜单时操作回车键。

2. 软键菜单结构

软键的翻页键：用于切换软键的页面。

3. PMC 编辑

PMC 编辑画面如图 3—1—6 所示。可以在梯形图编辑画面上，编辑梯形图程序，改变其运动方式。要切换到梯形图编辑画面，在梯形图显示画面上按下“编辑”软键。可以在梯形图编辑画面上对梯形图程序进行如下编辑操作：

以网为单位删除：“删除”。

以网为单位移动：“剪切”&“粘贴”。

以网为单位复制：“复制”&“粘贴”。

改变接点和线圈的地址：“位地址”+INPUT 键。

改变功能指令参数：“数值/字节地址”+INPUT 键。

追加新网：“产生”。

改变网的形状：“缩放”。

反映编辑结果：“更新”。

恢复到编辑前的状态：“恢复”。

取消编辑：“取消”。

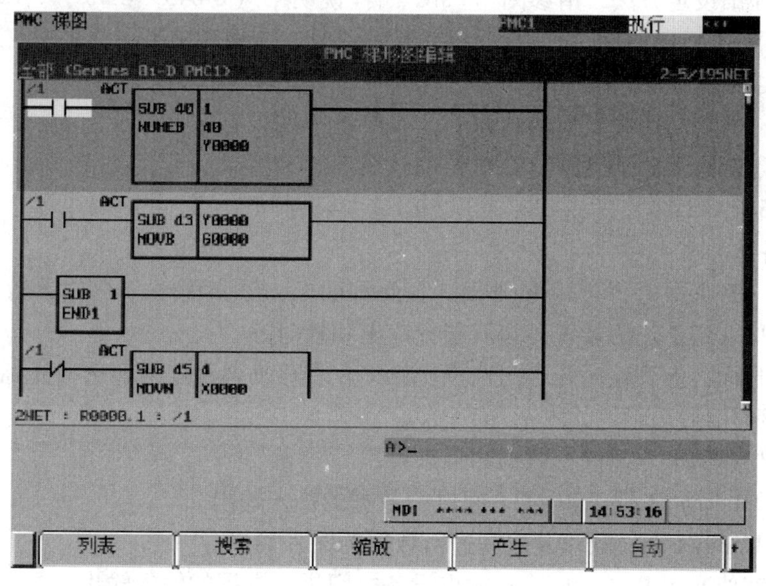

图 3—1—6 PMC 编辑画面

用户可以在网编辑画面上进行网编辑操作，如新建网或改变现有的网。改变现有的网：以“缩放”软键移动时，将成为对在该时刻光标所显示的网加以变更的方式（变更方式）。

追加新的网：以“产生”软键移动时，即成为从空的状态到新建网的方式（新建方式）。可以在网编辑画面上进行的编辑操作如图 3—1—7 所示。

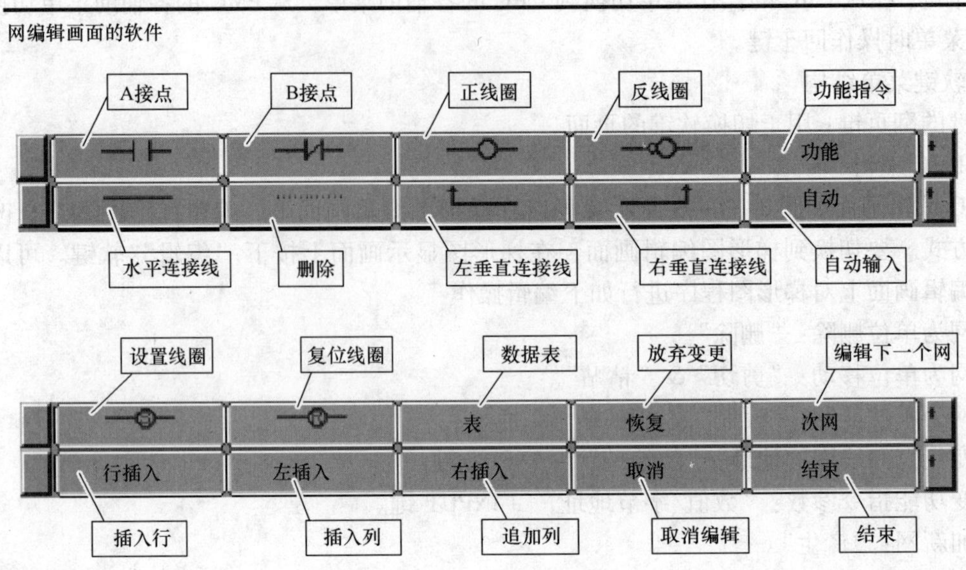

图 3—1—7　PMC 编写画面软键

不管处在运行中还是停止中，都可以编辑梯形图。但是，在执行已编辑结束的梯形图时，需要更新梯形图。按下“更新”软键，或者退出梯形图编辑画面时进行更新。有关针对编辑保护的详细设定方法，请参阅“PMC 编程说明书（B-64393CM）”。在未将所编辑的顺序程序写入到 FLASH ROM 的情况下就断开电源时，该编辑结果将会丢失。请在输入输出画面上将编辑结果写入 FLASH ROM。

此外，在一般功能用设定参数画面上，如果将“编辑后保存”设定为“是”，在编辑结束时将会出现是否写入到 FLASH ROM 的确认信息。有关此设定的细节，请参阅“PMC 编程说明书（B-64393CM）”。

4. PMC 备份

如图 3—1—8 所示为 PMC 备份画面。在此画面上，顺序程序、PMC 参数以及各国语言信息数据可被写入到指定的装置，并从装置读出和核对。

显示两种光标：上下移动各方向选择光标，左右移动各设定内容选择光标。可以输入输出的设备有下列几种。

存储卡：与存储卡之间进行数据的输入输出。

FLASH ROM：与 FLASH ROM 之间进行数据的输入输出。

软驱：与 Handy File、软盘等之间进行数据的输入输出。

其他：与其他通用 RS-232C 输入输出设备之间进行数据的输入输出。

在画面下的“状态”中显示执行内容的细节和执行状态。此外，在执行写、读取、比较时，作为执行（中途）结果显示已经传输完的数据容量。

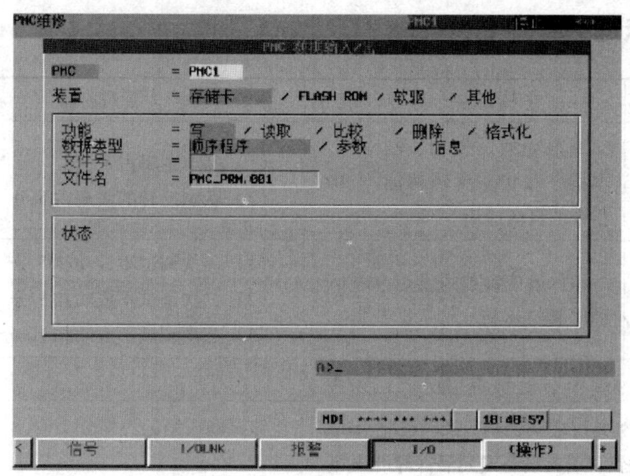

图 3—1—8 PMC 备份画面

项目实施

编辑和备份数控机床 PMC 程序

一、考场准备（每人一份）

序号	名称	型号与规格	数量	备注
1	数控机床装调维修实训考核设备（或数控车床，或数控铣床）		1 台	
2	考核设备的标准 PMC 程序		1 份	
3	计算机（安装有数控机床用 PMC 的编程环境）		1 套	
4	连接数控系统和计算机用的串口通信电缆		1 条	
5	数控系统参数说明书		1 本	
6	数控系统用 PMC 操作手册		1 本	

注：本题目以 FANUC 数控系统为参考，各考点可根据实际情况做好相应准备。

二、考核内容

1. 本题分值

20 分。

2. 考试时间

60 min。

3. 考核形式

实操。编写 PMC 程序，实现在手动方式下，按下此键，进行“开→关→开”切换。当按钮开时，指示灯亮；按钮关时，指示灯灭。

三、配分与评分标准

序号	考核内容	考核要点	配分	评分标准	扣分	得分
1	梯形图编写	编程环境的使用，基本指令和状态反转功能指令的灵活应用	10	（1）基本逻辑占 5 分 （2）状态反转的实现占 5 分		
2	调试运行	串口通信参数的设定，PMC 调试运行	10	（1）一次调试不成功扣 5 分 （2）二次调试不成功扣 8 分 （3）三次调试不成功扣 10 分		
合计			20			

否定项：若考生发生下列情况之一，则应及时终止考试，考生该试题成绩记为零分

（1）梯形图修改或传输错误引起设备或元器件等的损坏

（2）参数修改错误引起设备或元器件等的损坏

（3）调试时由于操作不当引起设备或元器件等的损坏

（4）调试时由于操作不当出现短路、触电等电气安全事故

项目 2　机床面板功能的识读

项目目标

1. 了解数控机床 PMC 模块的 I/O 地址分配原理。
2. 了解数控机床操作面板的类型和区别。
3. 了解数控机床操作面板上常用的功能 PMC 工作原理。

项目描述

在线完成数控机床 PMC 的程序编写，并进行调试和保存。

项目分析

在现有机床 PMC 基础上增加功能是数控维修人员必备的技能之一，要求维修人员要根据说明书能够独立完成任务。

相关知识

数控机床操作面板是数控机床的重要组成部件，是操作人员与数控机床（系统）进行交互的工具，主要由显示装置、NC 键盘、MCP、状态灯、手持单元等部分组成。数控机床的类型和数控系统的种类很多，各生产厂家设计的操作面板也不尽相同，但操作面板中各种旋钮、按钮和键盘的基本功能与使用方法基本相同。

一、I/O 模块地址分配

数控机床的物理分配地址必须与 PMC 程序中的地址一致，否则数控机床的 PMC 程序不能够正常运行。如图 3—2—1 所示为经济型数控机床常见的 I/O 模块的连接方式。

FANUC 数控系统 I/O 模块的地址分配如图 3—2—2 所示，其中 m 为模块输入的首地址号，n 为模块输出的首地址号。

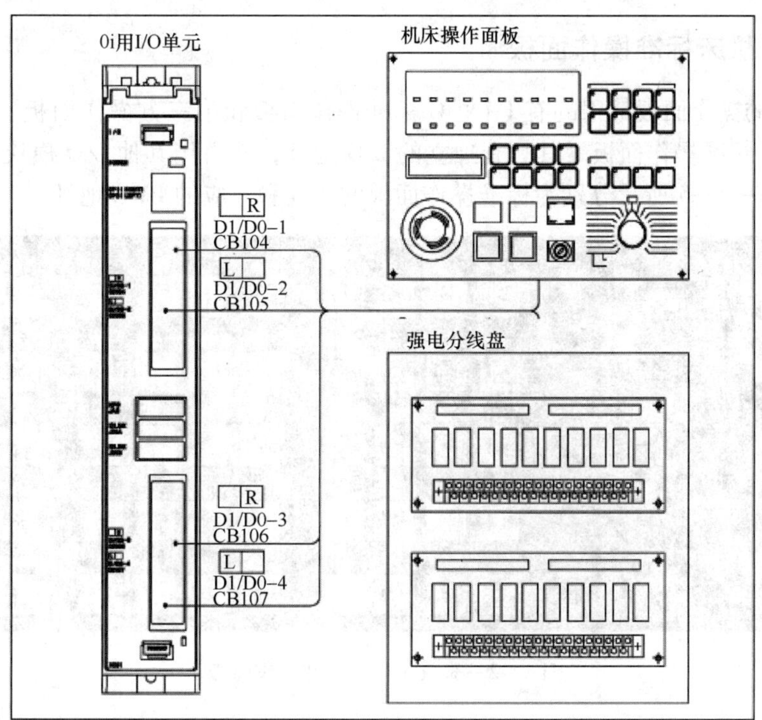

图 3—2—1　FANUC 第三方操作面板连接图

CB104 HIROSE 50PIN

	A	B
01	0V	+24V
02	Xm+0.0	Xm+0.1
03	Xm+0.2	Xm+0.3
04	Xm+0.4	Xm+0.5
05	Xm+0.6	Xm+0.7
06	Xm+1.0	Xm+1.1
07	Xm+1.2	Xm+1.3
08	Xm+1.4	Xm+1.5
09	Xm+1.6	Xm+1.7
10	Xm+2.0	Xm+2.1
11	Xm+2.2	Xm+2.3
12	Xm+2.4	Xm+2.5
13	Xm+2.6	Xm+2.7
14		
15		
16	Yn+0.0	Yn+0.1
17	Yn+0.2	Yn+0.3
18	Yn+0.4	Yn+0.5
19	Yn+0.6	Yn+0.7
20	Yn+1.0	Yn+1.1
21	Yn+1.2	Yn+1.3
22	Yn+1.4	Yn+1.5
23	Yn+1.6	Yn+1.7
24	DOCOM	DOCOM
25	DOCOM	DOCOM

CB105 HIROSE 50PIN

	A	B
01	0V	+24V
02	Xm+3.0	Xm+3.1
03	Xm+3.2	Xm+3.3
04	Xm+3.4	Xm+3.5
05	Xm+3.6	Xm+3.7
06	Xm+8.0	Xm+8.1
07	Xm+8.2	Xm+8.3
08	Xm+8.4	Xm+8.5
09	Xm+8.6	Xm+8.7
10	Xm+9.0	Xm+9.1
11	Xm+9.2	Xm+9.3
12	Xm+9.4	Xm+9.5
13	Xm+9.6	Xm+9.7
14		
15		
16	Yn+2.0	Yn+2.1
17	Yn+2.2	Yn+2.3
18	Yn+2.4	Yn+2.5
19	Yn+2.6	Yn+2.7
20	Yn+3.0	Yn+3.1
21	Yn+3.2	Yn+3.3
22	Yn+3.4	Yn+3.5
23	Yn+3.6	Yn+3.7
24	DOCOM	DOCOM
25	DOCOM	DOCOM

CB106 HIROSE 50PIN

	A	B
01	0V	+24V
02	Xm+4.0	Xm+4.1
03	Xm+4.2	Xm+4.3
04	Xm+4.4	Xm+4.5
05	Xm+4.6	Xm+4.7
06	Xm+5.0	Xm+5.1
07	Xm+5.2	Xm+5.3
08	Xm+5.4	Xm+5.5
09	Xm+5.6	Xm+5.7
10	Xm+6.0	Xm+6.1
11	Xm+6.2	Xm+6.3
12	Xm+6.4	Xm+6.5
13	Xm+6.6	Xm+6.7
14	COM4	
15		
16	Yn+4.0	Yn+4.1
17	Yn+4.2	Yn+4.3
18	Yn+4.4	Yn+4.5
19	Yn+4.6	Yn+4.7
20	Yn+5.0	Yn+5.1
21	Yn+5.2	Yn+5.3
22	Yn+5.4	Yn+5.5
23	Yn+5.6	Yn+5.7
24	DOCOM	DOCOM
25	DOCOM	DOCOM

CB107 HIROSE 50PIN

	A	B
01	0V	+24V
02	Xm+7.0	Xm+7.1
03	Xm+7.2	Xm+7.3
04	Xm+7.4	Xm+7.5
05	Xm+7.6	Xm+7.7
06	Xm+10.0	Xm+10.1
07	Xm+10.2	Xm+10.3
08	Xm+10.4	Xm+10.5
09	Xm+10.6	Xm+10.7
10	Xm+11.0	Xm+11.1
11	Xm+11.2	Xm+11.3
12	Xm+11.4	Xm+11.5
13	Xm+11.6	Xm+11.7
14		
15		
16	Yn+6.0	Yn+6.1
17	Yn+6.2	Yn+6.3
18	Yn+6.4	Yn+6.5
19	Yn+6.6	Yn+6.7
20	Yn+7.0	Yn+7.1
21	Yn+7.2	Yn+7.3
22	Yn+7.4	Yn+7.5
23	Yn+7.6	Yn+7.7
24	DOCOM	DOCOM
25	DOCOM	DOCOM

图 3—2—2　FANUC 第三方操作面板地址分配

二、FANUC 机床标准操作面板

数控机床的操作面板常用的有 FANUC 标准操作面板和第三方操作面板。如图 3—2—3 所示为 FANUC 标准操作面板，其具有独立的 I/O 地址，不占用其他 I/O 模块的地址。如图 3—2—4 和图 3—2—5 所示分别为标准操作面板的布局和对应的 PMC 地址。

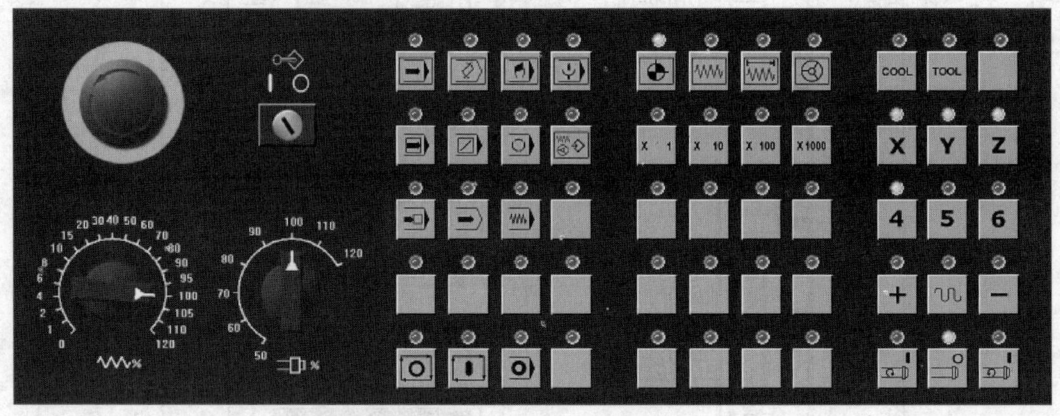

图 3—2—3　FANUC 标准操作面板

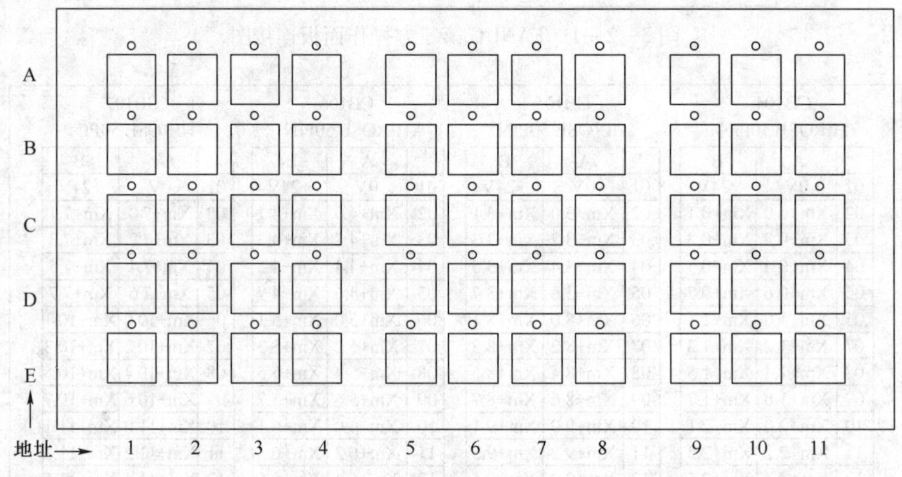

图 3—2—4　FANUC 标准操作面板 LED 和按钮布局

三、大连机床厂立式加工中心面板

FANUC 标准操作面板因为不符合国内的使用习惯，数控机床附件生产厂家开发了许多符合国内应用实际的操作面板，其按键的功能都是根据设备的功能开发的，而且成本大大降低。如图 3—2—6 和图 3—2—7 所示分别为大连机床厂开发的 VDF850 加工中心操作面板的布局和按键功能 PMC 地址。

键/LED \ 位	7	6	5	4	3	2	1	0
Xm+4/Yn+0	B4	B3	B2	B1	A4	A3	A2	A1
Xm+5/Yn+1	D4	D3	D2	D1	D4	C3	C2	C1
Xm+6/Yn+2	A8	A7	A6	A5	E4	E3	E2	E1
Xm+7/Yn+3	C8	C7	C6	C5	B8	B7	B6	B5
Xm+8/Yn+4	E8	E7	E6	E5	D8	D7	D6	D5
Xm+9/Yn+5		B11	B10	B9		A11	A10	A9
Xm+10/Yn+6		D11	D10	D9		C11	C10	C9
Xm+11/Yn+7						E11	E10	E9

图 3—2—5 FANUC 标准操作面板地址

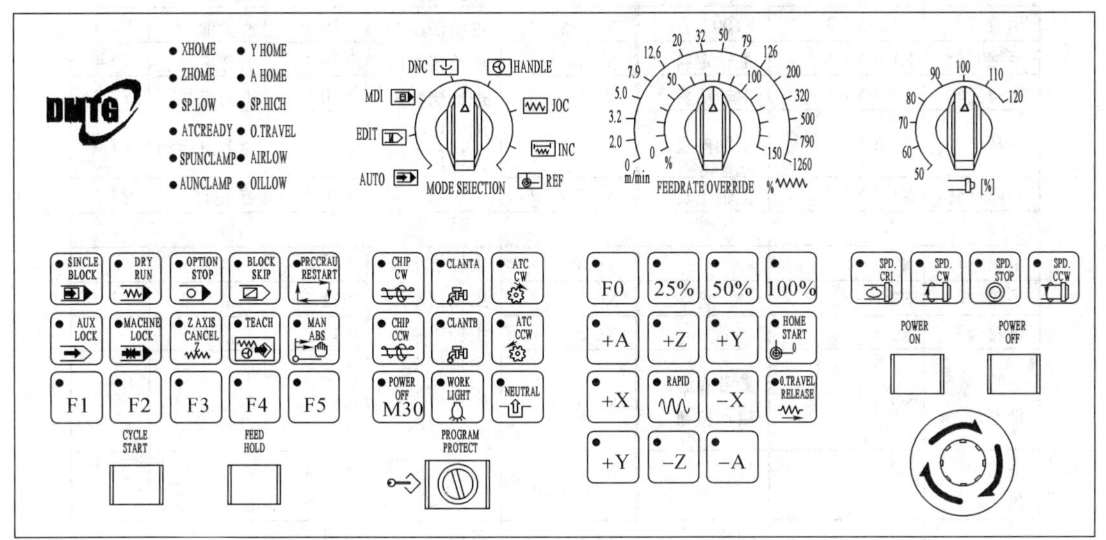

图 3—2—6 VDF850 加工中心操作面板

四、工作方式选择功能

1. 信号地址

方式选择信号是由 MD1、MD2、MD4 这三位构成的代码信号。通过这些信号的组合，可以选择五种方式：存储器编辑（EDIT）、存储器运行（MEM）、手动数据输入（MDI）、手控手轮进给/增量进给（HANDLE/INC）、JOG 进给（JOG）。此外，通过组合存储器运行（MEM）和 DNCI 信号，DNC 运行方式即可通过 JOG 进给（JOG）和 ZRN 信号来选择手动参考点返回方式。可以通过操作方式确认信号，向外部通知当前所选的操作方式。如图 3—2—8 所示为工作方式相关信号地址。

功能	按钮/灯	功能	按钮/灯	功能	按钮	功能	灯
单段	X0.0/Y0.0	F1	X4.0/Y4.0	+Y	X7.0	X参考点	Y6.0
空运行	X0.1/Y0.1	F2	X4.1/Y4.1	–Z	X7.1	Y参考点	Y6.1
选择停止	X0.2/Y0.2	F3	X4.2/Y4.2	–A	X7.2	Z参考点	Y6.2
跳读	X0.3/Y0.3	F4	X4.3/Y4.3	钥匙开关	X7.3	A参考点	Y6.3
程序再起	X0.4/Y0.4	F5	X4.4/Y4.4	循环启动	X7.4	主轴低挡	Y6.4
排屑正转	X0.5/Y0.5	M30断电	X4.5/Y4.5	进给保持	X7.5	主轴高挡	Y6.5
冷却A	X0.6/Y0.6	工作灯	X4.6/Y4.6	备用	X7.6	ATC准备	Y6.6
刀库正转	X0.7/Y0.7	NUTRAL	X4.7/Y4.7	备用	X7.7	主轴松刀	Y67
辅助闭锁	X1.0/Y1.0	F0	X5.0/Y5.0	方式选择A	X10.0	超程解除	Y7.0
机床闭锁	X1.1/Y1.1	F25	X5.1/Y5.1	方式选择F	X10.1	气压低	Y7.1
Z轴闭锁	X1.2/Y1.2	F50	X5.2/Y5.2	方式选择B	X10.2	A轴松开	Y7.2
示教	X1.3/Y1.3	F100	X5.3/Y5.3	进给倍率A	X10.3	油位低	Y7.3
手绝对值	X1.4/Y1.4	主轴定向	X5.4/Y5.4	进给倍率F	X10.4	循环启动	Y7.4
排屑反转	X1.5/Y1.5	主轴反转	X5.5/Y5.5	进给倍率B	X10.5	进给保持	Y7.5
冷却B	X1.6/Y1.6	主轴停止	X5.6/Y5.6	进给倍率E 进给倍率C	X10.6	参考点启动	Y7.6
刀库反转	X1.7/Y1.7	主轴正转	X5.7/Y5.7		X10.7	手轮灯	Y7.7
手轮轴1	X2.0	+A	X6.0	主轴倍率A	X11.0		
手轮轴2	X2.1	+Z	X6.1	主轴倍率F	X11.1		
手轮轴3	X2.2	–Y	X6.2	主轴倍率B	X11.2		
手轮 倍率1	X2.3	参考点返回 启动按钮	X6.3	主轴倍率E 主轴倍率C	X11.3		
手轮 倍率2	X2.4	+X	X6.4		X11.4		
	X2.5	快速	X6.5	备用	X11.5		
	X2.6	–X	X6.6	备用	X11.6		
	X2.7	超程释放	X6.7	备用	X11.7		

图 3—2—7　VDF850 加工中心操作面板输入输出地址

2. 方式选择 PMC 程序

下面以大连机床厂 VDF850 为例来说明方式选择 PMC 程序。如图 3—2—9、图 3—2—10 和图 3—2—11 所示为工作方式选择的 PMC 程序示例。

五、自动测试运行功能

1. 机床锁住

机床锁住功能可以在机床不运动的情况下，观察坐标数值变化。将所有轴机床锁住信号 MLK 或者各轴机床锁住信号 MLK1 ~ MLK5 设定为 1 时进行控制，以便不向伺服电动机输出

方式		输入信号					输出信号
		MD4	MD2	MD1	DNC1	ZRN	
自动运行	手动数据输入(MDI)(MDI运行)	0	0	0	0	0	MMDI<F003#3>
	存储器运行(MEM)	0	0	0	0	0	MMEM<F003#5>
	DNC运行(RMT)	0	0	1	1	0	MRMT<F003#4>
编辑(EDIT)		0	1	1	0	0	MEDT<F003#6>
手轮操作	手轮进给/增量进给(HANDLE/INC)	1	0	0	0	0	MH<F003#1> MINC<F003#0>
	手动连续进给(JOG)	1	0	1	0	0	MJ<F003#2>
	手动返回参考点(REF)	1	0	1	0	1	MREF<F004#5>

	#7	#6	#5	#4	#3	#2	#1	#0
Gn043	ZRN		DNCI			MD4	MD2	MD1

	#7	#6	#5	#4	#3	#2	#1	#0
Fn003	MTCHIN	MEDT	MMEM	MRMT	MMDI	MJ	MH	MINC
Fn004			MREF					

图 3—2—8　工作方式选择 PMC 相关信号地址

脉冲（移动指令）。只更新绝对坐标位置、相对坐标位置，可通过位置显示来检测指令是否正确。如图 3—2—12 所示为其相关信号地址，如图 3—2—13 所示为 PMC 示例程序。

2. 空运行

空运行对自动运行有效。忽略程序中指令的速度，以空运行速度运行机床。空运行功能在进行刀具运动轨迹检测时比较实用。如图 3—2—14 所示为空运行相关信号地址，如图 3—2—15 所示为空运行示例程序。

3. 单段程序

单段程序对自动运行有效。自动运行中，将单段程序信号 SBK 设定为 1 时，在执行当前正在执行的程序段的指令后，成为自动运行停止状态。之后，每次进行自动运行的启动时，在执行一个程序的程序段之后，成为自动运行停止状态。将单段程序信号 SBK 设定为 0 时，成为通常的自动运行。如图 3—2—16 所示为单段程序相关信号地址，如图 3—2—17 所示为单段程序示例程序。

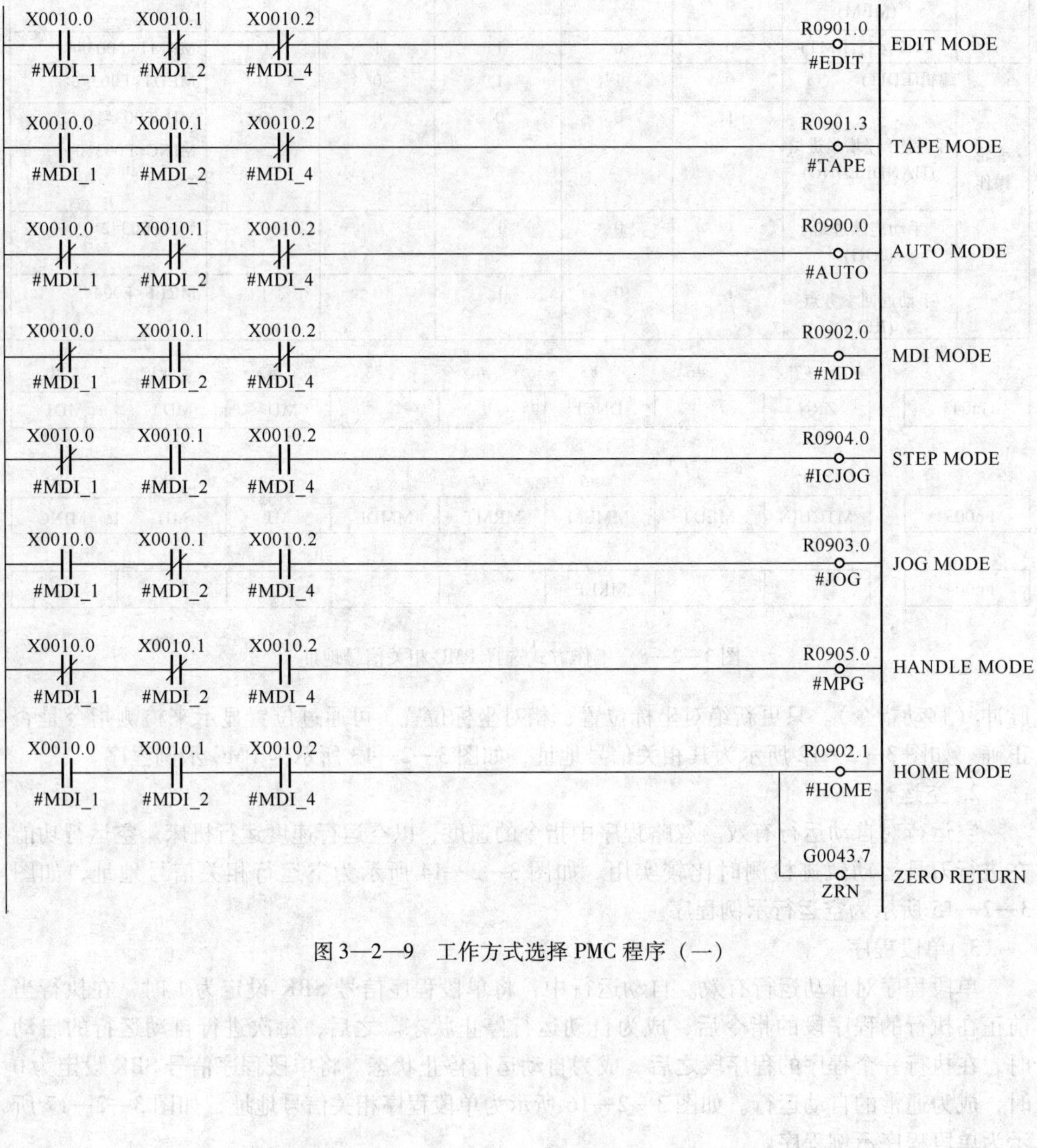

X0010.0	X0010.1	X0010.2	输出	
#MDI_1	#MDI_2	#MDI_4	R0901.0 #EDIT	EDIT MODE
#MDI_1	#MDI_2	#MDI_4	R0901.3 #TAPE	TAPE MODE
#MDI_1	#MDI_2	#MDI_4	R0900.0 #AUTO	AUTO MODE
#MDI_1	#MDI_2	#MDI_4	R0902.0 #MDI	MDI MODE
#MDI_1	#MDI_2	#MDI_4	R0904.0 #ICJOG	STEP MODE
#MDI_1	#MDI_2	#MDI_4	R0903.0 #JOG	JOG MODE
#MDI_1	#MDI_2	#MDI_4	R0905.0 #MPG	HANDLE MODE
#MDI_1	#MDI_2	#MDI_4	R0902.1 #HOME	HOME MODE
			G0043.7 ZRN	ZERO RETURN

图 3—2—9 工作方式选择 PMC 程序（一）

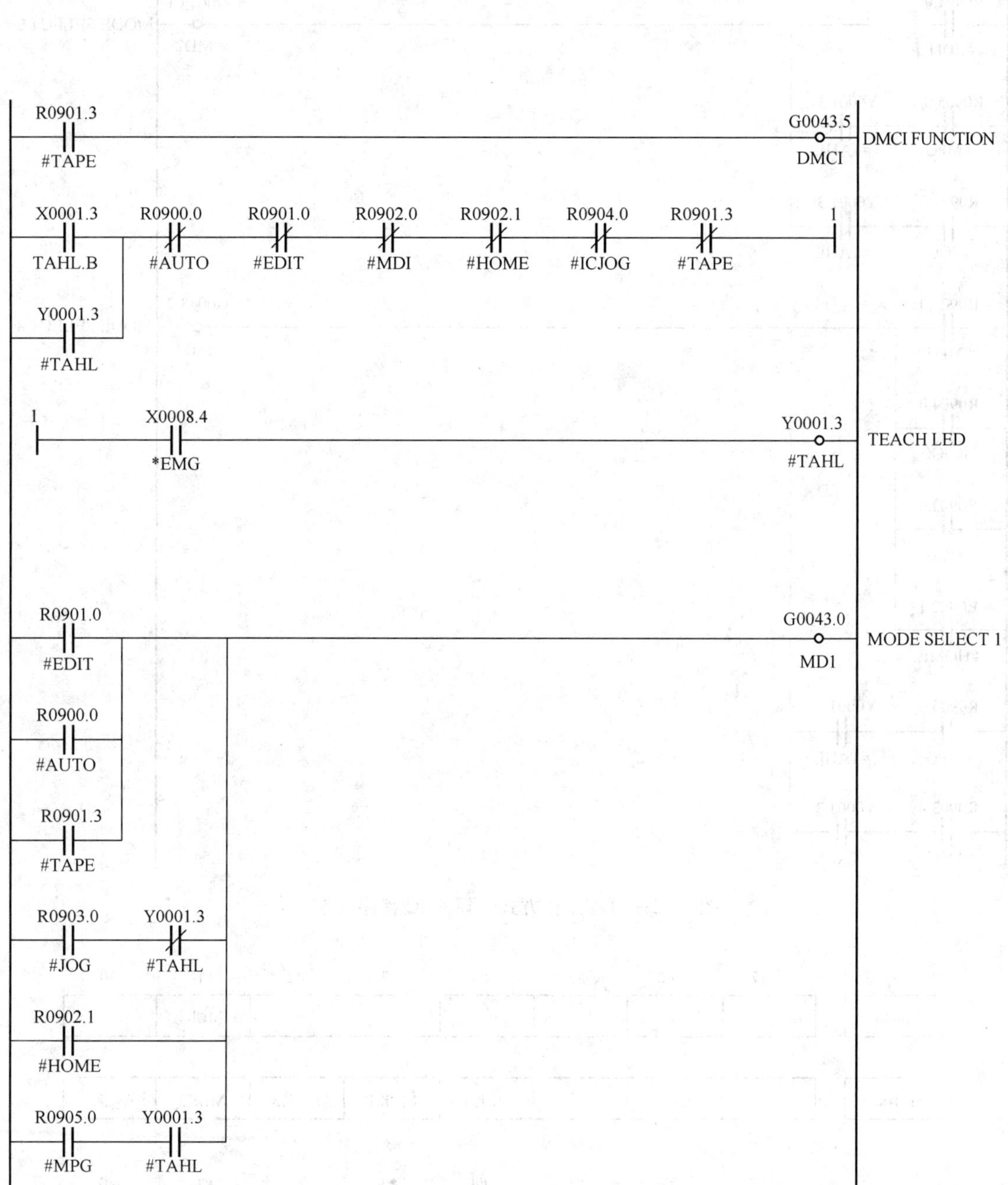

图 3—2—10 工作方式选择 PMC 程序（二）

R0901.0 #EDIT — G0043.1 MD2 MODE SELECT 2
R0905.0 #MPG　Y0001.3 #TAHL
R0903.0 #JOG　Y0001.3 #TAHL

R0905.0 #MPG — G0043.2 MD4 MODE SELECT 4
R0904.0 #ICJOG
R0903.0 #JOG
R0902.1 #HOME
R0905.0 #MPG　Y0001.3 #TAHL
R0903.0 #JOG　Y0001.3 #TAHL

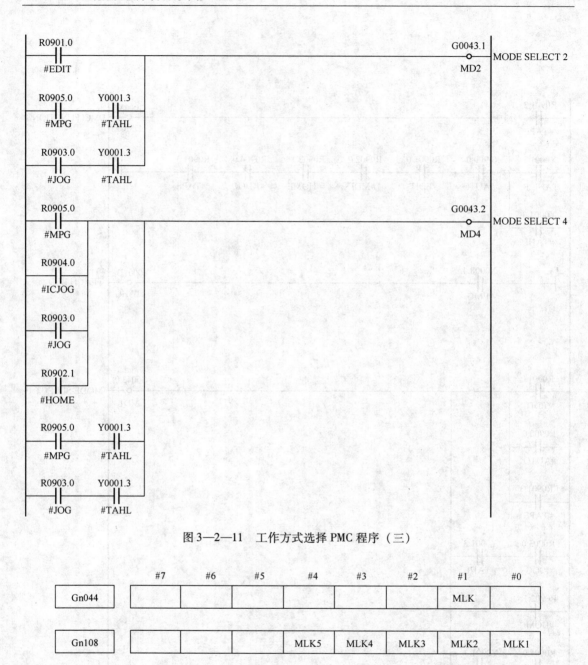

图 3—2—11　工作方式选择 PMC 程序（三）

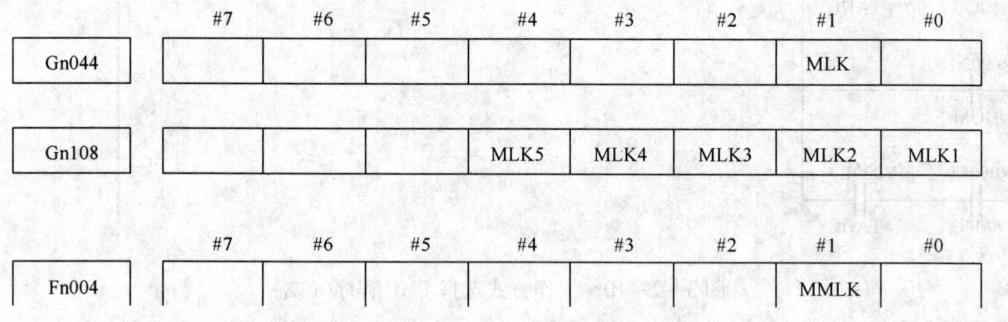

	#7	#6	#5	#4	#3	#2	#1	#0
Gn044							MLK	
Gn108				MLK5	MLK4	MLK3	MLK2	MLK1

	#7	#6	#5	#4	#3	#2	#1	#0
Fn004							MMLK	

图 3—2—12　机床锁住 PMC 相关信号地址

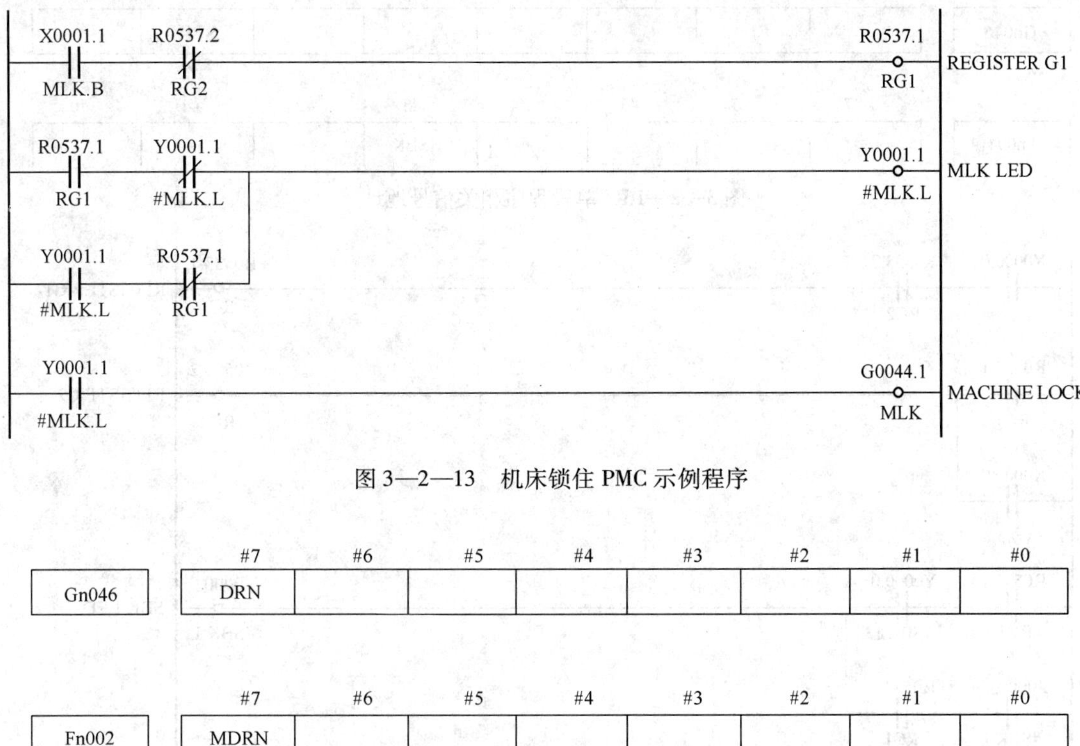

图 3—2—13　机床锁住 PMC 示例程序

	#7	#6	#5	#4	#3	#2	#1	#0
Gn046	DRN							

	#7	#6	#5	#4	#3	#2	#1	#0
Fn002	MDRN							

图 3—2—14　空运行相关信号地址

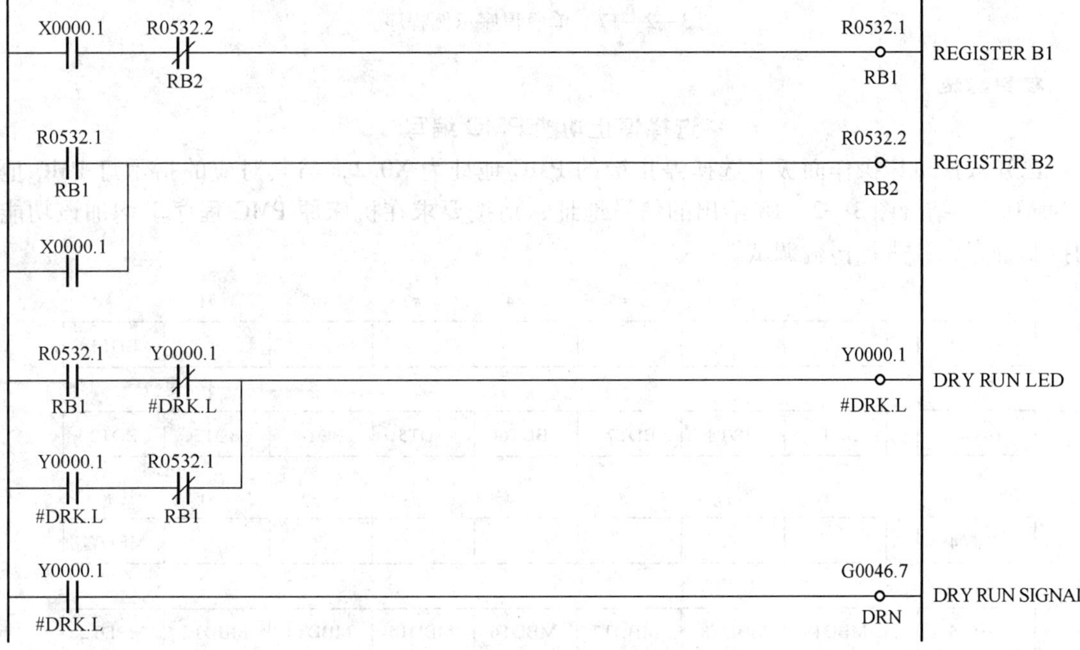

图 3—2—15　空运行示例程序

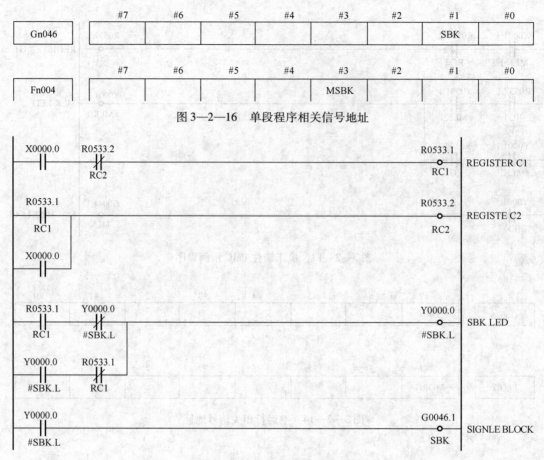

	#7	#6	#5	#4	#3	#2	#1	#0
Gn046							SBK	
Fn004					MSBK			

图 3—2—16　单段程序相关信号地址

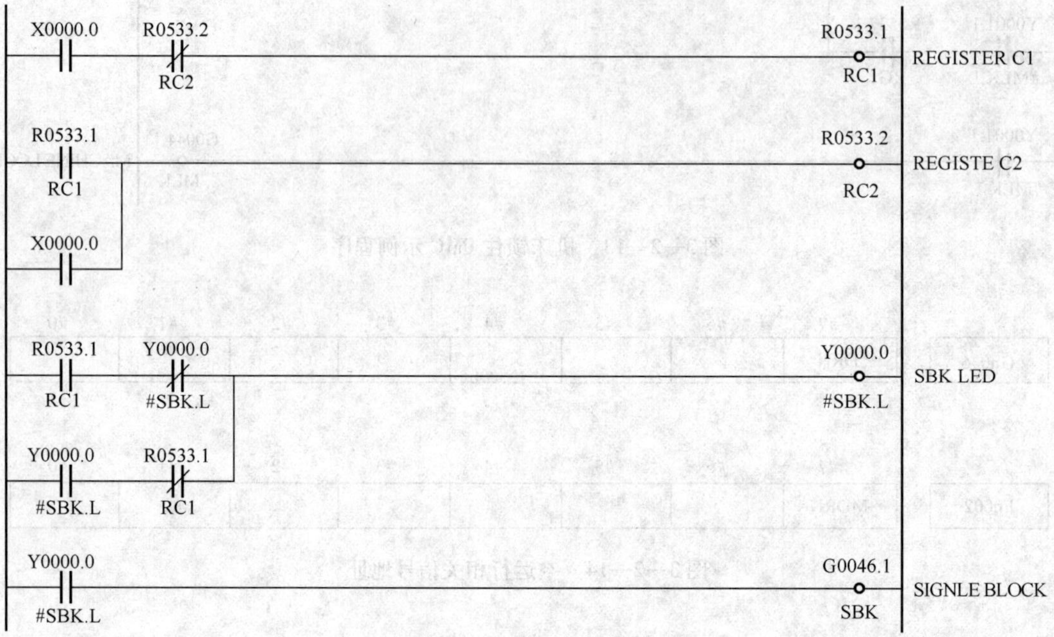

X0000.0　R0533.2　R0533.1
RC2　RC1　REGISTER C1

R0533.1　R0533.2
RC1　RC2　REGISTE C2
X0000.0

R0533.1　Y0000.0　Y0000.0
RC1　#SBK.L　#SBK.L　SBK LED
Y0000.0　R0533.1
#SBK.L　RC1

Y0000.0　G0046.1
#SBK.L　SBK　SIGNLE BLOCK

图 3—2—17　单段程序示例程序

项目实施

选择停止功能 PMC 编写

已知数控机床操作面板上选择停止键的 PMC 地址为 X0. 2，与其对应的指示灯 PMC 地址为 Y0. 2，结合图 3—2—18 给出的信号地址，请按要求在机床原 PMC 程序里增加该功能的控制程序，并进行传输调试。

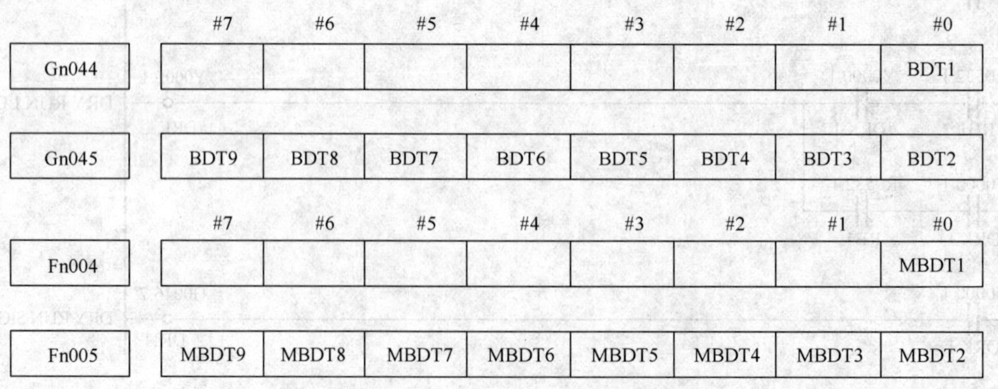

	#7	#6	#5	#4	#3	#2	#1	#0
Gn044								BDT1
Gn045	BDT9	BDT8	BDT7	BDT6	BDT5	BDT4	BDT3	BDT2
Fn004								MBDT1
Fn005	MBDT9	MBDT8	MBDT7	MBDT6	MBDT5	MBDT4	MBDT3	MBDT2

图 3—2—18　选择停止 PMC 相关信号地址

一、考场准备（每人一份）

序号	名称	型号与规格	数量	备注
1	数控机床装调维修实训考核设备（或数控车床、数控铣床）		1台	
2	考核设备的标准 PMC 程序		1份	
3	计算机（安装有数控机床用 PMC 的编程环境）		1套	
4	连接数控系统和计算机用的串口通信电缆		1条	
5	数控系统参数说明书		1本	
6	数控系统用 PMC 操作手册		1本	

注：本题目以 FANUC 0i Mate MD 数控系统为参考，各考点可根据实际情况做好相应准备。

二、考核内容

1. 本题分值

20 分。

2. 考试时间

60 min。

3. 考核形式

实操。

4. 具体要求

编写 PMC 程序，实现在手动方式下按下此键进行“开→关→开”切换。当按钮开时，指示灯亮，并实现程序选择停；当按钮关时，指示灯灭，并实现程序连续执行。

三、配分与评分标准

序号	考核内容	考核要点	配分	评分标准	扣分	得分
1	梯形图编写	编程环境的使用，基本指令和状态反转功能指令的灵活应用	10	（1）基本逻辑占 5 分 （2）状态反转的实现占 5 分		
2	调试运行	串口通信参数的设定，PMC 调试运行	10	（1）一次调试不成功扣 5 分 （2）二次调试不成功扣 8 分 （3）三次调试不成功扣 10 分		
合计			20			

否定项：若考生发生下列情况之一，则应及时终止考试，考生该试题成绩记为零分

（1）梯形图修改或传输错误引起设备或元器件等的损坏

（2）参数修改错误引起设备或元器件等的损坏

（3）调试时由于操作不当引起设备或元器件等的损坏

（4）调试时由于操作不当出现短路、触电等电气安全事故

项目 3　进给功能 PMC 识读与调试

项目目标

1. 了解数控机床手动控制功能的工作原理。
2. 了解数控机床手动倍率的 PMC 工作原理。

项目描述

在线完成数控机床部分手动功能 PMC 的程序编写，并进行调试和保存。

项目分析

数控机床手动功能是机床检测和工件试切的主要手段之一，掌握手动功能的 PMC 程序，是数控机床维修有力的工具。

相关知识

一、JOG 手动进给

设定为 JOG 进给方式（JOG），并将进给轴方向选择信号设定为 1 时，即可使所选轴向所选方向连续移动。可以移动的轴为 1 个，但是通过参数设定（No. 1002#0）则可以使 3 个轴同时移动。

设定增量进给方式（INC），并将进给轴方向选择信号设定为 1 时，即可使所选轴沿着所选方向每次移动 1 步。移动量的最小单位是最小设定单位。每步可以输入的倍率为 10 倍、100 倍、1 000 倍。此外，可以通过参数 HNT（No. 7103#2）使倍率再增加 10 倍。进给速度是由参数（No. 1423）设定的速度。

可以通过手动进给速度倍率信号改变进给速度。此外，也可以通过手动快速移动选择信号，在快速移动速度下使刀具移动而与手动进给速度倍率信号无关。

进给轴方向选择信号“ + J1 ~ J5 < Gn100. 0 ~ Gn100. 4 >， - J1 ~ - J5 < Gn102. 0 ~ Gn102. 4 >”在 JOG 进给以及增量进给中，选择希望进给的轴以及希望进给的方向。信号名称的 +/- 表示进给的方向，J 后面的数字表示控制轴号。手动快速移动选择信号 RT < Gn019. 7 >作为 JOG 进给以及增量进给的速度选择快速移动。如图 3—3—1 所示为进给轴方向选择信号，如图 3—3—2 所示为手动进给功能 PMC 程序示例。

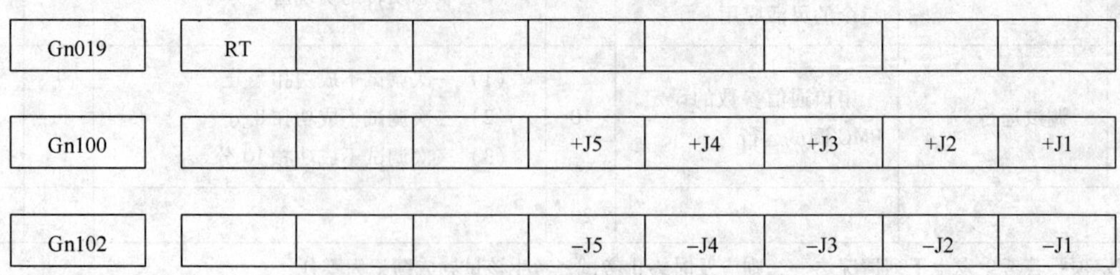

地址	#7	#6	#5	#4	#3	#2	#1	#0
Gn019	RT							
Gn100				+J5	+J4	+J3	+J2	+J1
Gn102				–J5	–J4	–J3	–J2	–J1

图 3—3—1　进给轴方向选择信号

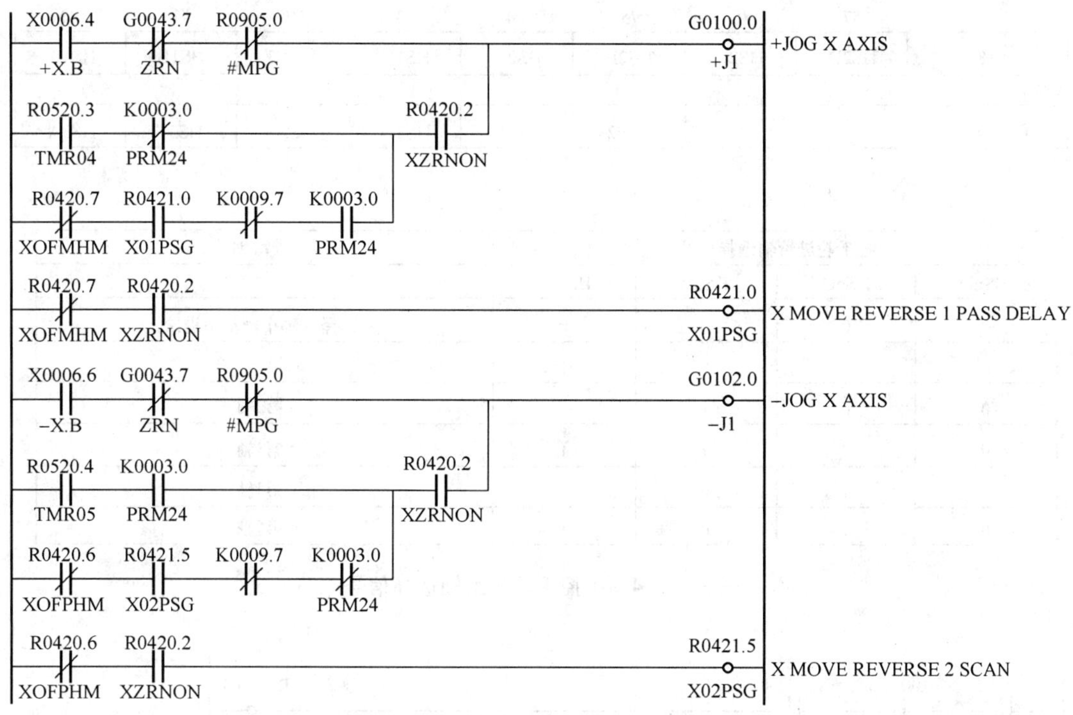

图 3—3—2　手动进给功能 PMC 程序示例

二、手轮进给

在手轮方式下，可以通过旋转机床操作面板上的手摇脉冲发生器进行对应旋转量的轴进给。利用手轮轴选择开关，选择将被移动的轴。每一刻度的移动量的最小单位就是最小设定单位。可以通过“MP1，MP2 <Gn019.4，5>”不同组合选择 4 种倍率，此外，可以通过参数 HNT（No. 7103#2）使倍率再增加 10 倍。如图 3—3—3 所示为加工中心常用的手轮。

图 3—3—3　加工中心常用手轮

加工中心控制轴一般为 3 ~ 5 根进给轴，一般不能同时控制多轴，所以在手动控制之前需要选择相应的轴号。如图 3—3—4 所示为手控手轮进给轴选择信号，如图 3—3—5 所示为手轮控制 PMC 程序示例。

	#7	#6	#5	#4	#3	#2	#1	#0
Gn018	HS2D	HS2C	HS2B	HS2A	HS1D	HS1C	HS1B	HS1A
Gn019			MP2	MP1	HS3D	HS3C	HS3B	HS3A

手控手轮进给轴选择信号				进给轴
HSnD	HSnC	HSnB	HSnA	
0	0	0	0	无选择（哪个轴都不进给）
0	0	0	1	第1轴
0	0	1	0	第2轴
0	0	1	1	第3轴
0	1	0	0	第4轴
0	1	0	1	第5轴

图 3—3—4　手控手轮进给轴选择信号

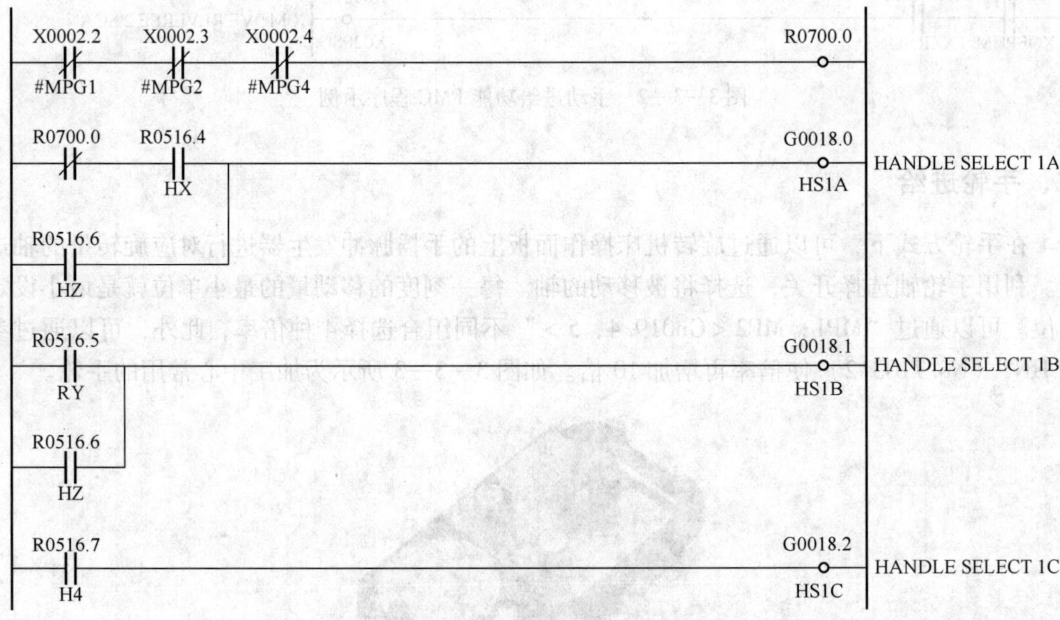

图 3—3—5　手轮控制 PMC 程序示例

手轮除了需要选择轴号外，还要选择每个脉冲的增量，一般手轮增量为 ×1、×10、×100 三挡，分别对应 0.001 mm、0.01 mm、0.1 mm 脉冲。如图 3—3—6 所示为手轮进给移动量选择信号，其中 m 和 n 需要通过参数来设定成 100 或 1 000。如图 3—3—7 所示为手轮进给 PMC 程序示例。

手控手轮进给移动量选择信号		移动量		
MP2	MP1	手控手轮进给	手控手轮中断	增量进给
0	0	最小设定单位×1	最小设定单位×1	最小设定单位×1
0	1	最小设定单位×10	最小设定单位×10	最小设定单位×10
1	0	最小设定单位×*m*	最小设定单位×*m*	最小设定单位×100
1	1	最小设定单位×*n*	最小设定单位×*n*	最小设定单位×1 000

图 3—3—6 手轮进给移动量选择信号

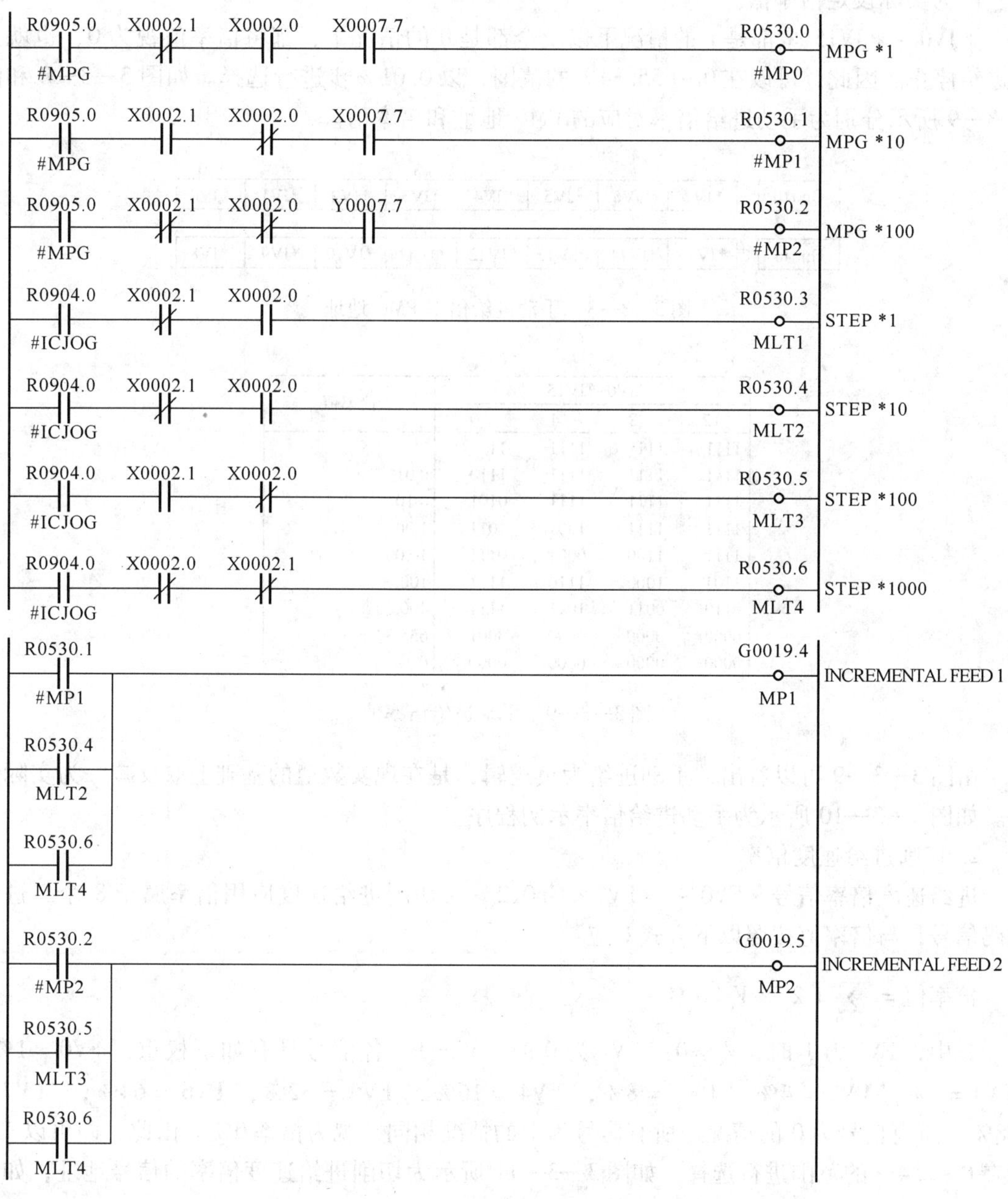

图 3—3—7 手轮进给 PMC 程序示例

三、倍率功能

1. 手动进给倍率

手动进给速度倍率信号 ＊JV0～＊JV15 <Gn010，Gn011>选择 JOG 进给以及增量进给的进给速度。属于 16 点的二进制代码信号，与倍率值按照以下方式对应：

$$倍率值 = 0.01\% \times \sum_{i=0}^{15} |2^i \times V_i| (\%)$$

V_i 为实际设定倍率值。

＊JV0～＊JV15 全都是 1 的情况下以及全都是 0 的情况下，都将倍率值视为 0，也就是说进给停止。因此，可以在 0～655.34% 的范围，以 0.01% 步进行选择。如图 3—3—8 和图 3—3—9 所示分别为手动进给倍率对应的 PMC 地址和倍率值。

	#7	#6	#5	#4	#3	#2	#1	#0
Gn010	*JV7	*JV6	*JV5	*JV4	*JV3	*JV2	*JV1	*JV0
Gn011	*JV15	*JV14	*JV13	*JV12	*JV11	*JV10	*JV9	*JV8

图 3—3—8 手动进给倍率 PMC 地址

*JV0~*JV15				倍率值
12	8	4	0	
1111	1111	1111	1111	0
1111	1111	1111	1110	0.01
1111	1111	1111	0101	0.10
1111	1111	1001	1011	1.00
1111	1100	0001	0111	10.00
1101	1000	1110	1111	100.00
0110	0011	1011	1111	400.00
0000	0000	0000	0001	655.34
0000	0000	0000	0000	0

图 3—3—9 手动进给倍率值

由图 3—3—9 可以看出，手动进给为负逻辑，是在现实数值的基础上取反减一为实际倍率。如图 3—3—10 所示为手动进给倍率示例程序。

2. 切削进给速度倍率

进给速度倍率信号＊FV0～＊FV7 <Gn012>对切削进给速度应用倍率属于 8 个二进制代码信号，与倍率值按照以下方式对应：

$$倍率值 = \sum_{i=0}^{7} |2^i \times V_i| (\%)$$

其中，*FVi 为 1 时，$V_i = 0$；*FVi 为 0 时，$V_i = 1$。各信号具有如下权重：*FV0 = 1%，*FV1 = 2%，*FV2 = 4%，*FV3 = 8%，*FV4 = 16%，*FV5 = 32%，*FV6 = 64%，*FV7 = 128%。所有信号为 0 的情况与所有信号为 1 的情况相同，视为倍率 0%。由此，即可以 1% 步在 0～254% 的范围进行选择。如图 3—3—11 所示为切削进给速度倍率的信号地址，如图 3—3—12 所示为切削进给速度倍率示例程序。

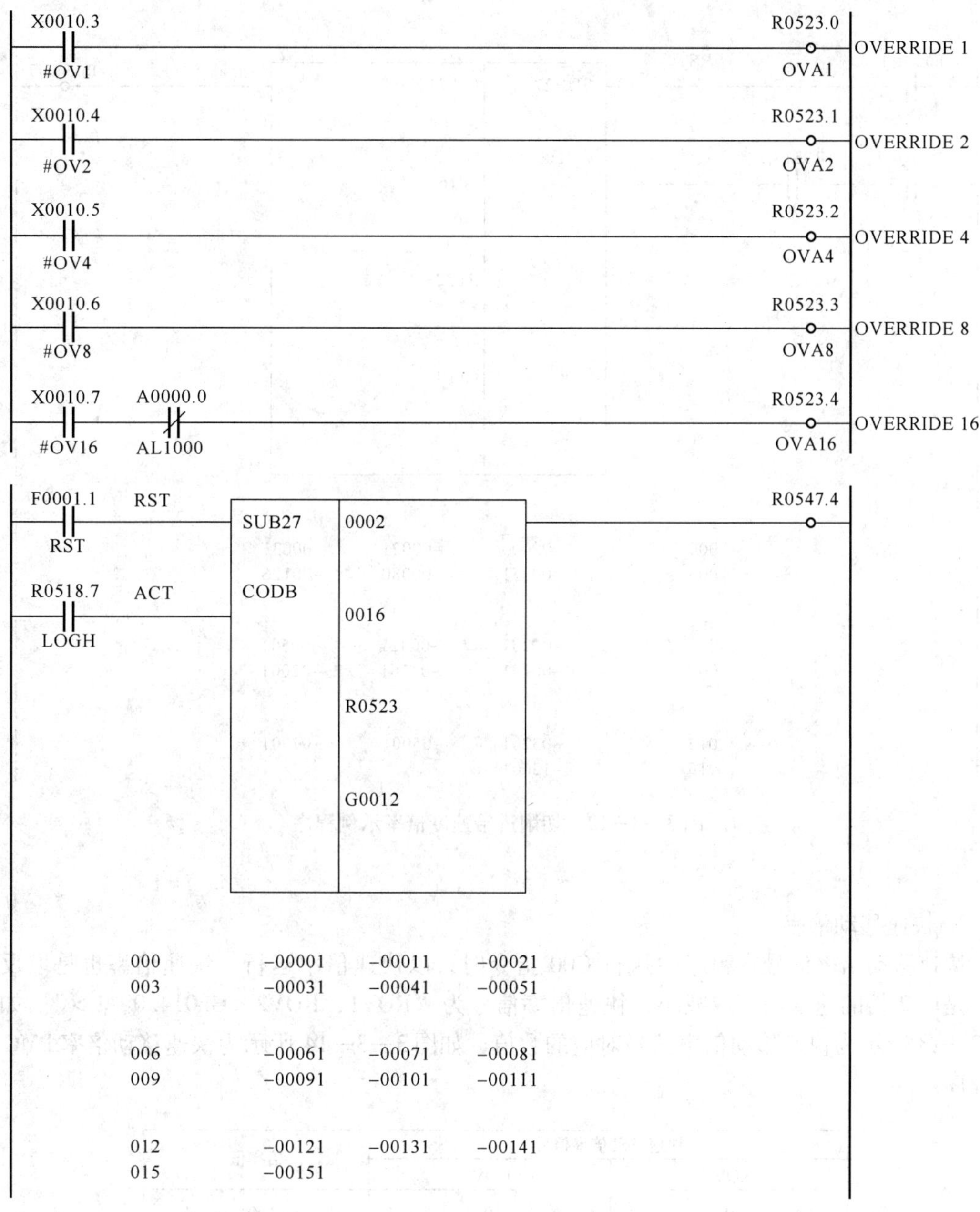

图 3—3—10 手动进给倍率示例程序

Gn012	*FV7	*FV6	*FV5	*FV4	*FV3	*FV2	*FV1	*FV0

(位号：#7 #6 #5 #4 #3 #2 #1 #0)

图 3—3—11 切削进给速度倍率的信号地址

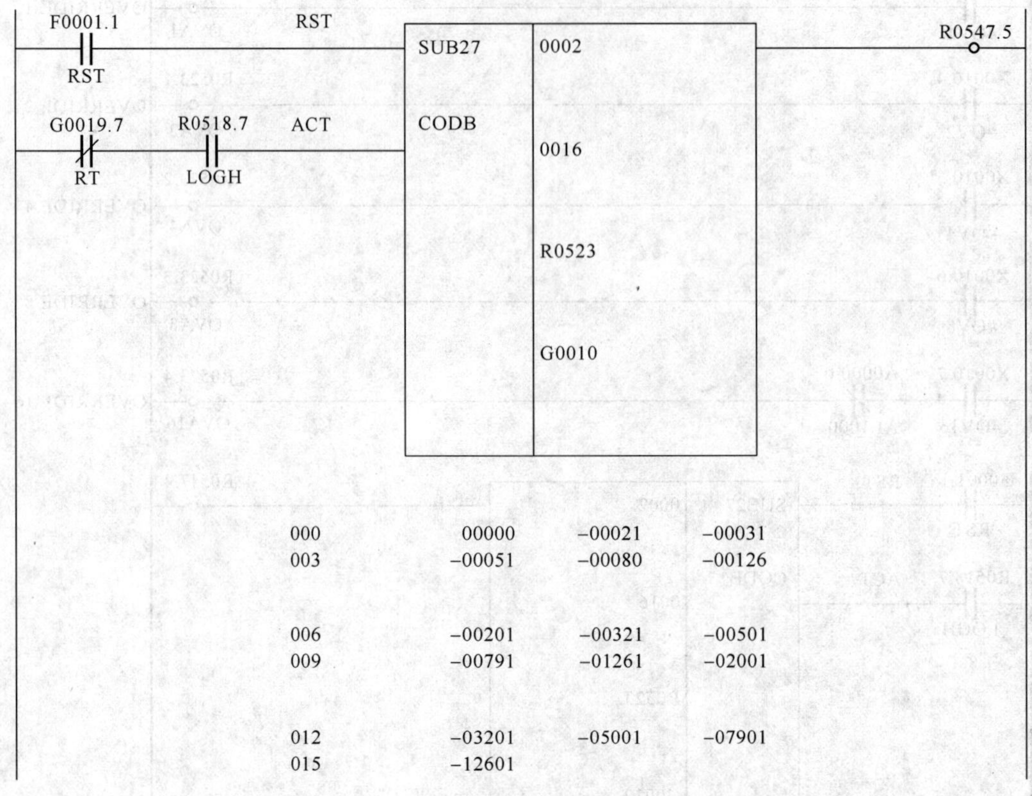

图 3—3—12　切削进给速度倍率示例程序

3. 快速移动倍率

快速移动倍率信号在程序中执行 G00 指令时，以快速倍率运行。快速倍率也是取反信号，是以 2 倍的速度增大或减小，快速倍率信号为“ROV1，ROV2 < Gn014. 0，1 >”。如图 3—3—13 所示为快速移动倍率信号对应的数值，如图 3—3—14 所示为快速移动倍率 PMC 示例程序。

快速移动倍率信号		倍率值
ROV1	ROV2	
0	0	100%
0	1	50%
1	0	25%
1	1	0

图 3—3—13　快速移动倍率信号对应的数值

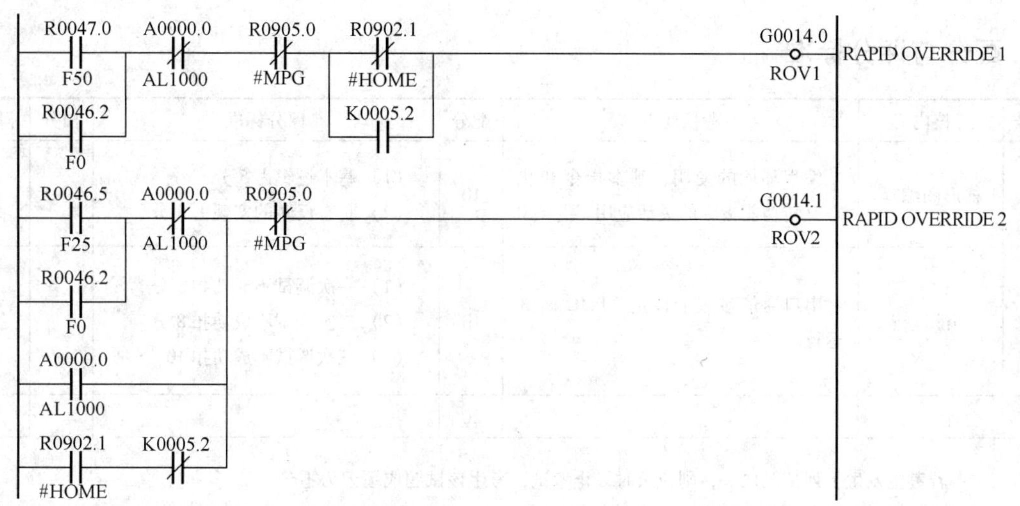

图 3—3—14　快速移动倍率 PMC 示例程序

项目实施

手动快速倍率 PMC 编写

结合车间数控机床的电气原理图，编写相应的快速倍率 PMC 程序并进行调试。

一、考场准备（每人一份）

序号	名称	型号与规格	数量	备注
1	数控机床装调维修实训考核设备（或数控车床、数控铣床）		1 台	
2	考核设备的标准 PMC 程序		1 份	
3	计算机（安装有数控机床用 PMC 的编程环境）		1 套	
4	连接数控系统和计算机用的串口通信电缆		1 条	
5	数控系统参数说明书		1 本	
6	数控系统用 PMC 操作手册		1 本	

注：本题目以 FANUC 0i Mate MD 数控系统为参考，各考点可根据实际情况做好相应准备。

二、考核内容

1. 本题分值

20 分。

2. 考试时间

60 min。

3. 考核形式

实操。

4. 具体要求

结合车间数控机床的电气原理图，编写相应的快速倍率 PMC 程序并进行调试。

三、配分与评分标准

序号	考核内容	考核要点	配分	评分标准	扣分	得分
1	梯形图编写	编程环境的使用，基本指令和状态反转功能指令的灵活应用	10	（1）基本逻辑占 5 分 （2）状态反转的实现占 5 分		
2	调试运行	串口通信参数的设定，PMC 调试运行	10	（1）一次调试不成功扣 5 分 （2）二次调试不成功扣 8 分 （3）三次调试不成功扣 10 分		
	合计		20			

否定项：若考生发生下列情况之一，则应及时终止考试，考生该试题成绩记为零分

（1）梯形图修改或传输错误引起设备或元器件等的损坏

（2）参数修改错误引起设备或元器件等的损坏

（3）调试时由于操作不当引起设备或元器件等的损坏

（4）调试时由于操作不当出现短路、触电等电气安全事故

项目 4　主轴功能 PMC 识读与调试

项目目标

1. 了解数控机床主轴控制功能的工作原理。
2. 了解数控机床主轴控制的 PMC 工作原理。

项目描述

在线完成数控机床部分主轴控制功能 PMC 的程序编写，并进行调试和保存。

项目分析

数控机床主轴控制功能是数控机床非常重要的功能，其部件能够实现普通切削，而且还能实现无级调速和攻螺纹功能。

相关知识

一、主轴倍率

主轴倍率一般是 50% ~120%，主要是靠保存在 PMC 中的数据来转换的，其地址为 G30。如图 3—4—1 所示为倍率信号地址，如图 3—4—2 和图 3—4—3 所示为 PMC 程序示例。

G030	SOV7	SOV6	SOV5	SOV4	SOV3	SOV2	SOV1	SOV0

图 3—4—1　倍率信号地址

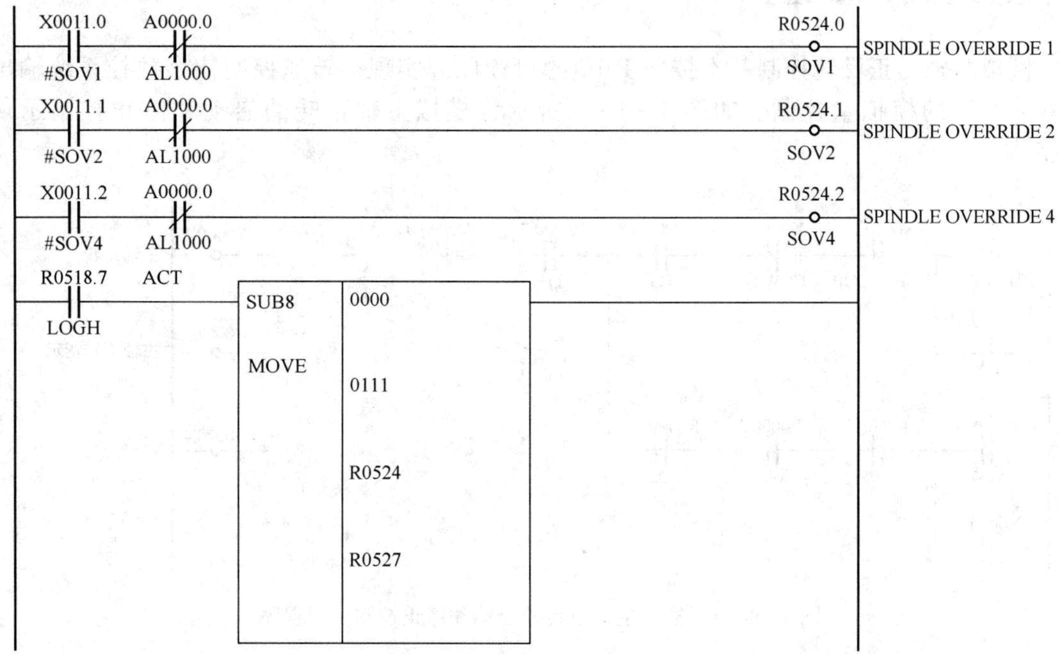

图 3—4—2 PMC 程序示例（一）

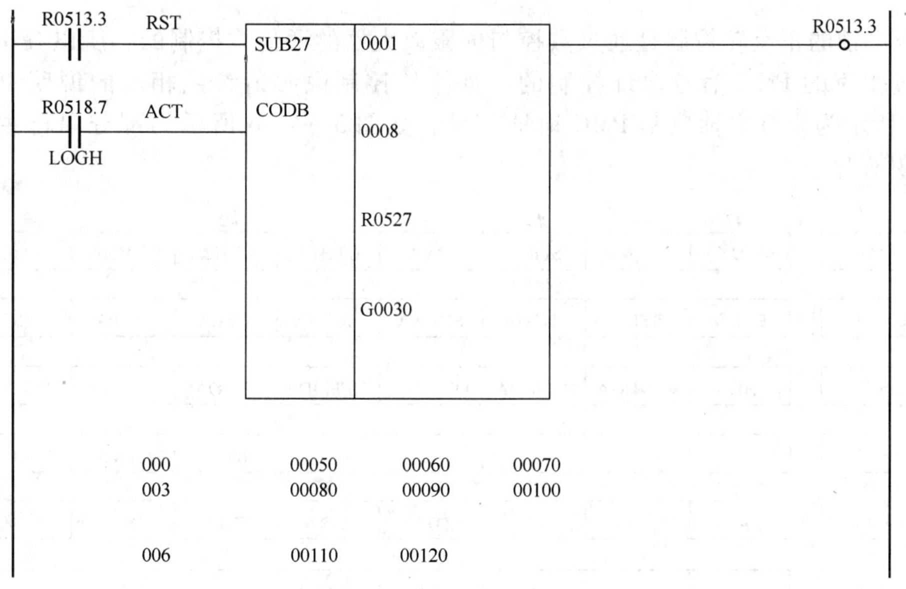

图 3—4—3 PMC 程序示例（二）

二、变频主轴 PMC 程序

模拟主轴的正反转控制基本按照 PMC 的自锁原理实现，转速控制依靠数控系统输出的 0～10 V 的模拟量控制。如图 3—4—4 所示为模拟主轴正转的启动和停止控制示例程序。

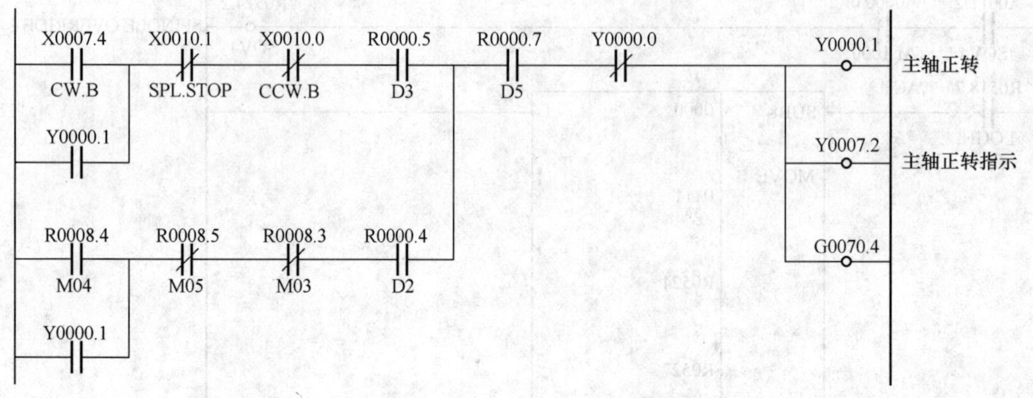

图 3—4—4　模拟主轴正转的启动和停止控制示例程序

三、伺服主轴 PMC 程序

伺服主轴的正反转控制是通过数控与伺服放大器的通信线控制的，所以其正反转控制是通过相应的 PMC 信号地址控制的，具体的控制说明请参照相应的说明书。如图 3—4—5 所示为串行主轴控制 PMC 地址信号，如图 3—4—6 所示为部分串行主轴控制 PMC 示例程序。

	#7	#6	#5	#4	#3	#2	#1	#0
Gn070	MRDYA	ORCMA	SFRA	SRVA	CTH1A	CTH2A	TLMHA	TLMLA
Gn071	RCHA	RSLA	INTGA	SOCNA	MCFNA	SPSLA	*ESPA	ARSTA
Gn072	RCHHGA	MFNHGA	INCMDA	OVRIDA	DEFMDA	NRROA	ROTAA	INDXA
Gn073						MPOFA	SLVA	MORCMA
Fn045	ORARA	TLMA	LDT2A	LDT1A	SARA	SDTA	SSTA	ALMA
Fn046				SLVSA	RCFNA	RCHPA	CFINA	CHIPA
Fn047							INCSTA	PCIDEA

图 3—4—5　串行主轴控制 PMC 地址信号

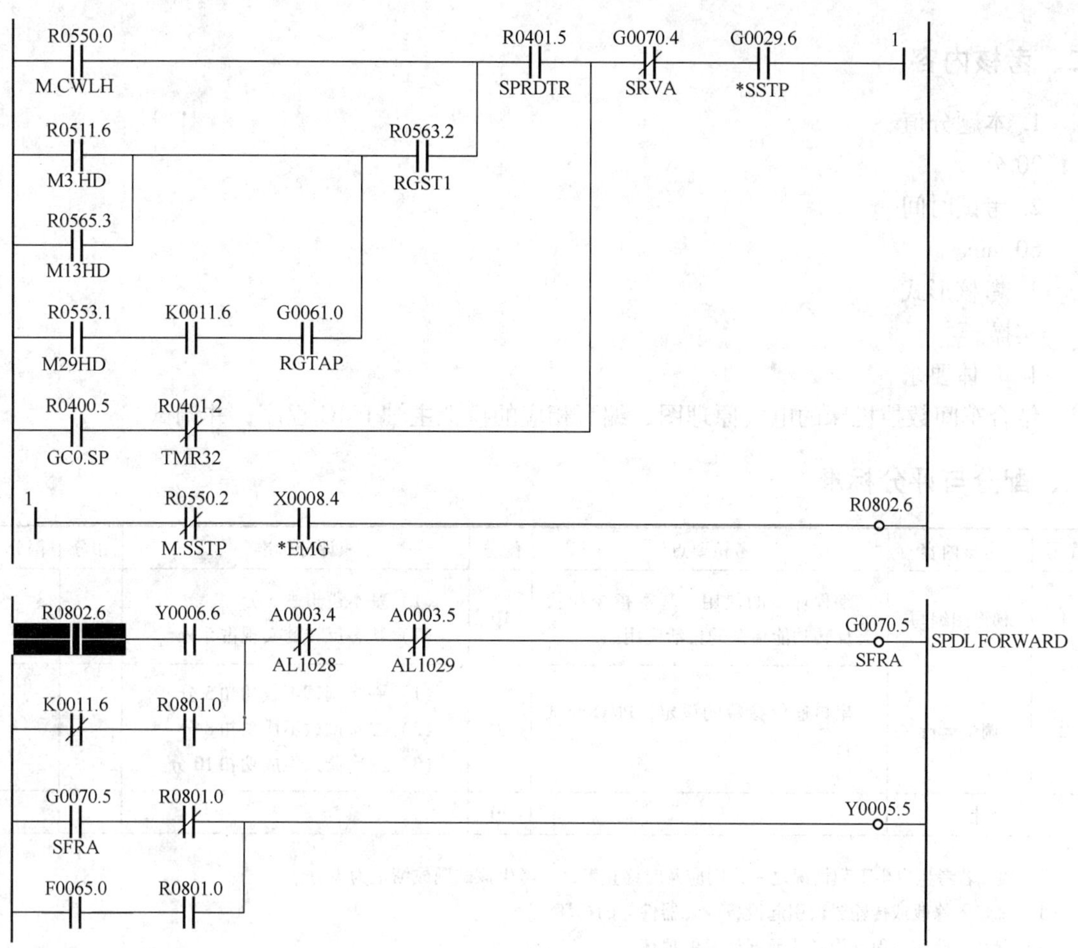

图 3—4—6 部分串行主轴控制 PMC 示例程序

项目实施

模拟主轴控制 PMC 编写

结合车间数控机床的电气原理图，编写相应的模拟主轴 PMC 程序并进行调试。

一、考场准备（每人一份）

序号	名称	型号与规格	数量	备注
1	数控机床装调维修实训考核设备（或数控车床、数控铣床）		1 台	
2	考核设备的标准 PMC 程序		1 份	
3	计算机（安装有数控机床用 PMC 的编程环境）		1 套	
4	连接数控系统和计算机用的串口通信电缆		1 条	
5	数控系统参数说明书		1 本	
6	数控系统用 PMC 操作手册		1 本	

注：本题目以 FANUC 0i Mate MD 数控系统为参考，各考点可根据实际情况做好相应准备。

二、考核内容

1. 本题分值

20 分。

2. 考试时间

60 min。

3. 考核形式

实操。

4. 具体要求

结合车间数控机床的电气原理图，编写相应的模拟主轴 PMC 程序，并调试。

三、配分与评分标准

序号	考核内容	考核要点	配分	评分标准	扣分	得分
1	梯形图编写	编程环境的使用，基本指令和状态反转功能指令的灵活应用	10	（1）基本逻辑占 5 分 （2）状态反转的实现占 5 分		
2	调试运行	串口通信参数的设定，PMC 调试运行	10	（1）一次调试不成功扣 5 分 （2）二次调试不成功扣 8 分 （3）三次调试不成功扣 10 分		
	合计		20			

否定项：若考生发生下列情况之一，则应及时终止考试，考生该试题成绩记为零分

（1）梯形图修改或传输错误引起设备或元器件等的损坏

（2）参数修改错误引起设备或元器件等的损坏

（3）调试时由于操作不当引起设备或元器件等的损坏

（4）调试时由于操作不当出现短路、触电等电气安全事故

项目 5　换刀功能 PMC 识读与调试

项目目标

1. 了解数控机床换刀控制功能的工作原理。
2. 了解数控机床换刀控制的 PMC 工作原理。

项目描述

在线完成数控机床部分换刀控制功能 PMC 的程序编写，并进行调试和保存。

项目分析

数控机床之所以效率高，正是因为其功能强大的换刀功能，换刀部分也是数控机床故障高发部位，掌握其 PMC 工作原理可为以后维修工作提供良好的思路。

相关知识

一、车床刀架换刀 PMC 程序

在模块一主要讲解了车床刀架的机械原理，其正常的运动电气控制是不可缺少的。如图 3—5—1 所示为大连 CK6140 数控车床的四工位刀架的接线图和实物图，如图 3—5—2 所示为相应的刀架控制 PMC 程序示例。

电动刀架信号						
T1	T2	T3	T4	T5	T6	锁紧
X4.6	X4.7	X5.0	X5.1	X5.2	X5.3	X5.4
48	49	25	26	27	28	29
X46	X47	X50	X51	X52	X53	X54

刀架电动机	
正转	反转
Y0.3	Y0.4
37	38
Y03	Y04

图 3—5—1　大连 CK6140 数控车床的四工位刀架的接线图和实物图

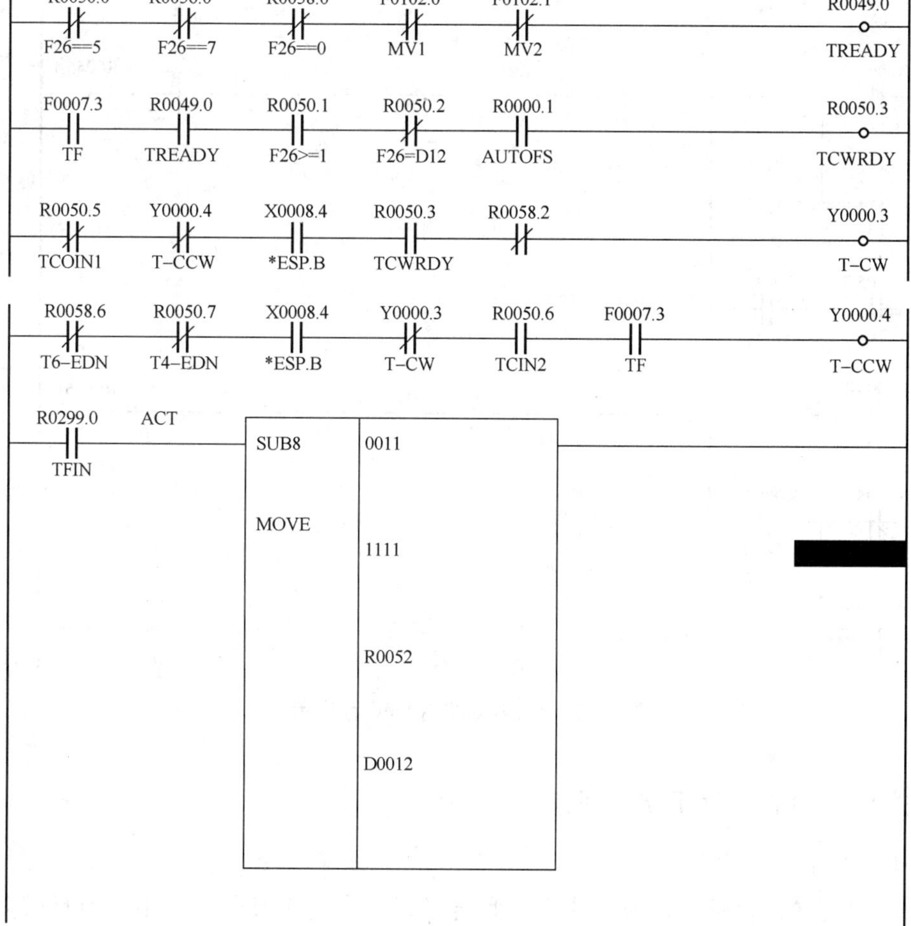

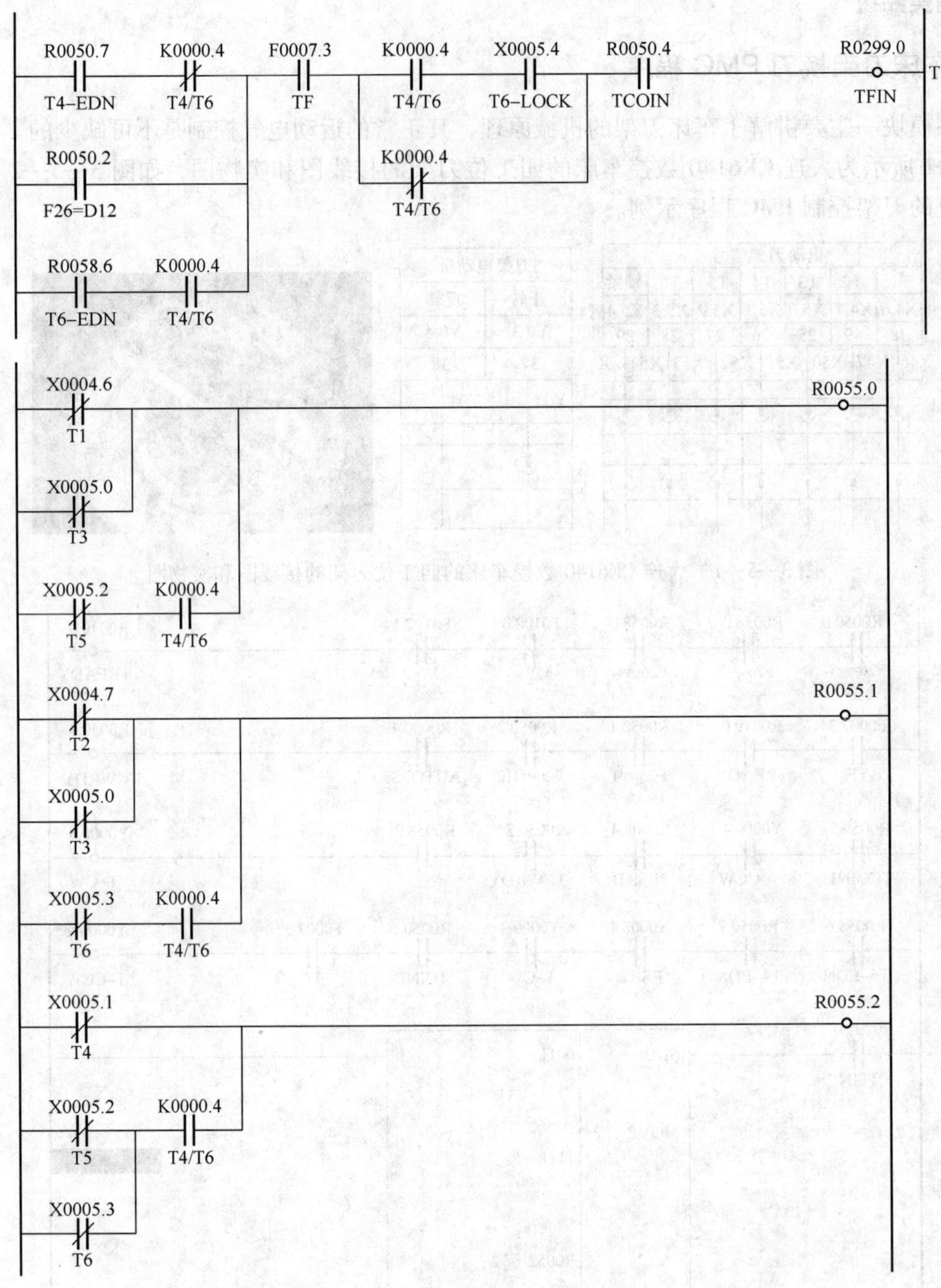

图 3—5—2　刀架控制 PMC 程序示例

二、立式加工中心刀库 PMC 程序

1. 刀库结构

根据刀具容量，刀库可分为盘式刀库和链式刀库，链式刀库一般用在刀具较多的机床

上，目前国内机床上使用较少。

根据刀库旋转动力，刀库可分为液压电动机、普通电动机、伺服电动机、凸轮机械、无动力（靠主轴带动）等。使用前两种方式的比较多，都使用感应开关计数，且控制方式相似。

近年来，由于伺服电动机的优良控制特性，伺服电动机也越来越多地使用在刀库的旋转控制中，控制方式主要有 PMC 轴控制、I/O Link 轴控制两种。

2. 换刀方法

换刀方法分为随机换刀和固定换刀。

刀库分为斗笠式刀库和立式旋转式刀库等。

早期的刀库以斗笠式刀库为多，且多为固定换刀，现在发展出来的斗笠式刀库也有带机械手的，一般来说是否带机械手是判断随机换刀还是固定换刀的重要依据。

（1）随机换刀

随机换刀多在刀具较多的情况下采用，必须有机械手辅助，没有单独的还刀过程。但数据表需要更新，刀具号和刀套号不是一一对应。

加工程序中使用 M06T＊＊，PLC 或宏程序检测到 M06 信号脉冲和 T 信号脉冲，进行刀具检索，找到所需刀具的刀套位置，刀库旋转到要交换的刀套位置，刀具交换，数据表更新。

（2）固定换刀

固定换刀是在刀具不多的情况采用，一般没有机械手，换刀时候，先还刀，再取刀。刀具号和刀套号固定，不需要刀具检索，从哪个刀套取的刀具要还回原来的刀套上去。数据表不需要更新。一般来说斗笠式刀库多为固定换刀。

加工程序中使用 M06T＊＊，PLC 或宏程序检测到 M06 信号脉冲和 T 信号脉冲，将主轴上的刀具还回到对应刀套中去，之后刀库旋转到要交换的刀套位置，抓刀。

3. 机械手臂式刀库

机械手臂式刀库和斗笠式刀库的最大区别就是：机械手臂式刀库由于带有机械手臂，所以在换刀上更为方便，可直接随机换刀还刀，而无须将刀套和刀号一一对应。

机械手臂式换刀库程序流程图如图 3—5—3 所示。

程序代码如下：

```
O9001;
N1 #1103 =0
N2 IF [#1002EQ1] GOTO19          T代码等于主轴上刀号，换刀结束
N3 G91G30P2Z0                    Z轴回换刀位，等待
N4 M19                           主轴定向
N5 #1100 =1                      Z轴回换刀位，主轴定向完成后，置位
N6 IF [#1000EQ1] GOTO8
N7 GOTO4
N8 M43                           刀套倒下
N9 M45                           扣刀
```

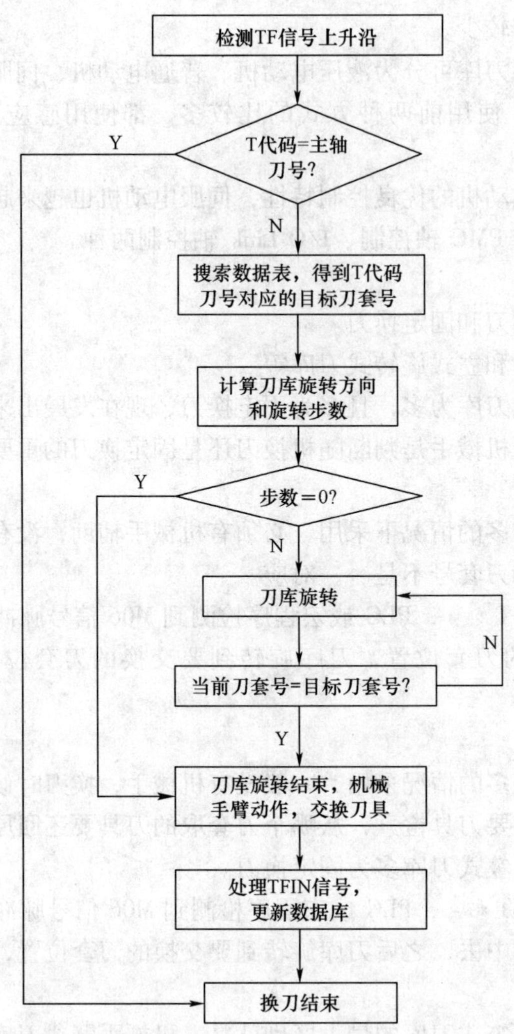

图 3—5—3　机械手臂式刀库换刀程序流程图

```
N10 M41                         主轴松刀
N11 M46                         拔刀插刀
N12 M42                         主轴刀具卡紧
N13 M47                         刀臂回原位
N14 #1102 =1
N15 M44                         刀套上，回原位
N16 #1101 =1
N17 IF [#1001EQ1] GOTO20
N18 GOTO15
N19 #1100 =0
N20 #1101 =0
N21 #1102 =0
```

N22 #1103 = 1

N23 M99

宏变量解释如下。

#1000（G54#0）：T 代码检索完成，刀库旋转结束，等待换刀。

#1001（G54#1）：刀库和主轴数据更新结束。

#1002（G54#2）：T 代码等于主轴上刀号，换刀结束。

#1100（F54#0）：Z 轴回到换刀点（参数 1241），主轴定向完成（刀套下等待）。

#1101（F54#1）：换刀动作结束（数据表更新等待）。

#1102（F54#2）：换刀机构动作完成（刀套上等待）。

M 代码含义如下。

M06：呼叫 O9001 号换刀宏程序。

M19：主轴准停。

M40：刀库自动初始化。

M41：主轴刀具松开。

M42：主轴刀具夹紧。

M43：刀套下（倒刀）。

M44：刀套上（回刀）。

M45：换刀电动机第一次启动（扣刀）。

M46：换刀电动机第二次启动（拔刀插刀）。

M47：换刀电动机第三次启动（回零）。

具体 PMC 程序参照具体数控机床。

项目实施

数控车床刀架 PMC 编写

结合车间数控机床的电气原理图，编写相应的数控车床刀架的 PMC 程序，并调试。

一、考场准备（每人一份）

序号	名称	型号与规格	数量	备注
1	数控机床装调维修实训考核设备（或数控车床，或数控铣床）		1 台	
2	考核设备的标准 PMC 程序		1 份	
3	计算机（安装有数控机床用 PMC 的编程环境）		1 套	
4	连接数控系统和计算机用的串口通信电缆		1 条	
5	数控系统参数说明书		1 本	
6	数控系统用 PMC 操作手册		1 本	

注：本题目以 FANUC 0i Mate MD 数控系统为参考，各考点可根据实际情况做好相应准备。

二、考核内容

1. 本题分值

20 分。

2. 考试时间

60 min。

3. 考核形式

实操。

4. 具体要求

结合车间数控机床的电气原理图，编写相应的数控车床刀架的 PMC 程序，并调试。

三、配分与评分标准

序号	考核内容	考核要点	配分	评分标准	扣分	得分
1	梯形图编写	编程环境的使用，基本指令和状态反转功能指令的灵活应用	10	（1）基本逻辑占 5 分 （2）状态反转的实现占 5 分		
2	调试运行	串口通信参数的设定，PMC 调试运行	10	（1）一次调试不成功扣 5 分 （2）二次调试不成功扣 8 分 （3）三次调试不成功扣 10 分		
	合计		20			

否定项：若考生发生下列情况之一，则应及时终止考试，考生该试题成绩记为零分

（1）梯形图修改或传输错误引起设备或元器件等的损坏

（2）参数修改错误引起设备或元器件等的损坏

（3）调试时由于操作不当引起设备或元器件等的损坏

（4）调试时由于操作不当出现短路、触电等电气安全事故

项目 6　辅助功能 PMC 识读与调试

项目目标

1. 了解数控机床辅助功能的工作原理。
2. 了解数控机床辅助控制的 PMC 工作原理。

项目描述

在线完成数控机床冷却泵和润滑泵控制功能 PMC 的程序编写，并进行调试和保存。

项目分析

数控机床之所以能够长时间运行，不仅在于主轴运动和进给运动，而且冷却、照明和报警等辅助功能也是必不可少的。数控机床工作中，需要经常修改辅助功能 PMC 程序，以满足不同的加工工艺要求。

相关知识

一、冷却功能 PMC 程序

因为冷却功能 PMC 程序的编写跟普通工业 PMC 程序的编写原理是一样的，不涉及系统内部地址信号，编写过程比较简单。如图 3—6—1 所示为冷却功能 PMC 程序。

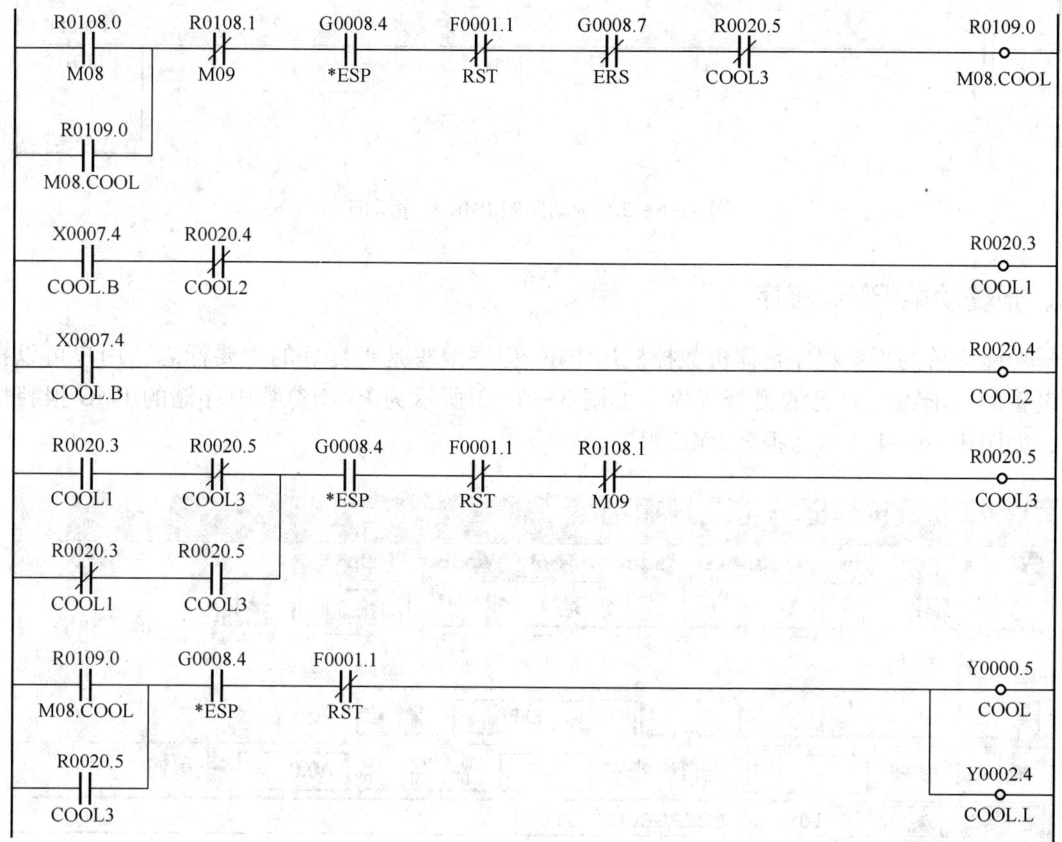

图 3—6—1 冷却功能 PMC 程序示例

二、照明功能 PMC 程序

照明基本是手动控制，程序相对比较简单。如图 3—6—2 所示为手动照明 PMC 程序。

X0012.6
LIGHT.B
R0020.1
R0020.0
X0012.6
LIGHT.B
R0020.1
R0020.0
R0020.2
R0020.2
R0020.0
R0020.2

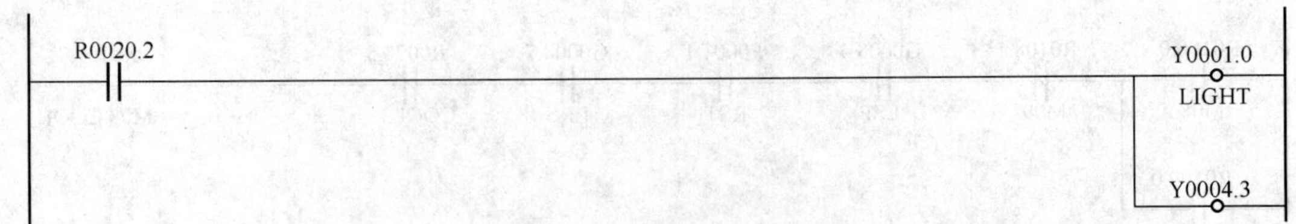

图 3—6—2　手动照明 PMC 程序示例

三、报警功能 PMC 程序

功能完善的报警程序是评价数控机床 PMC 程序编写是否良好的重要标志，用户可以根据设备的功能编写自己的报警程序。如图 3—6—3 所示为 PMC 参数中存储的 PMC 报警信息，如图 3—6—4 所示为报警 PMC 程序。

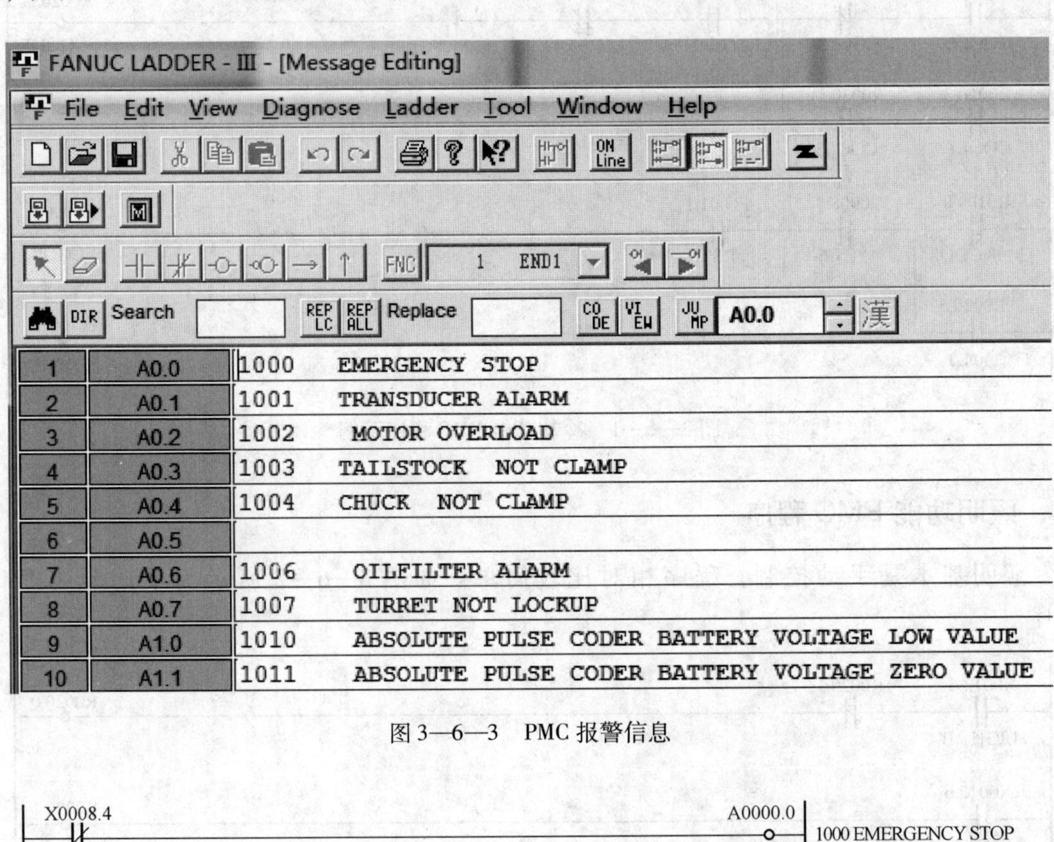

1	A0.0	1000 EMERGENCY STOP
2	A0.1	1001 TRANSDUCER ALARM
3	A0.2	1002 MOTOR OVERLOAD
4	A0.3	1003 TAILSTOCK NOT CLAMP
5	A0.4	1004 CHUCK NOT CLAMP
6	A0.5	
7	A0.6	1006 OILFILTER ALARM
8	A0.7	1007 TURRET NOT LOCKUP
9	A1.0	1010 ABSOLUTE PULSE CODER BATTERY VOLTAGE LOW VALUE
10	A1.1	1011 ABSOLUTE PULSE CODER BATTERY VOLTAGE ZERO VALUE

图 3—6—3　PMC 报警信息

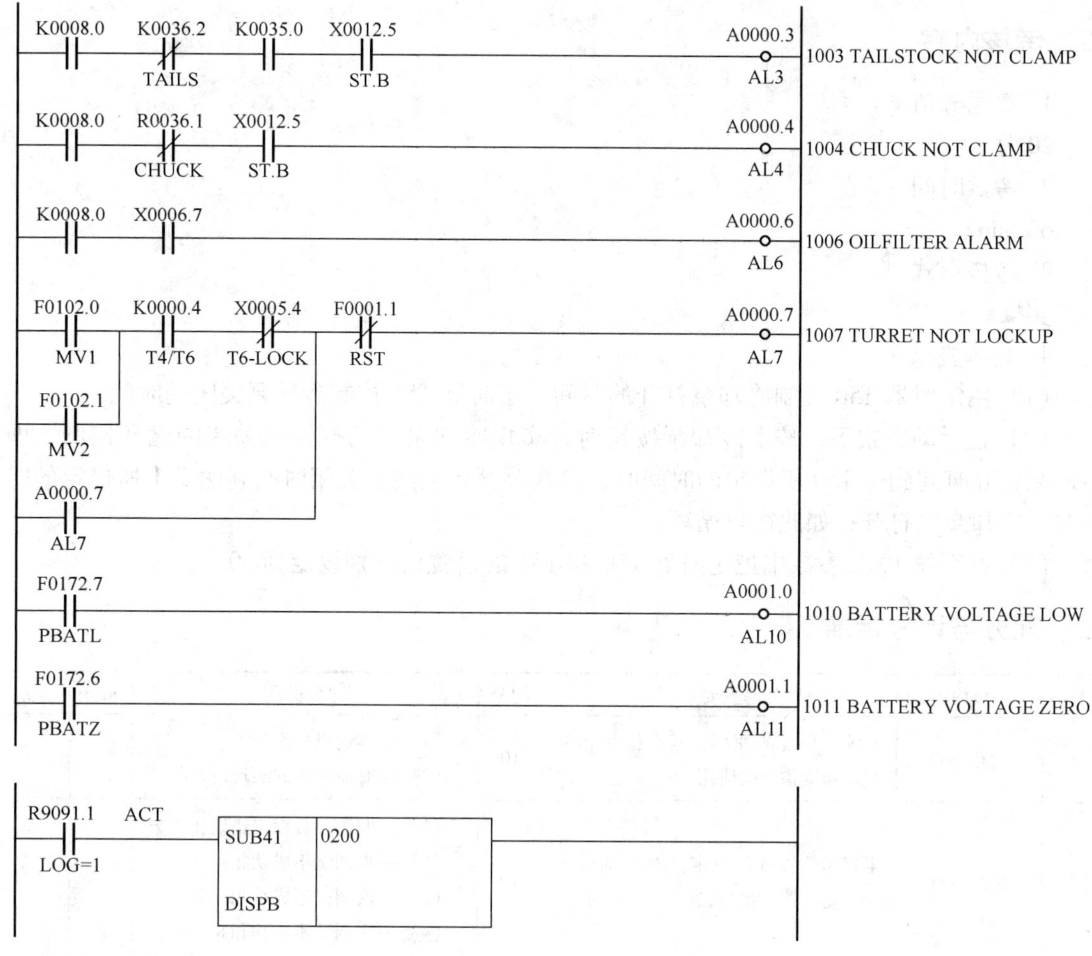

图 3—6—4 报警 PMC 程序

项目实施

数控机床冷却功能 PMC 程序编写

按要求修改数控机床冷却泵开关的 PMC 程序，并进行传输调试。其中，机床冷却泵开关按钮参照现场提供的数控机床操作面板，PMC 输出信号地址为 Y0. 3。

一、考场准备（每人一份）

序号	名称	型号与规格	数量	备注
1	数控机床装调维修实训考核设备（或数控车床，或数控铣床）		1 台	
2	考核设备的标准 PMC 程序		1 份	
3	计算机（安装有数控机床用 PMC 的编程环境）		1 套	
4	连接数控系统和计算机用的串口通信电缆		1 条	
5	数控系统参数说明书		1 本	
6	数控系统用 PMC 操作手册		1 本	

注：本题目以 FANUC 0i Mate MD 数控系统为参考，各考点可根据实际情况做好相应准备，可在现有数控系统上进行考核，如果冷却液控制地址和该数控系统不一致，请提供具体地址信号给考生。

二、考核内容

1. 本题分值

20 分。

2. 考试时间

60 min。

3. 考核形式

实操。

4. 具体要求

（1）用定时器 T50 控制冷却泵打开的时间，定时器 T51 控制冷却泵关闭的时间。

（2）在手动方式下，按下冷却泵按钮时，实现冷却泵自动打开和关闭的循环控制。即冷却泵打开时间到达 T50 所设定的时间时，冷却泵开始关闭；关闭时间到达 T51 所设定的时间时，冷却泵又打开；如此往复循环。

（3）在系统 PMC 参数中把定时器 T50 和 T51 的设置值分别设定为 30 s。

三、配分与评分标准

序号	考核内容	考核要点	配分	评分标准	扣分	得分
1	梯形图编写	编程环境的使用，基本指令和定时器功能指令的应用	10	（1）基本逻辑占 5 分 （2）定时器功能的实现占 5 分		
2	调试运行	串口通信参数的设定，PMC 调试运行，定时器参数的设定	10	（1）定时器参数设定错误扣 2 分 （2）一次调试不成功扣 4 分 （3）二次调试不成功扣 6 分 （4）三次调试不成功扣 8 分		
	合计		20			

否定项：若考生发生下列情况之一，则应及时终止考试，考生该试题成绩记为零分

（1）梯形图修改或传输错误引起设备或元器件等的损坏

（2）参数修改错误引起设备或元器件等的损坏

（3）调试时由于操作不当引起设备或元器件等的损坏

（4）调试时由于操作不当出现短路、触电等电气安全事故

模块四

数控机床联机调试技术

项目1　数控机床运行前的功能设定

项目目标

1. 掌握数控系统参数的设定。

2. 能够设置数控机床的参考点及软硬极限。

项目描述

根据现有机床进行参数、参考点及软硬极限的设置。

项目分析

数控系统的参数及参考点的设置是在数控机床上电后首先要设定的参数，这些参数是数控机床自动加工程序运行的依据。

相关知识

FANUC 0i D 数控系统具有丰富的机床参数。数控系统参数是数控系统用来匹配数控机床及其功能的一系列数据，数控系统硬件连接完成后，要对其进行系统参数的设定和调整，才能保证数控机床正常运行，达到机床加工功能要求和精度要求；同时，参数设置在数控机床调试与维修中起着重要的作用。

一、系统参数表示方法

1. 位型参数

位型参数格式如图4—1—1所示，是用8位二进制数表示参数的位为0或为1的状态，第1位与位0对应，第8位与位7对应。

在表达某参数第几位的时候可写为：“××××#×”或“××××bit×”，如0000#5或0000bit5均表示0000参数的位5。

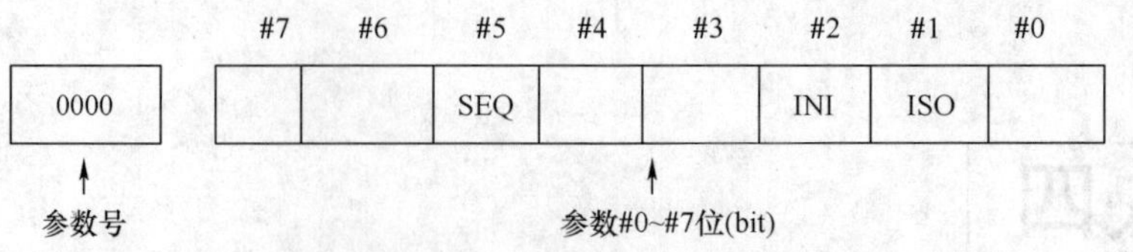

图 4—1—1　位型参数的表达方式

2. 其他参数

除位型参数外，其他参数的表达方式如图 4—1—2 所示。

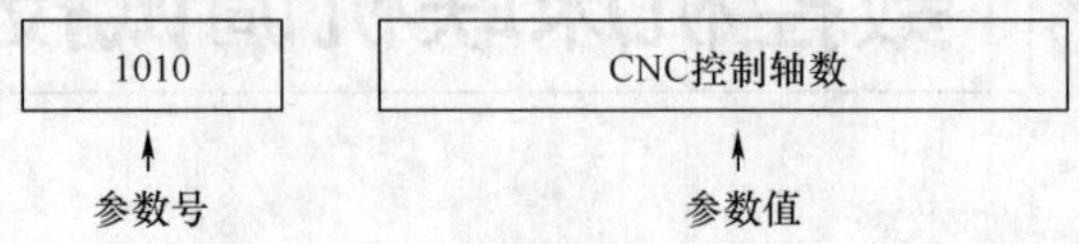

图 4—1—2　其他参数的表达方式

图 4—1—2 中，参数值表示输入的具体数值，如 1010 参数值为 3 等。

二、系统参数设定

1. 进入参数显示界面

进入数控系统的参数显示界面有两种方式，分别如下：

（1）按 MDI 键盘上的功能键 SYSTEM 数次后，即可进入如图 4—1—3 所示的参数显示界面。

（2）按 MDI 键盘上的功能键 SYSTEM 一次后，再按“参数”软键，即可进入如图 4—1—3 所示的参数显示界面。

2. 参数搜索

参数界面由多页组成，可以通过以下两种方式进入指定参数所在界面：

（1）用 MDI 键盘上的翻页键或光标移动键，逐页寻找所要显示的参数界面。

（2）通过 MDI 键盘输入想要显示的参数号，然后按软键“号搜索”，这样可以显示指定参数所在的界面，光标同时处于指定参数位置，如图 4—1—4 所示。

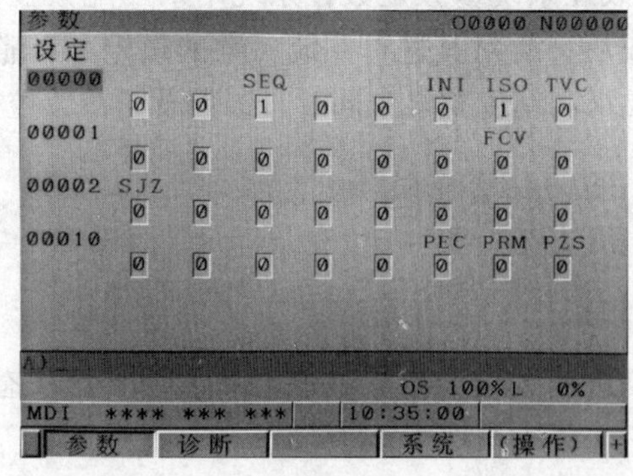

图 4—1—3　参数显示界面

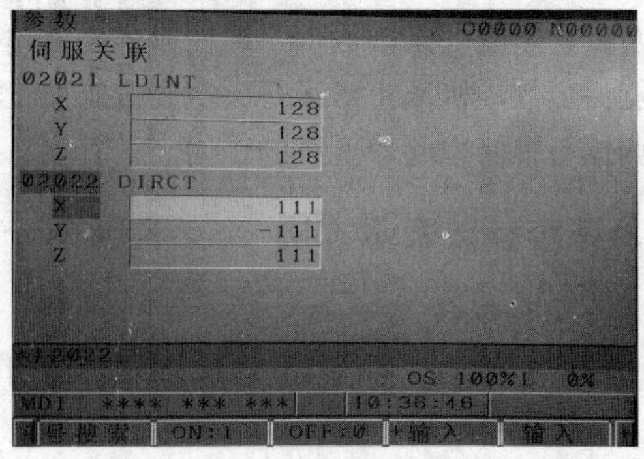

图 4—1—4　通过号搜索方式显示参数

3. 解除参数写保护

（1）写保护的解除

数控系统参数设定完成后，处于写保护状态，在该状态下不允许更改参数。要想修改或调整参数，应使参数置于可写状态，即需要解除写保护，操作步骤如下：

1）将数控系统置于 MDI 方式或急停方式。

2）按 MDI 键盘上 OFFSET SETTING 功能键数次后，或者按 OFFSET SETTING 功能键一次后再按软键“设定”，可显示“设定”界面主页，如图 4—1—5 所示。

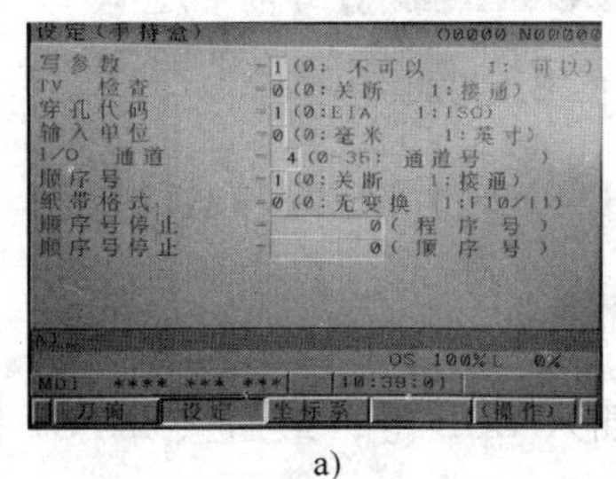

a)

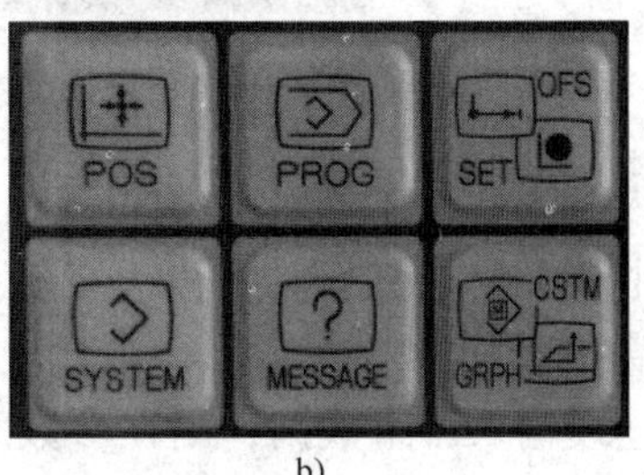

b)

图 4—1—5 写参数允许界面

a）“设定”界面 b）功能键

3）将光标移至“写参数”行。

4）按“操作”软键。

5）输入“1”，再按软键“输入”，使“写参数 = 1”，这样参数处于可写状态，同时 CNC 发生 P/S 报警 100。

（2）注意事项

解除参数写保护操作时，注意以下几点：

1）如果发生 100 号报警，即切换为报警界面。

2）把参数 3111#7（NPA）设置为 1，便可使发生报警时也不会切换成报警界面（通常情况下，发生报警时必须让操作者知道，上述参数通常应设置为 0）。

3）在解除急停状态下，同时按住 CAN 和 RESRT 键，也可以解除 100 号报警。

4. 参数的常规设定方式

（1）参数设定步骤

1）按照前述方法进入参数设定界面。

2）将光标置于需要设定的参数位置上。

3）输入数据，然后按“输入”软键，输入的数据将被设定到光标指定的参数中。

（2）参数输入

1）对于位型参数，按软键“ON：1”，将光标位置置 1；按软键“OFF：0”，则将光标位置置 0。

2）输入参数值后，使用软键“ + 输入”，则把输入值加到原来值上。

3）输入参数值后，使用软键“输入”，则输入新的参数值。

参数值的输入界面如图 4—1—6 所示。

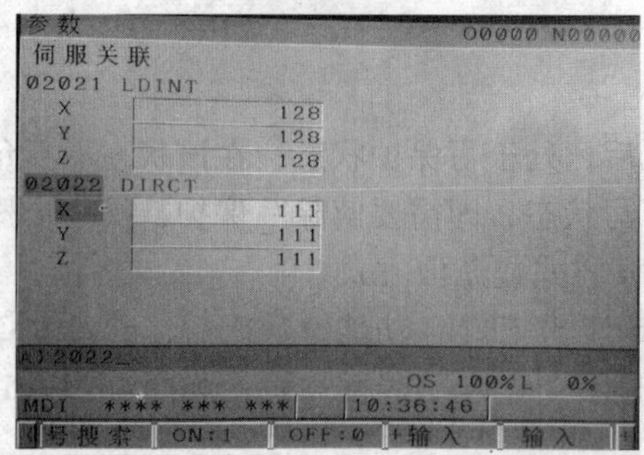

图 4—1—6　参数值的输入界面

当然，输入参数后，也可以用 MDI 键盘上的 INPUT 键完成写参数的操作。

5. 参数的快捷输入方式

（1）不同数据的连续输入

如果需要连续输入一组数据，则在参数之间插入 EOB 键，最后按 INPUT 键，即可输入一组参数，如图 4—1—7 所示。

输入【1】【2】【3】【4】【EOB】【4】【5】【6】【7】【EOB】【9】【9】【9】【9】【EOB】【INPUT】

0　　1234

0　=>　4567

0　　9999

0　　0

图 4—1—7　不同参数的快捷输入

（2）相同数据的连续输入

如果需要连续输入一组相同的数据，则在写入参数后，根据参数数量输入若干“EOB”“=”键，最后按 INPUT 键即可，如图 4—1—8 所示。

输入【1】【2】【3】【4】【EOB】【=】【EOB】【=】【INPUT】

0　　1234

0　=>　1234

0　　1234

0　　0

图 4—1—8　相同参数的快捷输入

三、回参考点设置

1. 机床参考点定义

数控机床坐标系是机床固有的坐标系统，机床坐标系原点 M 是机床上一个固定的点。机床参考点 R 是由机床制造厂家定义的另一个点。R 和 M 的坐标位置关系是固定的，其位置参数存放在数控系统中，当通过回参考点方式找到了机床参考点，也就间接找到了机床坐标系原点。因此，当数控系统启动时，要执行返回参考点 R 的操作，由此建立机床坐标系。

机床参考点 R 多位于机床加工区域的边缘位置，在每个伺服轴上用挡块和限位开关预先确定好参考点位置。如图 4—1—9 所示为数控铣床的机床坐标系原点 M 与参考点 R 之间的关系。

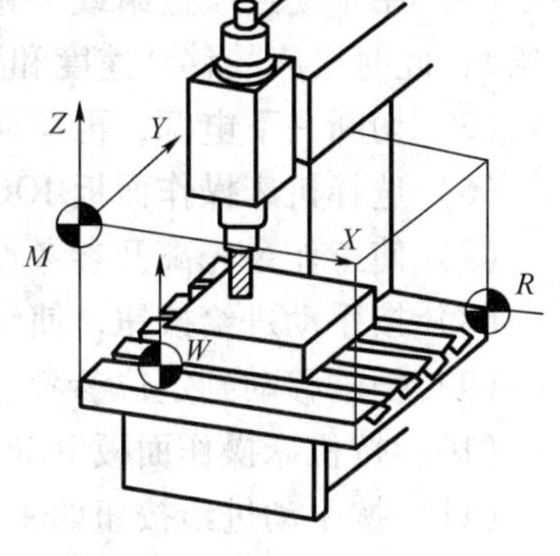

图 4—1—9 数控铣床参考点

在绝对行程测量的数控机床中，参考点是没有必要的，因为每一瞬间都可以直接读出运动轴位置的准确坐标值。而在增量（相对）行程测量的数控机床中，设置参考点是必要的，它可用来确定起始位置。因此，参考点主要是针对采用增量式行程测量的控制系统而言的。

2. 机床参考点的确定方式

（1）利用相对位置检测系统确定机床参考点

相对位置检测系统由于在关机后位置数据丢失，所以在机床每次开机后都要求先回零点才可以加工运行，一般使用挡块式零点回归。

（2）利用绝对位置检测系统确定机床参考点

绝对位置检测系统即使在电源切断后也能检测机械的移动量，所以机床每次开机后不需要进行原点回归。由于在关机后位置数据不会丢失，因此具有很高的可靠性。当更换绝对位置检测器或绝对位置丢失时，应设定参考点。绝对位置检测系统一般使用无挡块式零点回归。

3. 利用相对编码器及机械挡块的回参考点

工作台利用机械挡块回参考点时，当将机床运行状态设定为手动回参考点“REF”后，一旦在操作面板上选定了进给轴和进给方向选择按钮，该轴将以快速进给速度向参考点方向运动。当返回参考点减速信号（＊DEC1、＊DEC2、＊DEC3……）触点断开时（此时运动部件压上减速开关），进给速度立即下降，之后机床便以固定的低速 FL 继续运行。当减速开关释放后，减速信号触点重新闭合，之后系统检测一转信号（C 脉冲）。如该信号由高电平变为低电平（检测 C 脉冲的下降沿），则运动停止，同时机床坐标值清零，表明返回到了参考点准确位置。

工作台减速后的运行速度 FL 由参数 1425 设定。

4. 利用绝对编码器的无挡块回参考点

利用绝对编码器的无挡块回参考点时，只要设定一次参考点后，在通常的电源接通和断开情况下不会丢失参考点机械位置，具有参考点位置记忆功能，同时无须安装机械挡块和行程限位开关，因此这种方式得到广泛应用。

设定相关参数，使绝对编码器无挡块回参考点方式有效，主要包括以下参数设置：1005#1＝1，无挡块参考点功能方式有效；1815#4＝0，机械位置与绝对位置检测器之间的位置对应关系尚未建立；1815#5＝1，使用绝对脉冲编码器；1006#5＝0，进给轴正方向回参考点；1425 设置为 300～400。

具体步骤如下：

（1）切断系统电源，断开主断路器。

（2）把绝对脉冲编码器用锂电池导线连接到伺服放大器 CX5X 接口上。

（3）接通系统电源。

（4）用手动连续进给或手轮进给等方式，使机床仅移动电动机 1 转以上的距离（微量进给），此时机床的移动速度和移动方向不受限制。

（5）切断一下电源，再接通电源。

（6）选择机床操作面板 JOG 方式。

（7）使工作台先离开参考点。

（8）按手动进给按钮，使轴向参数 1006#5 设定的回参考点方向移动。

（9）把轴移动到定位参考点的大约 1/2 栅格之前。如果移动过量，也可以反方向返回。

（10）按机床操作面板 REF 按钮，选择回参考点方式。

（11）按手动进给按钮如 + X 时，则以参数 1425 设定的回参考点 FL 速度使工作台沿回参考点方向移动。

到达参考点位置时停止移动，回参考点完毕。

四、无挡块回参考点方式的注意事项

使用无挡块方式回参考点，一旦参考点建立，正常开关系统电源是不会丢失参考点数据的，因为机床微量位移信息被保存在编码器的 SRAM 中，并由绝对编码器电池保持数据。因此，再次开机也无须进行回参考点操作。但是，一旦更换伺服电动机或伺服放大器，由于将反馈线与电动机插头脱开，或电动机反馈线与伺服放大器脱开，必将导致编码器电路与电池脱开，SRAM 中位置信息立即丢失，再开机会出现报警，需要重新进行建立机床零点的操作。

五、各轴软限位坐标的确定

当工作台挡块碰到硬极限位置时，系统会出现超程报警。正、负方向软限位坐标值的确定应该在硬极限的范围之内，在系统回参考点之后进行。

1. 正方向边界值的确定

系统回参考点之后，用手轮方式操作工作台朝正方向移动，碰到行程开关后，会出现超程报警，观察坐标值，取稍小于它的值作为正方向边界输入到参数 1320。

2. 负方向边界值的确定

系统回参考点之后，先快速沿负方向移动工作台，接近负方向行程开关时，用手轮方式操作工作台继续朝负方向移动。碰到行程开关后，会出现超程报警，观察坐标值，取稍大于它的值作为负方向边界输入到参数 1321。

项目实施

设定数控机床的参考点和软限位

一、考场准备（每人一份）

序号	名称	型号与规格	数量	备注
1	数控机床装调维修实训考核设备（或数控车床，或数控铣床）		1 台	
2	考核设备的标准参数		1 份	
3	数控系统参数说明书		1 本	

注：本题目以 FANUC 0i Mate MD 数控系统为参考，各考点可根据实际情况做好相应准备。

二、考核内容

1. 本题分值
20 分。
2. 考试时间
60 min。
3. 考核形式
实操。
4. 具体要求
删除数控机床参考点和软限位数值，重新设定参数，恢复原有的功能。

三、配分与评分标准

序号	考核内容	考核要点	配分	评分标准	扣分	得分
1	参数设定	参考点设定	10	（1）基本逻辑占 5 分 （2）状态反转的实现占 5 分		
2	安全设定	软限位设定	10	（1）一次调试不成功扣 5 分 （2）二次调试不成功扣 8 分 （3）三次调试不成功扣 10 分		
合计			20			

否定项：若考生发生下列情况之一，则应及时终止考试，考生该试题成绩记为零分
（1）参数修改或传输错误引起设备或元器件等的损坏
（2）调试时由于操作不当引起设备或元器件等的损坏
（3）调试时由于操作不当出现短路、触电等电气安全事故

项目 2 数控机床几何精度检测与调整

项目目标

1. 会使用几何精度检测的相关的工具、量具。
2. 掌握数控机床几何精度检测及调整方法。

项目描述

根据现场提供的数控机床及相关的工具、量具，进行数控机床几何精度的检测与调整。

项目分析

数控机床功能设定只是使机床能够运动，但不能保证能够加工出合格的零件，因为机床精度取决于机械装配的精度。

相关知识

一、机床水平的调整

数控机床水平调整是保证其他精度测量的基准，常用的方法是利用精密水平仪双向监测

精度，检测示意图如图 4—2—1 所示。

图 4—2—1　机床水平调整

1. 精度检测工具

（1）精度水平仪（精度 0.02 mm）

水准泡式水平仪靠玻璃管内壁具有一定曲率半径的水准气泡移动来读取测量数值。当水平仪发生倾斜时，则气泡向水平仪升高的一端移动，水准泡内壁曲率半径决定仪器的测量读数精度。

1）用途。水平仪主要用于检验各种机床设备、工程机械、纺织机械、印刷机械、矿山机械等设备的导轨的平直性以及安装的水平位置和垂直位置。

2）规格。水平仪按不同用途制造成框式水平仪、条式水平仪两大类型，本工序所用为条式水平仪，规格 200 mm、精度 0.02 mm/m。

3）结构。水平仪主要由金属主体、水准泡系统以及调整机构组成。主体作为测量基面，水准泡用来显示主体测量基面的实际数值，调整机构用作调整水平仪零位。

4）使用方法。测量时水平仪工作面应紧贴被测物体表面，待气泡静止后方可读数。

水平仪所标志的分度值是指主水准泡中的气泡移动一个刻度线间隔所产生的倾斜比，即以 1 000 mm 为基准长的倾斜高与底边的比表示。若需要测量长度为 L 的实际倾斜值，则可通过下式进行计算：

$$实际倾斜值 = 标称分度值 \times L \times 偏差格数$$

为避免由于水平仪零位不准而引起的测量误差，故在使用前必须对水平仪的零位进行检查或调整。

水平仪零位正确性检查与调整方法如下：将水平仪放置在基础稳固、大致水平的平板或者导轨上，紧靠定位块。待水准泡稳定后，在一端（如左端）读数为 a_1，然后按水平方向调转 180°，准确地放在原位置，按照第一次读数的一边记下水准泡位置，另一端的读数为 a_2。两次读数差的一半，则为零位误差，即等于（$a_1 - a_2$）/2（格）。如果零位误差已超过允许范围，则需调整零位机构。通过调整零位的调整螺母（或螺钉）使零位误差减小至允许值以内。对于非规定调整的螺杆（钉）、螺母不得随意拧动。调整前水平仪底工作面与平板必须擦拭干净，调整后螺钉或螺母等必须紧固，然后盖好防尘盖板。

注意事项：水平仪使用前用无腐蚀的汽油将工作面上的防锈油洗净，并用脱棉纱擦拭干净；温度变化对水平仪测量结果会产生误差，使用时必须与热源和风源隔绝；使用环境与保存环境温度不同时，则需在使用环境中将水平仪置于平板上稳定 2 h 后方可使用；测量操作时，必须待水准泡完全静止后方可读数；水平仪使用完毕，需将工作面擦拭干净，然后涂上无水、无酸的防锈油，置于专用盒内放在清洁干燥处保存。

（2）百分表（规格/型号 0 ~ 10 mm）

用前应将百分表测量面、测杆擦净。使用或鉴定百分表前，应将测头压缩使指针至少转动 1/6 圈。

除修理或调整时，不允许拆卸百分表。

（3）方尺

参数规格（mm）：SF500；外形尺寸长（mm）× 宽（mm）× 高（mm）：500 × 500 × 500；重量（kg）：34. 8。

精度等级：相邻两测量面垂直度为 7 μm，测量面直线度为 3 μm，相对测量面平行度为 7 μm。

注意事项：

1）花岗石属于硬性材料，应注意避免碰伤或断裂。须指出的是，花岗石的碰伤不影响精度。

2）较小的量具使用前应恒温 6 h 以上，中等规格的平板应恒温在 12 h 以上，大规格的平板需要恒温 24 h。

3）使用中的灰尘，用干净的绸布或干燥干净的手掌擦净即可；对油污等不要用清水洗，最好用汽油、酒精等挥发速度快的清洗剂清洗。

4）花岗石平板安装时，必须按标定的位置支撑。检定平板精度时，基础应牢固。

2. 精度检测与调试

（1）机床的初步摆放

1）机床光机进入装配车间以后，首先要检查光机的外观与质量，包括工作台面有无疤痕、是否生锈，主轴有无疤痕、是否生锈，导轨有无疤痕、是否生锈，导轨堵是否齐全，立柱钉是否加有弹簧垫，立柱与底座铸件是否经过倒角，各零部件是否安装齐全等。若检查无误，就应该把光机用吊车吊起来，摆放到指定的位置。

2）首先根据机床的型号选择相应的吊环，如 VDL-1000 型号的机床应选择 M24 的吊环。起吊光机时要确保吊环牢固地安装在光机上，要确保吊钩的卡环不松动。将四个吊钩钩住光机的四个吊环，调整吊车大吊钩的位置，使四根吊绳受力均匀，然后缓缓将光机吊起。将光机吊到指定的位置，慢慢下降，将光机四个角的地脚螺栓装进垫铁的中心孔中，则机床的初步安装摆放完毕。

（2）静态水平

1）首先观察机床的地脚螺栓是否在垫铁的孔中，若地脚螺栓不在垫铁孔中，则需用千斤顶将机床该部位顶起一点，将地脚螺栓装进垫铁的孔中。保证机床四角的地脚螺栓都在垫铁孔中，这样才能进行机床水平的调整。

2）将机床的工作台置于 X 轴与 Y 轴的中心处，将两块条式水平仪垂直摆放，与 X 轴轴线方向一致的水平仪称为扭曲（见图 4—2—2），与 Y 轴轴线方向一致的水平仪称为长条（见图 4—2—3）。水平仪的气泡向高的一侧靠近。通过观察水平仪，判断机床四个角中最高的一个角。为了将机床调整至水平，则需将最高的一角降低一点或将最高角对角起高一点。机床每一个角的起降都是通过调整地脚螺栓来实现的。用 30 号叉扳子将地脚螺栓顺时针旋转，可以使该角起高一点；反之则为降低。通过调整地脚螺栓先将扭曲调平，即将横向放置水平仪的水泡调至中间位置。观察此时长条情况，判断机床整体是前部高还是后部高。若前部高，则平起后部两脚，保持扭曲不变将长条调平；若后部高，则平起前部两脚，保持扭曲不变将长条调平。但要注意，此时不要将长条水泡调至完全水平，应将长条调至前面高出两个格，为后续运动水平调整中间两块垫铁时留出余量。

图 4—2—2　检测扭曲

图 4—2—3　检测长条

（3）运动水平

1）将机床的静态水平调整好以后，要进一步对机床的运动水平进行调试。将工作台上横纵放置两块互相垂直的条式水平仪。先将工作台运行至 X 轴行程中心，再将工作台运行至 Y 轴行程的最前端。此时与工作台运行方向平行放置的那块水平仪称为长条，与工作台运动方向垂直放置的那块水平仪称为扭曲（见图 4—2—4）。

图 4—2—4　长条及扭曲的检测

2）将工作台由 Y 轴最前端运动至 Y 轴最后端，观察两块水平仪示数的变化。扭曲由前至后，水准泡朝哪个方向运动，说明机床后部哪个角有些高。此时应该将高的一角通过逆时针旋转的地脚螺栓降低一点，或将机床后部该高脚的另一侧角起高一点，使扭曲调至水平。然后将工作台运动回 Y 轴最前端，观察调整后扭曲的变化，判断机床前部此时哪个角高，然后将机床前部高的一角起高点，将扭曲调平。然后再将工作台运行至 Y 轴最后端，观察扭曲变化，若不平再进行调整。反复如此，直到将工作台由 Y 轴最前端运动至最后端时扭曲示数保持完全水平一点不变，但同时要保证长条的水准泡示数前面高出两个格。

3）待扭曲完全调至水平以后，这时可以把机床中间的两块垫铁垫上。当地脚螺栓与垫铁配合上，完全吃劲时，顺时针旋转中间两个地脚螺栓，观察两块水平仪的示数变化，保持扭曲不变，将长条起至水平。此时长条、扭曲都完全水平，下面可以进行机床运动水平的测量。

4）用手轮或按操作面板，将工作台运行至 Y 轴最前端，然后将工作台沿 Y 轴向里运动一点，称为晃表，目的是晃出水平仪的运动差值，减小误差。待两块水平仪水准泡完全静止后，记录长条、扭曲的原始读数。然后将工作台沿 Y 轴向里运动，运行至 Y 轴行程一半时停下，待两块水平仪水准泡完全静止后，记录长条、扭曲的半程读数。然后将工作台继续沿 Y 轴向里运动，运行至 Y 轴行程最大处时停下，待两块水平仪水准泡完全静止后，记录长条、扭曲的最终数值。根据三次记录的数据，计算出长条、扭曲的最大差值，并记录在精度检测报告单上。由于使用的精密条式水平仪精度为 0.02 mm/m，即水平仪的刻度上一个格代表 0.02 mm/m，机床精度要求为每 500 mm 为 0.03 mm，即工作台沿 Y 轴轴向运动时，每半程水平仪水准泡的移动在一格半以内，全程水平仪的水准泡移动在三格以内即可。

5）同理，将工作台运行至 Y 轴中间，再由 X 轴最左端从晃表开始，依次记录初始的水平仪示数、半程示数及最终示数。计算长条、扭曲的最大差值，并记录在精度检测报告单上。此时机床的水平精度已经调整完毕。

二、数控车床几何精度检测

数控车床几何精度检测主要集中在导轨、主轴、尾座和刀架上，其相互之间的精度决定了机床的整体精度。数控车床几何精度检测项目见表 4—2—1。

表 4—2—1　数控车床几何精度检测项目

序号	检验项目	检验工具	检验方法	示意图
1	床身导轨的直线度	精密水平仪	水平仪沿 Z 轴向放在溜板上，沿导轨全长等距离地在各位置上检验，记录水平仪的读数，并用作图法计算床身导轨在垂直平面内的直线度误差	水平仪
2	床身导轨的平行度	精密水平仪	水平仪沿 X 轴向放在溜板上，在导轨上移动溜板，记录水平仪读数，其读数最大值即为床身导轨的平行度误差	水平仪

续表

序号	检验项目	检验工具	检验方法	示意图
3	溜板在水平面内移动的直线度	指示器和检验棒，百分表和平尺	将检验棒顶在主轴和尾座顶尖上；再将百分表固定在溜板上，百分表水平触及检验棒母线；全程移动溜板，调整尾座，使百分表在行程两端读数相等，检测溜板移动在水平面内的直线度误差	检验棒 带表座百分表
4	尾座移动对溜板移动的平行度	百分表	将尾座套筒伸出后，按正常工作状态锁紧，同时使尾座尽可能地靠近溜板，把安装在溜板上的第二个百分表相对于尾座套筒的端面调整为零；溜板移动时也要手动移动尾座直至第二个百分表的读数为零，使尾座与溜板相对距离保持不变。按此法使溜板和尾座全行程移动，只要第二个百分表的读数始终为零，则第一个百分表相应指示出平行度误差。或沿行程在每隔 300 mm 处记录第一个百分表读数，百分表读数的最大差值即为平行度误差。第一个百分表分别在图中 *a*、*b* 位置测量，误差单独计算	*a* *b* 固定距离 使用两个百分表，一个百分表作为基准，保持溜板和尾座的相对位置
5	主轴的轴向窜动、主轴的轴肩支撑面的跳动	百分表和专用装置	用专用装置在主轴线上加力 ***F***（***F*** 的值为消除轴向间隙的最小值），把百分表安装在机床固定部件上，然后使百分表测头沿主轴轴线分别触及专用装置的钢球和主轴轴肩支撑面；旋转主轴，百分表读数最大差值即为主轴的轴向窜动误差和主轴轴肩支撑面的跳动误差	***F*** *a* *b*
6	主轴定心轴颈的径向跳动	百分表	把百分表安装在机床固定部件上，使百分表测头垂直于主轴定心轴颈并触及主轴定心轴颈；旋转主轴，百分表读数最大差值即为主轴定心轴颈的径向跳动误差	

续表

序号	检验项目	检验工具	检验方法	示意图
7	主轴锥孔轴线的径向跳动	百分表和检验棒	将检验棒插在主轴锥孔内，把百分表安装在机床固定部件上，使百分表测头垂直触及被测表面，旋转主轴，记录百分表的最大读数差值，在 a、b 处分别测量。标记检验棒与主轴的圆周方向的相对位置，取下检验棒，同向分别旋转检棒 90°、180°、270°后重新插入主轴锥孔，在每个位置分别检测。取 4 次检测的平均值即为主轴锥孔轴线的径向跳动误差	
8	主轴轴线（对溜板移动）的平行度	百分表和检验棒	将检验棒插在主轴锥孔内，把百分表安装在溜板（或刀架）上，然后：(1) 使百分表测头在铅垂平面内垂直触及被测表面（检验棒），移动溜板，记录百分表的最大读数差值及方向；旋转主轴 180°，重复测量一次，取两次读数的算术平均值作为在铅垂平面内主轴轴线对溜板移动的平行度误差；(2) 使百分表测头在水平平面内垂直触及被测表面（检验棒），按上述 (1) 的方法重复测量一次，即得水平平面内主轴轴线对溜板移动的平行度误差	
9	主轴顶尖的跳动	百分表和专用顶尖	将专用顶尖插在主轴锥孔内，把百分表安装在机床固定部件上，使百分表测头垂直触及被测表面，旋转主轴，记录百分表的最大读数差值	

续表

序号	检验项目	检验工具	检验方法	示意图
10	尾座套筒轴线（对溜板移动）的平行度	百分表	将尾座套筒伸出有效长度后，按正常工作状态锁紧。百分表安装在溜板（或刀架）上，然后：(1) 使百分表测头在铅垂平面内垂直触及被测表面（尾座筒套），移动溜板，记录百分表的最大读数差值及方向，即得在铅垂平面内尾座套筒轴线对溜板移动的平行度误差；(2) 使百分表测头在水平平面内垂直触及被测表面（尾座套筒），按上述 (1) 的方法重复测量一次，即得在水平平面内尾座套筒轴线对溜板移动的平行度误差	a b
11	尾座套筒锥孔轴线（对溜板移动）的平行度	百分表和检验棒	尾座套筒不伸出并按正常工作状态锁紧；将检验棒插在尾座套筒锥孔内，指示器安装在溜板（或刀架）上，然后：(1) 把百分表测头在垂直平面内垂直触及被测表面（尾座套筒），移动溜板，记录百分表的最大读数差值及方向；取下检验棒，旋转检验棒 180°后重新插入尾座套筒锥孔，重复测量一次，取两次读数的算术平均值作为在垂直平面内尾座套筒锥孔轴线对溜板移动的平行度误差；(2) 把百分表测头在水平平面内垂直触及被测表面，按上述 (1) 的方法重复测量一次，即得在水平平面内尾座套筒锥孔轴线对溜板移动的平行度误差	a b
12	床头和尾座两顶尖的等高度	百分表和检验棒	将检验棒顶在床头和尾座两顶尖上，把百分表安装在溜板（或刀架）上，使百分表测头在铅垂平面内垂直触及被测表面（检验棒），然后移动溜板至行程两端，移动小拖板（*X* 轴），记录百分表在行程两端的最大读数值的差值，即为床头和尾座两顶尖的等高度。测量时注意方向	

续表

序号	检验项目	检验工具	检验方法	示意图
13	刀架横向移动对主轴轴线的垂直度	百分表、圆盘、平尺	将圆盘安装在主轴锥孔内，百分表安装在刀架上，使百分表测头在水平平面内垂直触及被测表面（圆盘），再沿 X 轴向移动刀架，记录百分表的最大读数差值及方向；将圆盘旋转 180°，重新测量一次，取两次读数的算术平均值作为刀架横向移动对主轴轴线的垂直度误差	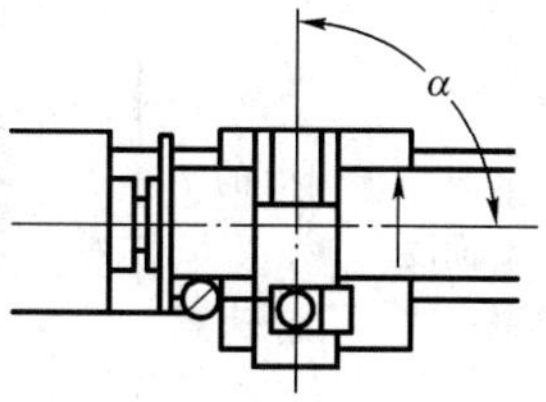 α
14	刀架转位的重复定位精度、刀架转位 X 轴方向回转重复定位精度	百分表和检验棒	如右图所示，把百分表安装在机床固定部件上，使百分表测头垂直触及被测表面（检具），在回转刀架的中心行程处记录读数，用自动循环程序使刀架退回，转位 360°，最后返回原来的位置，记录新的读数。误差是回转刀架至少回转三周的最大和最小读数差值。对回转刀架的每一个位置都应重复进行检验，并且每个位置百分表都应调到零	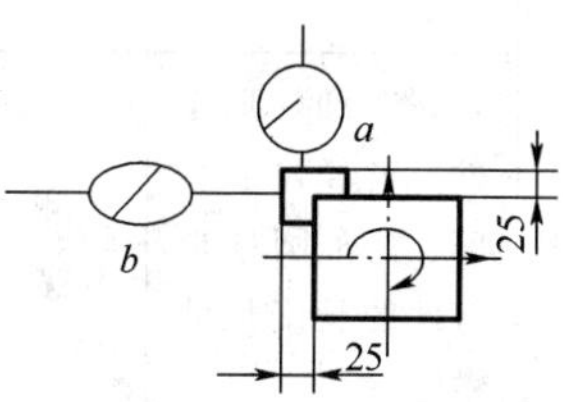 a b 25 25
15	重复定位精度、反向差值、定位精度	激光干涉仪或步距规	因为用步距规测量定位精度时操作简单，所以在批量生产中被广泛采用。无论采用哪种测量仪器，在全程上的测量点数应不少于 5 点，测量间距按下式确定：$P_i = iP + k$（P 为测量间距；k 为各目标位置时取不同的值，以获得全测量行程上各目标位置的不均匀间隔，从而保证周期误差被充分采样）	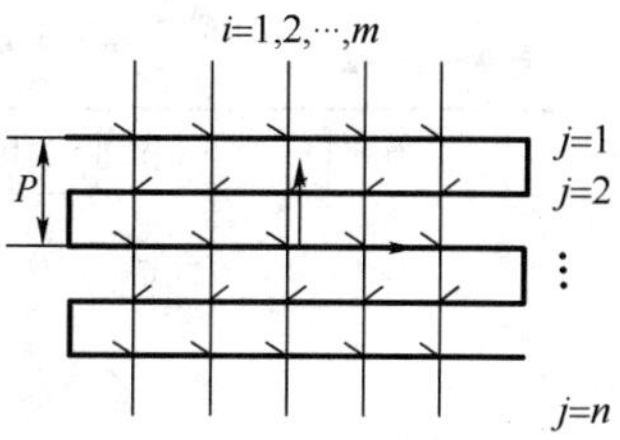 i=1,2,⋯,m P j=1 j=2 ⋮ j=n
16	精车圆柱试件的圆度	千分尺	精车试件（试件材料为 45 钢，正火处理，刀具材料为 YT30）外圆 D，试件如右图所示，用千分尺测量靠近主轴轴端的检验试件的半径变化，取半径变化最大值近似作为圆度误差；用千分尺测量每一个环带直径之间的变化，取最大差值作为该项误差	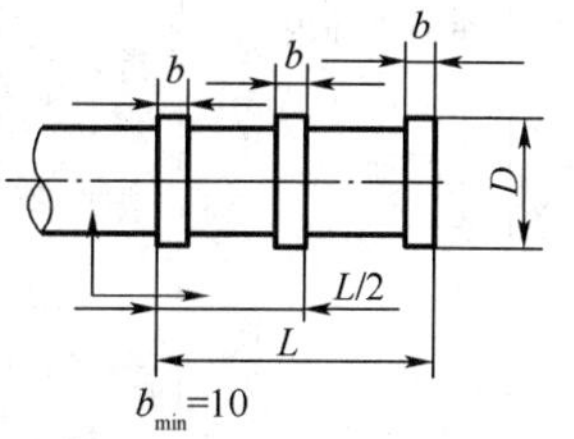 b b b D L/2 L b_{min}=10

续表

序号	检验项目	检验工具	检验方法	示意图
17	精车端面的平面度	平直尺、量块	精车试件端面（试件材料：HT150，180～200 HB，外形如右图所示；刀具材料：YG8）。使刀尖回到车削起点位置，把指示器安装在刀架上，指示器测头在水平平面内垂直触及圆盘中间，X 轴负向移动刀架，记录指示器的读数及方向；用终点时读数减起点时读数的差除以 2 即为精车端面的平面度误差；数值为正，则平面是凹的	b　ϕ10　b　D　(b_{min}=10)
18	螺距精度	丝杠螺距测量仪	可取外径为 50 mm、长度为 75 mm、螺距为 3mm 的丝杠作为试件进行检测（加工完成后的试件应充分冷却）	L　D
19	精车圆柱形零件的直径尺寸精度、精车圆柱形零件的长度尺寸精度	测高仪、杠杆卡规	用程序控制加工圆柱形零件（零件轮廓用一把刀精车而成），测量其实际轮廓与理论轮廓的偏差	

三、加工中心几何精度检测

加工中心几何精度主要包括底座、立柱、工作台、主轴箱和刀库之间的相互精度，具体的检测方法见表 4—2—2。

表 4—2—2　　加工中心几何精度检测表

序号	检验项目	检验工具	检验方法	允差（mm）	示意图
G1	X 轴轴线运动的直线度 a）在 Z—X 垂直平面内 b）在 X—Y 水平面内	a）平尺和指示器或光学仪器 b）平尺和指示器或钢丝和显微镜或光学仪器	对所有型式的机床，平尺和钢丝或反射器都应置于工作台上。如主轴能紧锁，则指示器或显微镜或干涉仪可装在主轴上，否则检验工具应装在机床的主轴箱上。测量位置应尽量靠近工作台中央	a）和 b） X≤500：0.010 X＞500～800：0.015 X＞800～1 250：0.020 X＞1 250～2 000：0.025 局部公差：在任意 300 测量长度上为 0.007	a)　Z　X　X′　Z′ b)　Y　X　X′　Y′

续表

序号	检验项目	检验工具	检验方法	允差（mm）	示意图
G2	Y 轴轴线运动的直线度 a）在 Y—Z 垂直平面内 b）在 X—Y 水平面内	a）平尺和指示器或光学仪器 b）平尺和指示器或钢丝和显微镜或光学仪器	对所有型式的机床，平尺和钢丝或反射器都应置于工作台上。如主轴能紧锁，则指示器或显微镜或干涉仪可安装在主轴上，否则检验工具应安装在机床的主轴箱上。测量位置应尽量靠近工作台中央	a）和 b） $X \leq 500$：0.010 $X > 500 \sim 800$：0.015 $X > 800 \sim 1\ 250$：0.020 $X > 1\ 250 \sim 2\ 000$：0.025 局部公差：在任意 300 测量长度上为 0.007	a) 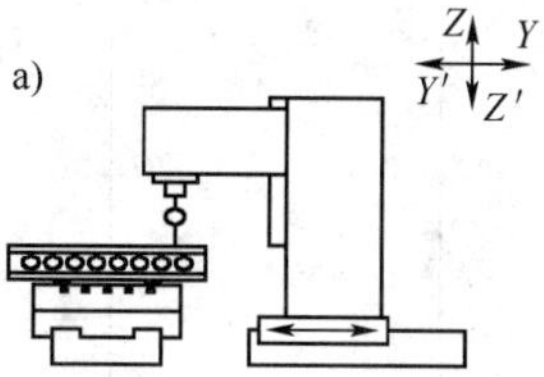 Z Y Y′ Z′ b) X′ Y Y′ X 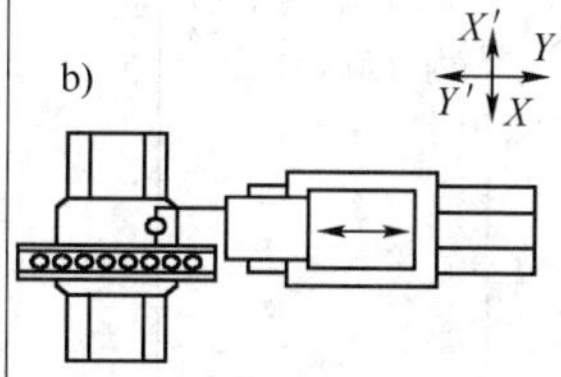
G3	Z 轴轴线运动的直线度 a）在平行于 X 轴的 Z—X 垂直平面内 b）在平行于 Y 轴的 Y—Z 垂直平面内	a）和 b） 精密水平仪或角尺和指示器或钢丝和显微镜或光学仪器	对所有型式的机床，平尺和钢丝或反射器都应置于工作台上。如主轴能紧锁，则指示器或显微镜或干涉仪可安装在主轴上，否则检验工具应安装在机床的主轴箱上	a）和 b） $X \leq 500$：0.010 $X > 500 \sim 800$：0.015 $X > 800 \sim 1\ 250$：0.020 $X > 1\ 250 \sim 2\ 000$：0.025 局部公差：在任意 300 测量长度上为 0.007	a) 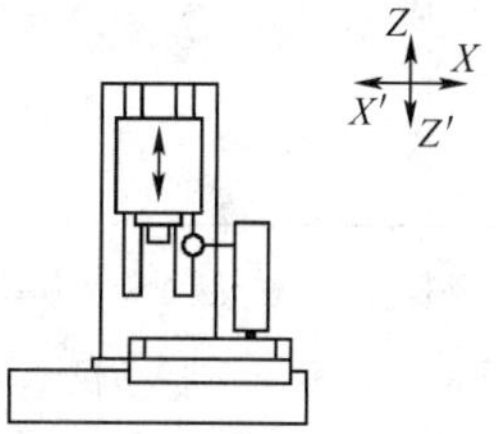 Z X X′ Z′ b) Z Y Y′ Z′ 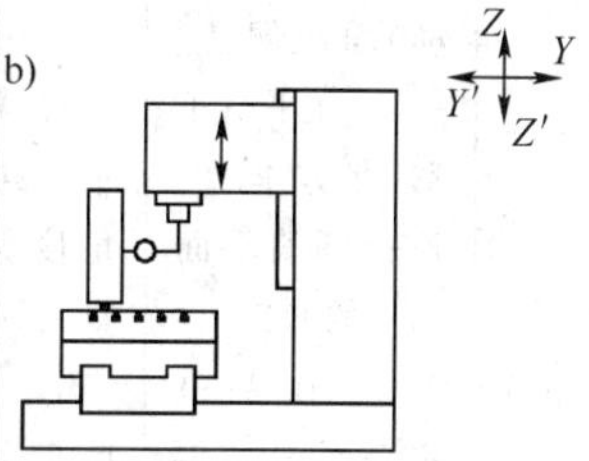
G4	X 轴轴线运动的角度偏差 a）在平行于移动方向的 Z—X 垂直平面内（俯仰） b）在 X—Y 水平面内（偏摆） c）在垂直于移动方向的	a）精密水平仪或光学角度偏差测量工具 b）光学角度偏差测量工具 c）精密水平仪	检验工具应置于运动部件上 a）（俯仰）纵向 b）（偏摆）水平 c）（倾斜）横向	a）、b）和 c） 0.060/1 000 （或 60 μrad 或 12″） 局部公差：在任意 500 测量长度上为 0.030/1 000 （或 30 μrad 或 6″）	a) 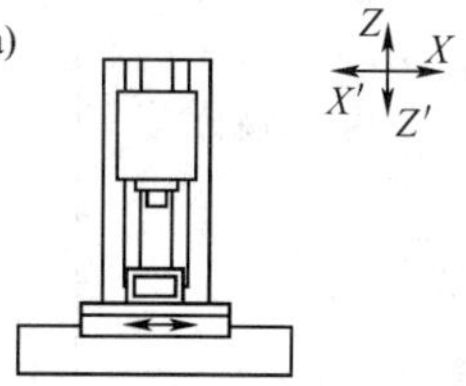 Z X X′ Z′

续表

序号	检验项目	检验工具	检验方法	允差（mm）	示意图
G4	Y—Z 垂直平面内（倾斜）		沿行程在等距离的五个位置上检验。 应在每个位置的两个运动方向测量并读取读数。最大与最小读数的差值应不超过允差 当 Y 轴轴线运动引起主轴箱和工件夹持工作台同时产生角运动时，这两种角运动应同时测量并用代数式处理		b) 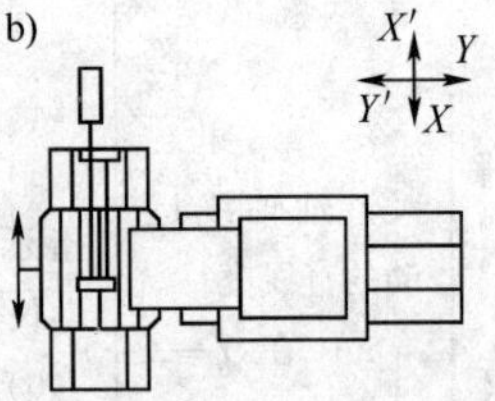 X′ Y Y′ X c) Z Y Y′ Z′ 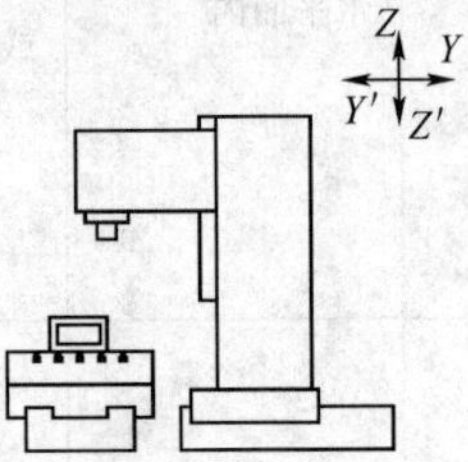
G5	Y 轴轴线运动的角度偏差 a）在平行于移动方向的 Y—Z 垂直平面内（俯仰） b）在 X—Y 水平面内（偏摆） c）在垂直于移动方向的 Z—X 垂直平面内（倾斜）	a）精密水平仪或光学角度偏差测量工具 b）光学角度偏差测量工具 c）精密水平仪	检验工具应置于运动部件上 a）（俯仰）纵向 b）（偏摆）水平 c）（倾斜）横向 沿行程在等距离的五个位置上检验。应在每个位置的两个运动方向测量并读取读数。最大与最小读数的差值应不超过允差 当 Y 轴轴线运动引起主轴箱和工件夹持工作台同时产生角运动时，这两种角运动应同时测量并用代数式处理	a）、b）和 c） 0.060/1 000 （或 60 μrad 或 12″） 局部公差：在任意 500 测量长度上为 0.030/1 000（或 30 μrad 或 6″）	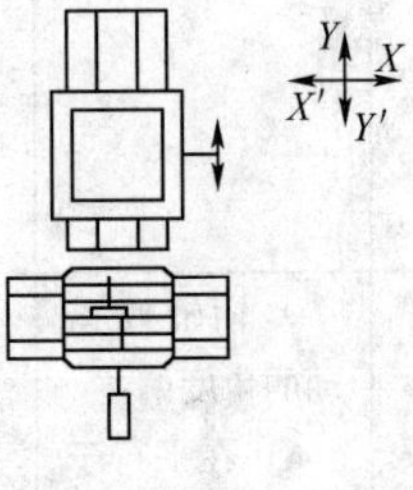 a) 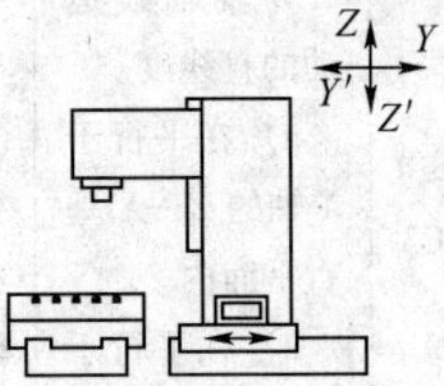 Z Y Y′ Z′ b) Y X X′ Y′ c) Z X X′ Z′ 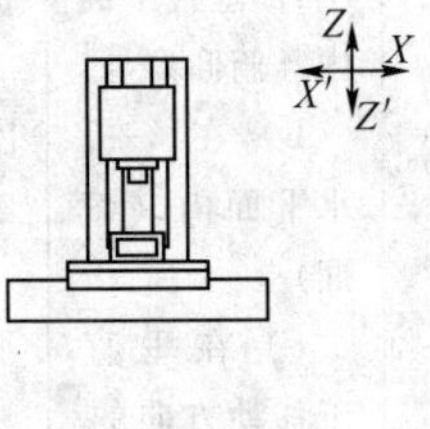

续表

序号	检验项目	检验工具	检验方法	允差（mm）	示意图
G6	*Z* 轴轴线运动的角度偏差 a）在平行于 *Y* 轴的 *Y*—*Z* 垂直平面内 b）在平行于 *X* 轴的 *Z*—*X* 垂直平面内	a）和 b）精密水平仪或光学角度偏差测量工具	应沿行程在等距离的五个位置上检验，在每个位置的两个运动方向测量并读取读数。最大与最小读数的差值应不超过允差 对于 a）和 b），当 *Z* 轴轴线运动引起主轴箱和工件夹持工作台同时产生角运动时，这两种角运动应同时测量并用代数式处理	a）和 b） 0.060/1 000 （或 60 μrad 或 12″） 局部公差：在任意 500 测量长度上为 0.030/1 000（或 30 μrad 或 6″）	a) 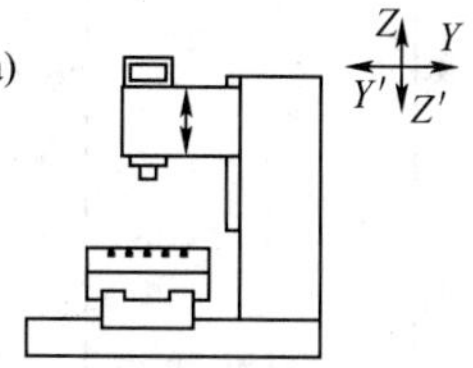 *Z* *Y* *Y′* *Z′* b) *Z* *X* *X′* *Z′* 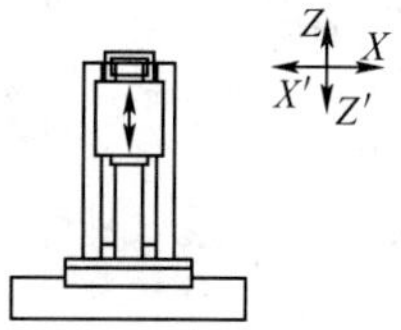
G7	*Z* 轴轴线运动和 *X* 轴轴线运动的垂直度	平尺或平板 角尺和指示器	a）平尺或平板应平行 *X* 轴放置 b）应通过和直立在平尺或平板上的角尺检验 *Z* 轴轴线 如主轴能紧锁，则指示器或显微镜或干涉仪可安装在主轴上，否则指示器应安装在机床的主轴箱上 为了参考和修正方便，应记录 α 值是小于、等于还是大于 90°	0.020/500	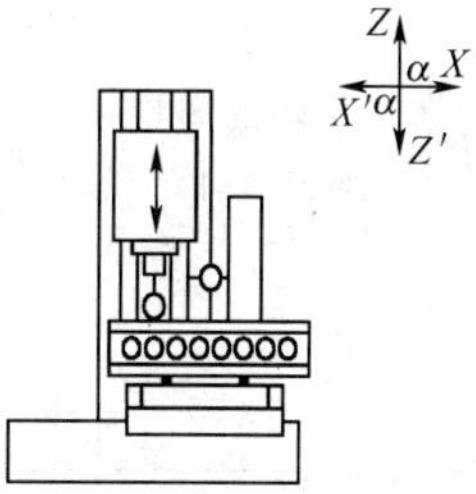 *Z* α *X* *X′* α *Z′*
G8	*Z* 轴轴线运动和 *Y* 轴轴线运动的垂直度	平尺或平板 角尺和指示器	a）平尺或平板应平行 *X* 轴放置 b）应通过和直立在平尺或平板上的角尺检验 *Z* 轴轴线 如主轴能紧锁，则指示器或显微镜或干涉仪可安装在主轴上，否则指示器应安装在机床的主轴箱上 为了参考和修正方便，应记录 α 值是小于、等于还是大于 90°	0.020/500	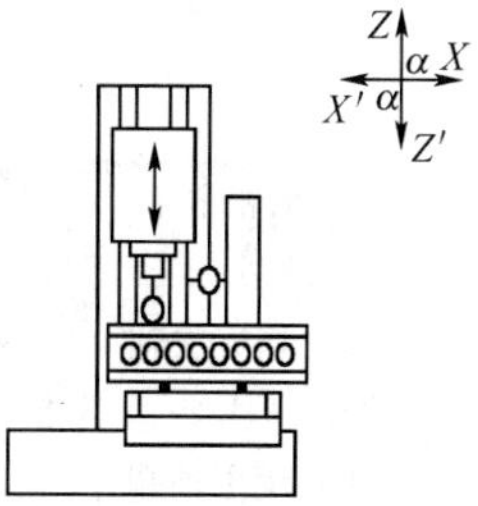 *Z* α *X* *X′* α *Z′*

续表

序号	检验项目	检验工具	检验方法	允差（mm）	示意图
G9	*Y* 轴轴线运动和 *X* 轴轴线运动间的垂直度	平尺、角尺和指示器	a）平尺或平板应平行 *X* 轴放置 b）应通过和直立在平尺或平板上的角尺检验 *Z* 轴轴线 如主轴能紧锁，则指示器或干涉仪可安装在主轴上，否则指示器应安装在机床的主轴箱上 为了参考和修正方便，应记录 α 值是小于、等于还是大于 90°	0.020/500	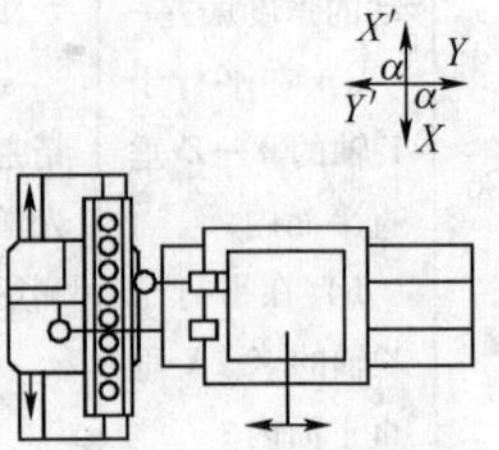 X′ Y α α Y′ X
G10	主轴的周期性轴向窜动	指示器	5.6-2-1.1 和 5.6-2-2.2 应在机床的所有工作主轴上进行检验	0.005	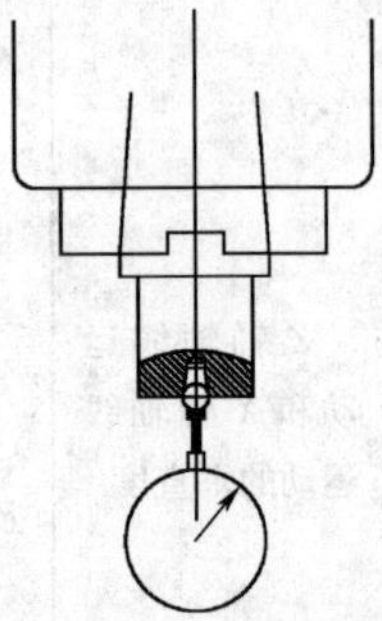
序号	检验项目	检验工具	检验方法 参照《机床检验通则 第1部分：在无负荷或精加工条件下机床的几何精度》（GB/T 17421.1—1998）的有关条文	允差（mm）	示意图
G11	主轴锥孔的径向跳动 a）靠近主轴端部 b）距主轴端部 300 mm 处	检验棒和指示器	5.6-2-1.2 和 5.6-1-2.3 应在机床的所有工作主轴上进行检验，并应至少旋转两整圈进行检验	a）0.007 b）0.015	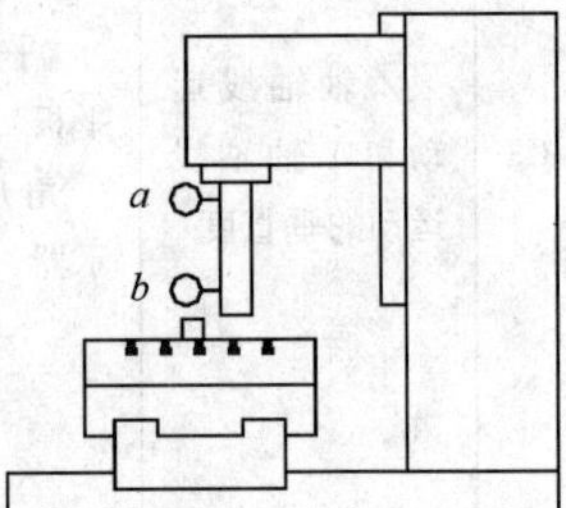 a b

续表

序号	检验项目	检验工具	检验方法 参照《机床检验通则 第1部分：在无负荷或精加工条件下机床的几何精度》（GB/T 17421.1—1998）的有关条文	允差（mm）	示意图
G12	主轴轴线和Z轴轴线运动间的平行度 a）在平行于Y轴的Y—Z垂直平面内 b）在平行于X轴的Z—X垂直平面内	a）和b）在300测量长度上为0.015	5.4-1-2.1 和 5.4-2-2.3 X轴轴线置于行程的中间位置 a）如果可能，Y轴轴线锁紧 b）如果可能，X轴轴线锁紧	检验棒和指示器	a) 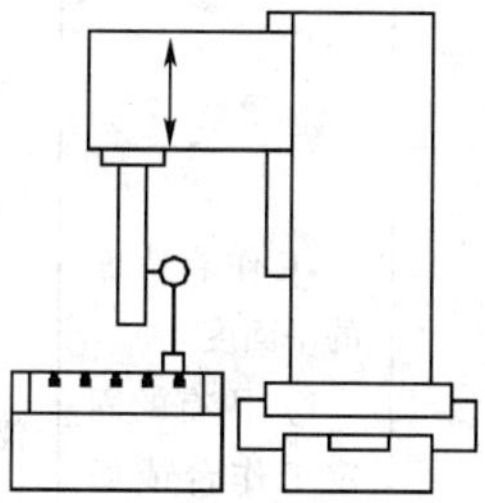 b) 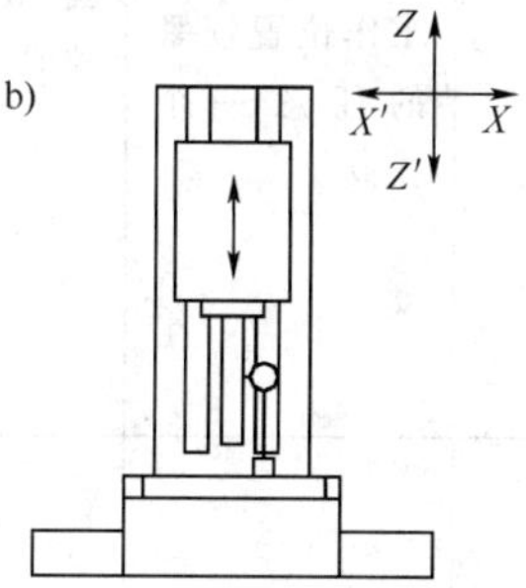 Z X′ X Z′
G13	主轴轴线和X轴轴线运动间的垂直度	0.015/300	5.5-1-2-3.2 如果可能，Y轴轴线和Z轴轴线锁紧 平尺应平行于X轴放置 为了参考和修正方便，应记录α值是小于、等于还是大于90°	平尺、专用支架和指示器	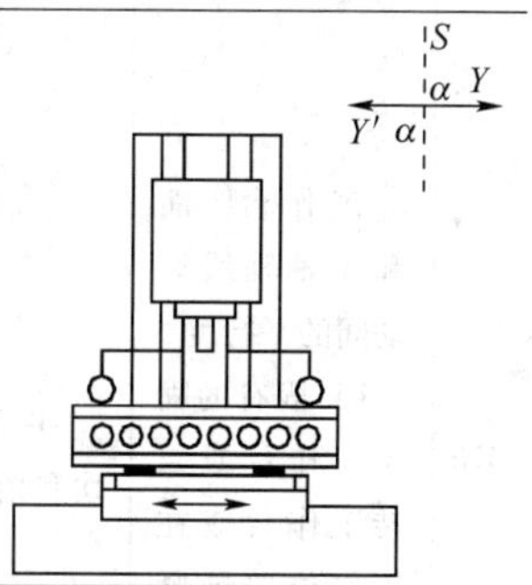 S α Y Y′ α
G14	主轴轴线和Y轴轴线运动间的垂直度	0.015/300	5.5-1-2-3.2 如果可能，Z轴轴线锁紧 平尺应平行于Y轴放置 为了参考和修正方便，应记录α值是小于、等于还是大于90°	平尺、专用支架和指示器	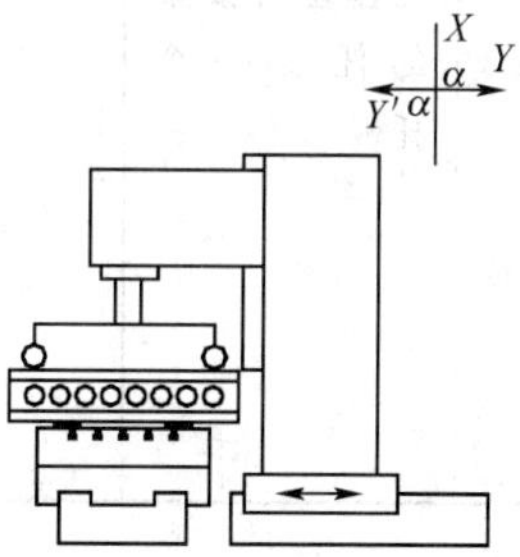 X α Y Y′ α

续表

序号	检验项目	检验工具	检验方法 参照《机床检验通则 第1部分：在无负荷或精加工条件下机床的几何精度》(GB/T 17421.1—1998) 的有关条文	允差 (mm)	示意图
G15	工作台[1)]面的平面度 1) 固有的固定工作台或回转工作台或在工作位置锁紧的任意一个托板	精密水平仪或平尺、量块和指示器或光学仪器	5. 3-2-3，5. 3-3-2 和 5. 3-2-4 X 轴轴线和 Z 轴轴线置于其行程中间位置 工作台面的平面度应检验两次，一次回转工作台锁紧，一次不锁紧（如适用的话） 两次测定的偏差均应符合允差要求	$L\leqslant500$：0. 020 $L>500\sim800$：0. 025 $L>800\sim1\ 250$：0. 030 $L>1\ 250\sim2\ 000$：0. 040 局部公差：在任意 300 测量长度上为 0. 012 注：L——工作台托板的较短边的长度	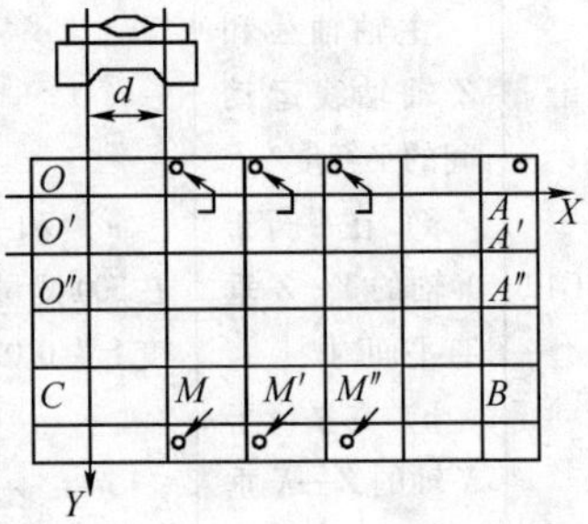 d O O′ O″ C M M′ M″ A A′ A″ B X Y
G16	工作台[1)]面和 X 轴轴线运动间的平行度 1) 固有的固定工作台或回转工作台或在工作位置锁紧的任意一个托板	平尺、量块和指示器	5. 4-2-2. 1 和 5. 4-2-2. 2 如果可能，Z 轴轴线锁紧 指示器测头近似地置于刀具的工作位置，可在平行于工作台面放置的平尺上进行测量 如主轴能锁紧，则指示器可安装在主轴上，否则指示器应安装在机床的主轴箱上 回转工作台应在互成 90°的四个回转位置处测量	$X\leqslant500$：0. 020 $X>500\sim800$：0. 025 $X>800\sim1\ 250$：0. 030 $X>1\ 250\sim2\ 000$：0. 040	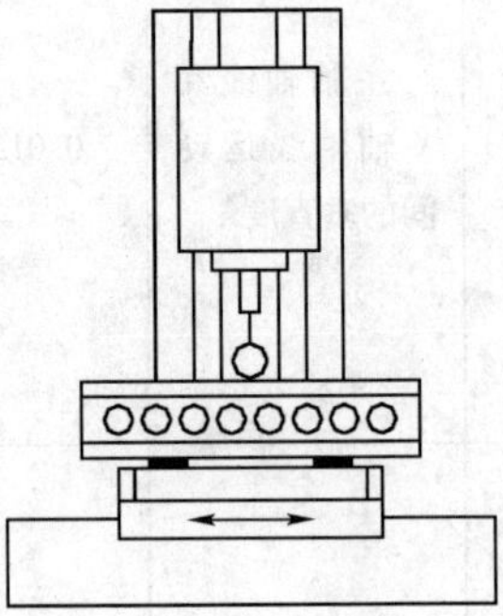

续表

序号	检验项目	检验工具	检验方法 参照《机床检验通则 第1部分：在无负荷或精加工条件下机床的几何精度》（GB/T 17421.1—1998）的有关条文	允差（mm）	示意图
G17	工作台[1]面和 *X* 轴轴线运动间的平行度 1）固有的固定工作台或回转工作台或在工作位置锁紧的任意一个托板	平尺或平板角尺和指示器	5.4-2-2.1 和 5.4-2-2.2 如果可能，*Z* 轴轴线锁紧 指示器测头近似地置于刀具的工作位置，可在平行于工作台面放置的平尺上进行测量 如主轴能锁紧，则指示器可安装在主轴上，否则指示器应安装在机床的主轴箱上 回转工作台应在互成90°的四个回转位置处测量	*Y*≤500：0.020 *Y*>500～800：0.025 *Y*>800～1 250：0.030 *Y*>1 250～2 000：0.040	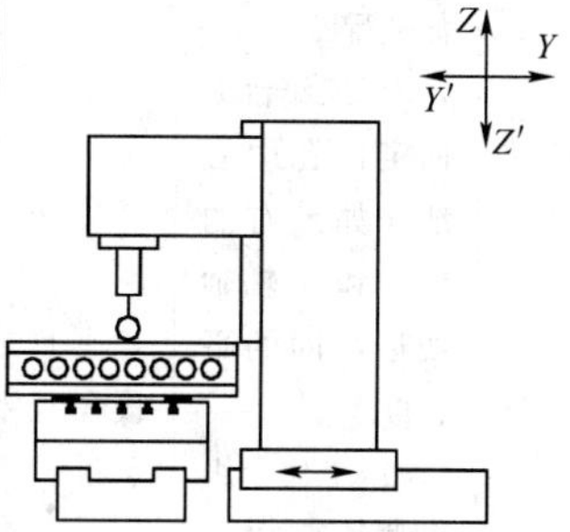 Z Y Y′ Z′
G18	工作台[1]面和 *Z* 轴轴线运动间的平行度 a）在平行于 *X* 轴的 *Z*—*X* 垂直平面内 b）在平行于 *Y* 轴的 *Y*—*Z* 垂直平面内 1）固有的固定工作台或回转工作台或在工作位置锁紧的任意一个托板	指示器、平尺和标准销（如果需要）	5.5-2-2.1 a）如果可能，X 轴轴线锁紧 b）如果可能，*Y* 轴轴线锁紧 角尺或圆柱形角尺置于工作台中央 如主轴能紧锁，则指示器可安装在主轴上，否则指示器应安装在机床的主轴箱上 回转工作台应在互成90°的四个回转位置处测量	a）和 b）在 500 测量长度上为 0.025	a) 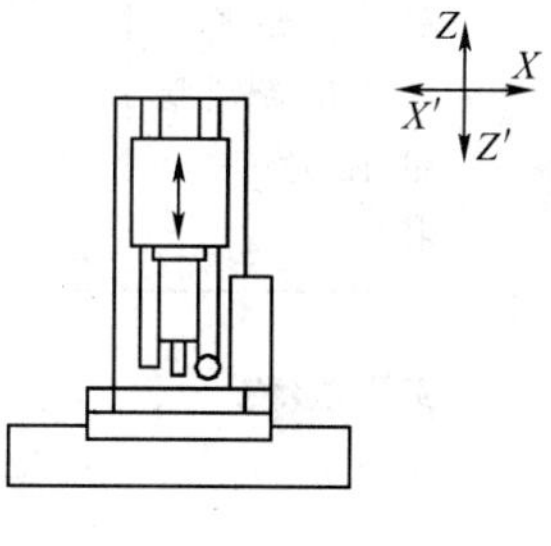 Z X X′ Z′ b) Z Y Y′ Z′ 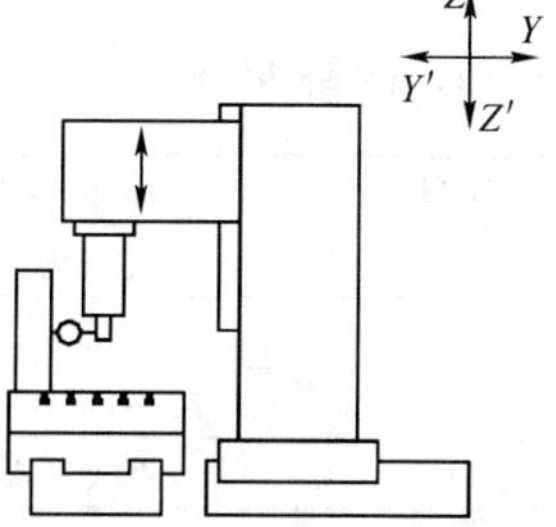

续表

序号	检验项目	检验工具	检验方法 参照《机床检验通则 第1部分：在无负荷或精加工条件下机床的几何精度》(GB/T 17421.1—1998) 的有关条文	允差 (mm)	示意图
G19	a) 工作台[1)]纵向中央或基准 T 形槽和 X 轴轴线运动间的平行度 b) 工作台纵向定位孔中心线 (如果有的话) 和 X 轴轴线运动间的平行度 c) 工作台纵向侧面定向器和 X 轴轴线运动间的平行度 1) 固有的固定工作台或回转工作台或在工作位置锁紧的任意一个托板	平尺或平板角尺和指示器	5.5-2-2.1 如果可能，Y 轴轴线锁紧 如主轴能锁紧，则指示器可安装在主轴上，否则指示器应安装在机床的主轴箱上 当有定位孔时，应使用两个与该孔配合并具有相同直径突出部分的标准销，平尺紧靠它们放置		a) X' Y Y' X b) X' Y Y' X c) X' Y Y' X

项目实施

主轴旋转轴线对工作台（或立柱，或滑枕）横向移动的平行度检测与补偿调整

一、考场准备（每人一份）

1. 设备准备

序号	部件名称	规格	数量	备注
1	数控铣床	普通	1台	
2	钳工台		1台	
3	台虎钳	125 mm	1台	
4	划线平板	300 mm×150 mm	1把	

2. 工具、量具准备

名称	规格	精度（读数值）	数量	备注
手锤	0.5 kg		1把	
钢直尺	0～150 mm		1把	
百分表	0～10 mm	0.01 mm	1个	
百分表架			1副	
检验棒	L300 mm	0级精度	1个	
六角扳手			1套	
游标卡尺	150 mm	0.02 mm	1把	
丹红粉			若干	
刮刀			1套	
量块			1套	

二、考核内容

1. 本题分值

20分。

2. 考核时间

90 min。

3. 考核形式

实操。

4. 参考标准

《数控床身铣床检验条件　精度检验　第1部分：卧式铣床》（GB/T 20958.1—2007）

《数控床身铣床检验条件　精度检验　第2部分：立式铣床》（GB/T 20958.2—2007）

5. 允许公差

平行度0.02 mm/300 mm。

三、配分与评分标准

序号	考核内容	考核要求	配分	评分标准	检测结果	扣分	得分
1	数控机床主轴旋转轴线对工作台（或立柱，或滑枕）平行度的检测	测量方法按GB/T 20958规定	9	检测漏项扣5分，其他错项每错一处扣2分			
2	数控铣床工作台（或立柱，或滑枕）横向移动对工作台纵向移动的垂直度补偿调整	调试 0.02 mm/300 mm	8	超差扣完			
3	现场考核		3				
4	合计		20				
否定项：若考生发生下列情况之一，则应及时终止考试，考生该试题成绩记为零分 （1）由于操作不当损坏工具、部件或设备 （2）由于操作不当造成人身、设备等安全事故							

项目 3 数控机床定位精度检测与补偿

项目目标

1. 掌握数控机床反向间隙的产生原因和补偿方法。

2. 掌握数控机床螺距误差补偿的测量和补偿方法。

项目描述

主轴旋转轴线对工作台（或立柱，或滑枕）横向移动的平行度检测与补偿调整。

项目分析

数控机床在生产制造或长期使用过程中，滚珠丝杠制造误差和磨损误差将导致数控机床在实际生产中造成加工误差，直接影响零件的精度。

相关知识

一、反向间隙的检测与补偿

数控机床进给传动间隙调整后，可以通过系统参数进行补偿，使机床调到最佳状态。切削进给方式与快速进给方式设定不同的间隙补偿量，可以进行更高的精度定位控制。

1. 进给间隙补偿量的测定

（1）手动操作使机床返回机床参考点。

（2）用切削进给方式使机床移动到机床测量点，如 G91 G01 X100 F200。

（3）安装千分表，将千分表的指针调到 0 刻度位置。

（4）用切削进给速度使机床沿相同方向再移动 100 mm。

（5）用相同的切削进给速度从当前点返回到测量点。

（6）读取千分表的刻度值。

（7）分别测量 X 轴的中间及另一端的间隙值，取三次测量的平均值，则为进给间隙的补偿值 A。

2. 快速进给间隙补偿量的测定

（1）手动操作使机床返回到机床参考点。

（2）机床以快移速度移动到机床测量点，如 G91 G00 X100。

（3）安装千分表，将千分表的指针调到 0 刻度位置。

（4）用快移速度使机床沿相同方向再移动 100 mm。

（5）用相同的快移速度从当前点返回到测量点。

（6）读取千分表的刻度值。

（7）分别测量 X 轴的中间及另一端的间隙值，取三次测量的平均值，则为快速进给间隙的补偿值 B。

3. 系统伺服参数的设定

下面以 FANUC 16/18/21/0ia 系统和 FANUC 16i/18i/21i/0ib/0ic/0id 系统为例，说明间隙补偿量和控制功能的设定。

（1）间隙补偿量控制功能参数的设定

将系统参数1800#4（RBK）设定为1，对系统的切削进给和快速进给的间隙补偿量分别进行控制。

（2）间隙补偿量的参数设定

将上面测量出的间隙补偿量 A、B 按机床的检测单位折算成具体的数值，将折算后的数值分别设定在数控系统参数1815（切削进给方式的间隙补偿量）和1852（快移进给方式的间隙补偿量）中。

二、螺距误差的检测与补偿

双向螺距误差补偿功能是在机床正、反移动的两个方向上分别设定补偿量，从而在正、反向移动时分别进行补偿，提高了补偿精度。此外，当行程移动反向时，补偿量可根据补偿数据自动计算，与通常的存储型螺距误差补偿方法一样进行补偿。双向螺距误差补偿可减小机床正、反移动的位置误差。

1. 参数的设定

各轴应设定的参数见表4—3—1。

表4—3—1　　各轴参数

数据号	说　明
3605#0	双向螺距误差补偿 1：有效；0：无效
3620	对应机床参考位置的螺距误差补偿点号
3621	正向移动时负侧最远端的螺距误差补偿点号
3622	正向移动时正侧最远端的螺距误差补偿点号
3623	补偿值的比率
3624	补偿点的间隔
3625	回转轴的每转回转量
3626	负向移动时负侧最远端的螺距误差补偿点号
3627	机床以回参考点方向的反方向移到参考位置（点），在参考位置的螺距误差补偿量（绝对值）

2. 螺距误差补偿数据

螺距误差补偿点数可以为0～1 023或3 000～4 023。这些数据既可用于正向也可用于负向。但是，要注意一个轴的数据不能设定在1 023～3 000。假设手动返回参考点的方向是正方向（直线轴），且螺距误差如图4—3—1所示，其设定数据见表4—3—2和表4—3—3。

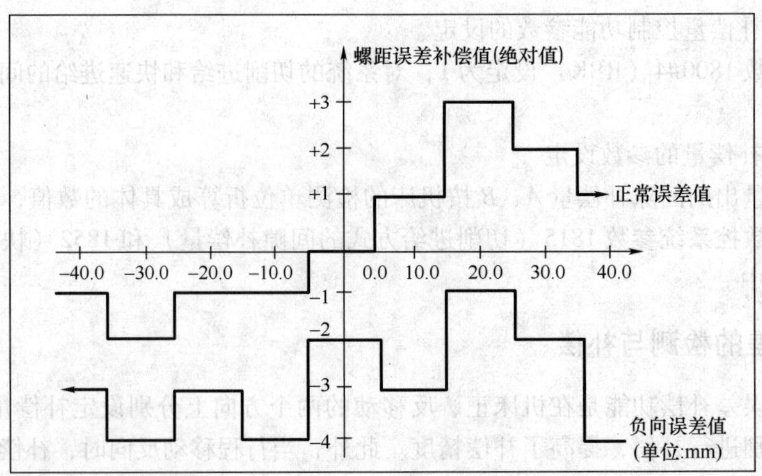

图 4—3—1　螺距误差

表 4—3—2　　正向误差补偿数据

补偿点号	20	21	22	23	24	25	26	27
设定的补偿值（mm）	-1	+1	0	+1	+1	+2	-1	-1

表 4—3—3　　负向误差补偿数据

补偿点号	30	31	32	33	34	35	36	37
设定的补偿值（mm）	-1	+1	-1	+2	-1	+2	-1	-2

注：负向螺距误差数据总是设增量值，在负向看。

项目实施

主轴旋转轴线对工作台（或立柱，或滑枕）横向移动的平行度检测与补偿调整

一、考场准备（每人一份）

1. 设备准备

部件名称	规格	数量	备注
数控铣床	普通	1 台	

2. 工具、量具准备

名称	精度（读数值）	数量	备注
百分表	0.01 mm	1 个	
百分表架		1 副	
量块		1 套	

二、考核内容

1. 本题分值

20 分。

2. 考核时间

90 min。

3. 考核形式

实操。

4. 参考标准

《数控床身铣床检验条件 精度检验 第 1 部分：卧式铣床》（GB/T 20958. 1—2007）

《数控床身铣床检验条件 精度检验 第 2 部分：立式铣床》（GB/T 20958. 2—2007）

5. 允许公差

0. 016 mm /300 mm。

6. 注意事项

进行检测时，被检测的机床各个部位按正常工作状态锁紧。

三、配分与评分标准

序号	考核内容	考核要求	配分	评分标准	检测结果	扣分	得分
1	检测 X 轴向运动的方向间隙	测量方法按 GB/T 20958 的规定	9	检测漏项扣 5 分，其他错项每错一处扣 2 分			
2	检测 Y 轴向运动的方向间隙	调试 0. 016 mm/300 mm	8	超差扣完			
3	现场考核		3				
4	合计		20				

否定项：若考生发生下列情况之一，则应及时终止考试，考生该试题成绩记为零分

（1）由于操作不当损坏工具、部件或设备

（2）由于操作不当造成人身、设备等安全事故

项目 4 数控机床参数备份

项目目标

1. 了解数控机床参数类型及存储位置。
2. 掌握数控机床开机前备份方法。
3. 掌握数控机床分项备份方法。

项目描述

利用 CF 卡备份数控机床所有参数。

项目分析

数控机床参数是数控机床运行的重要数据，由于其具有唯一性，所以在机床维修前进行

备份显得尤为重要。

相关知识

一、数控系统数据基础

1. FANUC 数控系统内部存储器类型及特点

FANUC 数控系统有以下几种类型的存储器。

(1) FROM

FROM 为只读存储器，在数控系统中主要用于存放数控系统文件和机床厂文件。

(2) SRAM

SRAM 为静态随机存储器，在数控系统中主要用于存放用户数据。SRAM 中的数据在数控系统断电后依靠电池记忆数据，因此要确保电池电压的有效性。当系统提示电池电压低后，应及时更换电池，防止 SRAM 中的数据丢失。

(3) DRAM

DRAM 为动态随机存储器，作为工作缓存区域，暂时存放正在执行的程序、原始数据、中间运算结果和最终运算结果。

FROM、SRAM 存储器在数控装置主板上的位置如图 4—4—1 所示。

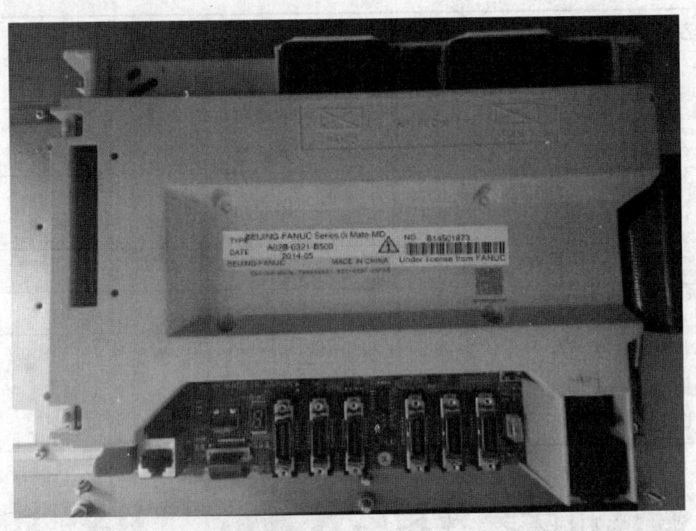

图 4—4—1　存储器在主板上的位置

2. FANUC 数控系统的文件类型及其存放

(1) 系统文件

系统文件包括系统软件、伺服软件和 PMC 梯形图，存放在 FROM 存储器中。

(2) 用户文件

用户文件包括系统参数、伺服参数、PNC 参数、螺距误差补偿数据、宏程序及宏变量、用户加工程序、刀具补偿数据、工件坐标系数据等，存放在 SRAM 中。

数控系统 CPU、总线和各存储器之间的数据交换关系如图 4—4—2 所示。

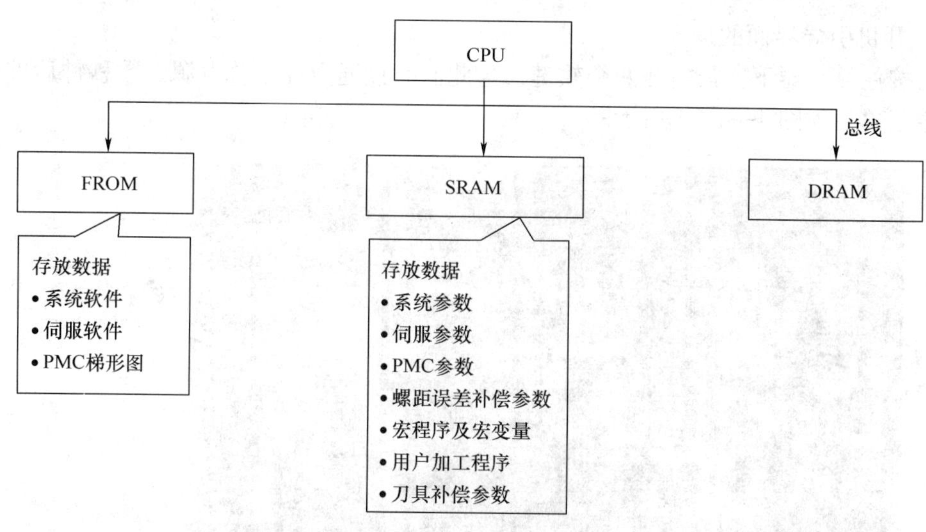

图 4—4—2 数控系统的数据交换关系

3. 数据备份及加载方法

存储在 SRAM 中的数据在系统断电后需要由电池保持数据，在电池电压不足时数据容易丢失，因此数据备份和数据加载非常重要。常用的数据备份和加载有两种方法，分别是：

（1）开机时通过数据备份及加载引导界面进行。

（2）数控系统工作时通过数据输入、输出方式进行。

数据备份的常用载体是 CF（Compact FLASH，压缩内存）卡，它是一种固态产品，即工作时没有运动部件，不需要电池来维持其中存储的数据。对所保存的数据来说，CF 卡比传统的磁盘驱动器更具安全性和保护性。CF 卡用于 FANUC 数控系统时，需要配套 FANUC 公司生产的闪存卡适配器，即将 CF 卡安装到 CF 卡适配器上，再由 CF 卡适配器与数控系统卡插槽相连。CF 卡、CF 卡适配器及其安装如图 4—4—3 所示。

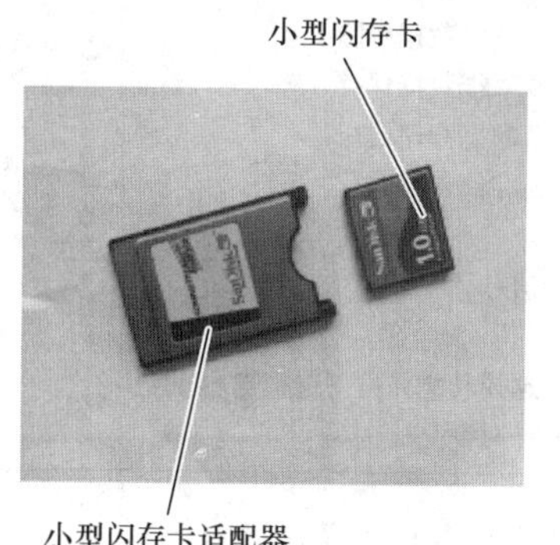

图 4—4—3 CF 卡、CF 卡适配器及其在数控系统上的安装

4. 通过开机引导界面的数据备份与加载

通过开机引导界面备份的数据以文件方式保存到 CF 卡中，这种方式保存的文件输入到个人计算机后是无法用写字板或 Word 方式打开的。

（1）开机引导界面的进入

同时按住显示器下方最右侧两个软键，与此同时接通数控系统电源，数秒钟后即进入开机界面主菜单，如图 4—4—4 所示。

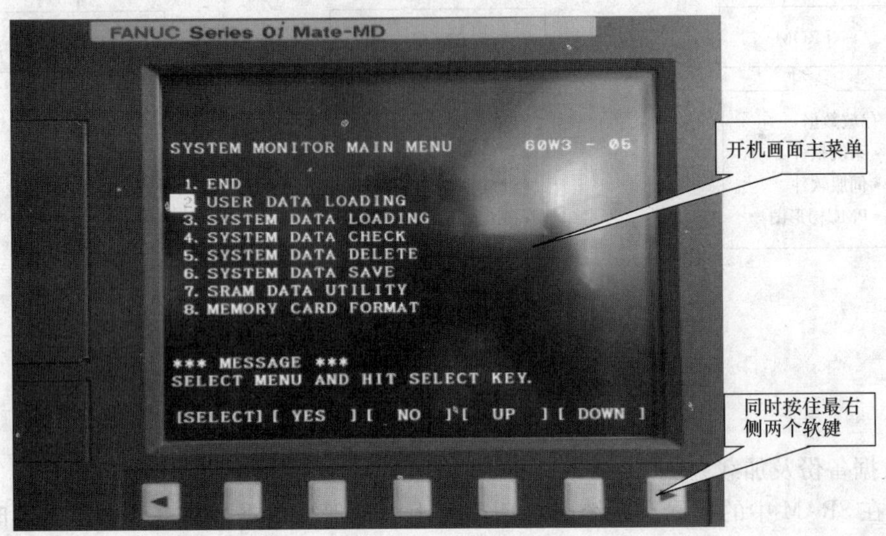

图 4—4—4　开机界面主菜单

（2）开机界面主菜单各项含义

开机界面主菜单各项含义如图 4—4—5 所示。

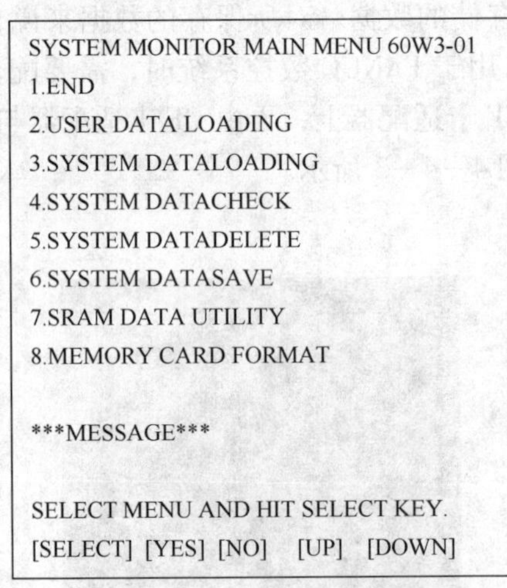
SYSTEM MONITOR MAIN MENU 60W3-01
1.END
2.USER DATA LOADING
3.SYSTEM DATALOADING
4.SYSTEM DATACHECK
5.SYSTEM DATADELETE
6.SYSTEM DATASAVE
7.SRAM DATA UTILITY
8.MEMORY CARD FORMAT

MESSAGE

SELECT MENU AND HIT SELECT KEY.
[SELECT] [YES] [NO] [UP] [DOWN]

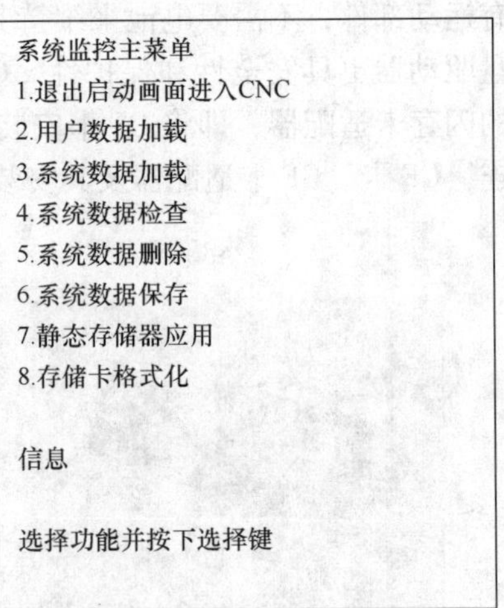
系统监控主菜单
1.退出启动画面进入CNC
2.用户数据加载
3.系统数据加载
4.系统数据检查
5.系统数据删除
6.系统数据保存
7.静态存储器应用
8.存储卡格式化

信息

选择功能并按下选择键

图 4—4—5　开机界面主菜单各项含义

（3）数据备份与加载的基本操作流程

通过开机界面进行数据备份与加载时，由于系统尚未启动 CNC 软件，此时 MDI 键盘的多数键不起作用，只能通过开机界面下方的 SELECT、YES、NO、UP、DOWN 软键进行选择、同意、不同意、光标上移动、光标下移动等相关操作，基本操作过程如下：

1）通过按下 UP、DOWN 软键上、下移动光标到所选择的项目。

2）通过按下 SELECT 软键确定光标所在处项目即为所要进行操作的项目。

3）通过按下 YES、ON 软键对即将进行的动作进行确认。

4）通过选择 END 返回上一级菜单。

（4）数据备份

数据备份包括系统数据备份（主要是 PMC 梯图）和 SRAM 数据备份。

1）系统数据备份过程（见图 4—4—6）

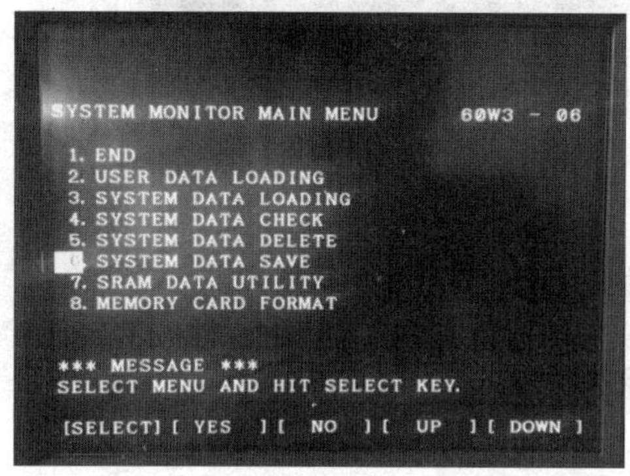

a)

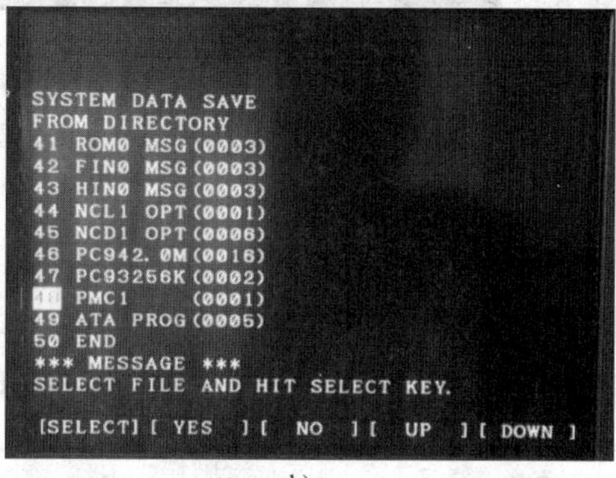

b)

图 4—4—6 系统数据备份过程

a）系统数据备份项目的选择与确定 b）系统数据中 PMC1 的备份

①将光标移动至“6. SYSTEM DATA SAVE ”选项处。

②按下“SELECT”软键。

③按 MDI 下翻页键 PAGE DOWN 数次，将光标移至 PMC1 文件处。

④按下“SELECT”软键。

⑤按下“YES”软键。

⑥将光标移至“50. END”项目处。

⑦退回到开机主界面。

2）SRAM 数据备份过程（见图 4—4—7）

①将光标移动至“7. SRAM DATA UTILITY ”选项处。

②按下“SELECT”软键。

③将光标移至“1. SRAM BACKUP（CNC- > MEMORY CARD）”选项处。

④按下“SELECT”软键。

⑤按下“YES”软键。

⑥按下“SELECT”软键。

⑦将光标移至“4. END”处。

⑧按下“YES”软键。

⑨按下“YES”软键。

此时，则退出了数据备份界面。

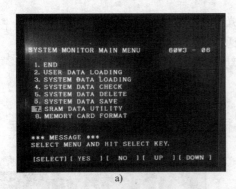

a)

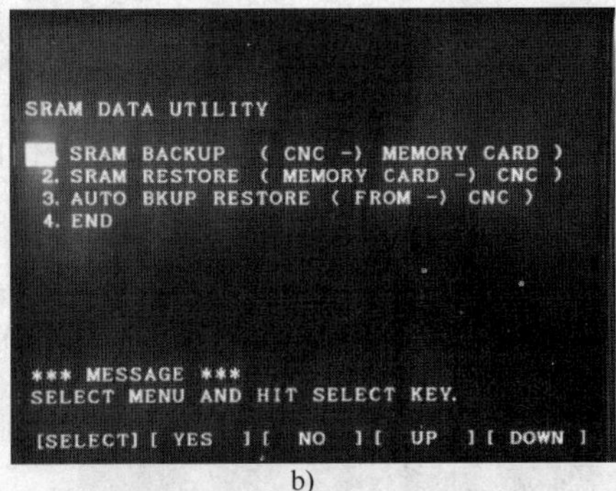

b)

图 4—4—7 SRAM 数据备份过程

a）系统数据备份项目的选择与确定 b）系统数据中 PMC1 的备份

(5) 数据加载

数据加载就是将 CF 卡中备份的数据写入 ROM 的过程。

1）进入开机主界面后系统文件（主要是 PMC 梯形图）加载过程如图 4—4—8 所示。

①将光标移至“2. USER DATA LOADING”选项处。

②按下“SELECT”软键，进入文件选择界面。

③将光标移至需要加载的梯形图文件，如“PMC1. 001”。

④按下“SELECT”软键。

⑤按下“YES”软键。

⑥按下“SELECT”软键。

⑦将光标移至“50. END”。

⑧按下“SELECT”软键。

系统文件加载结束，界面返回到上一级菜单。

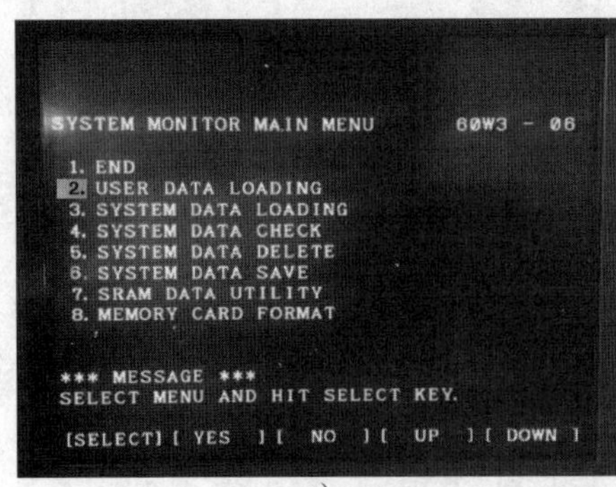

a)

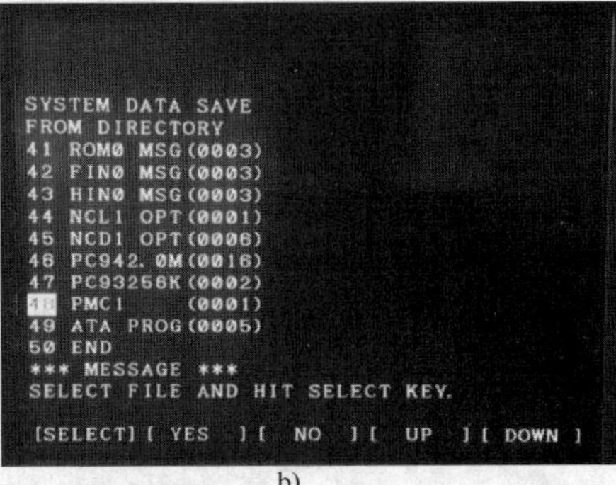

b)

图 4—4—8 系统文件加载过程

a）系统文件加载项目的选择与确定 b）选择 PMC1 文件加载

2）进入开机主界面后，SRAM 中参数的加载过程如图 4—4—9 所示。

①将光标移至“7. SRAM DATA UTILITY”选项处。

②按下“SELECT”软键，进入操作项目选择界面。

③将光标移至“2. SRAM RESTORE（MEMORY CARD - > CNC）”。

④按下“SELECT”软键。

⑤按下“YES”软键。

⑥按下“SELECT”软键。

⑦将光标移至“4. END”处。

⑧按下“SELECT”软键。

参数加载结束并返回到开机主界面，再选择 END，则数控系统开始启动运行。

a)

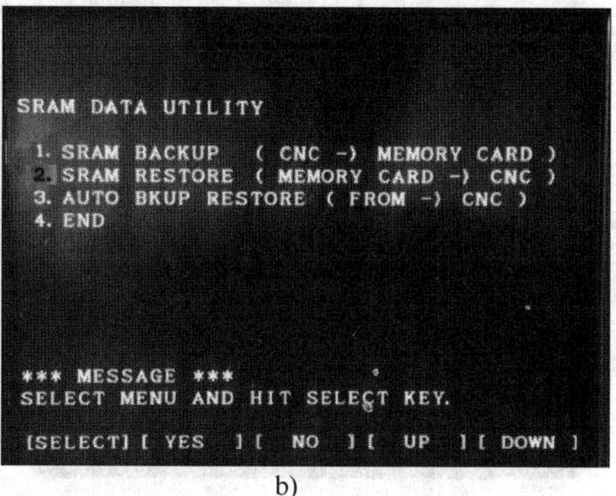

b)

图 4—4—9　SRAM 数据加载过程

二、通过输入、输出方式的数据备份与加载

通过输入、输出方式的数据备份与加载主要以 CF 卡或 RS-232 接口为载体，将数据保留在 CF 卡中或外接计算机中，或者将数据保留在 CF 卡中或外接计算机中的数据写入 CNC。采用 CF 卡或是采用 RS-232 方式传递数据需要对#20 参数进行设定。通过输入、输出方式保存的数据可以在个人计算机中以写字板方式进行阅读。

1. 通过输入、输出方式备份和加载数据

能够通过输入、输出方式备份和加载的数据包括用户加工程序、刀具补偿参数、数控系统参数、螺距误差补偿数据、用户宏程序及宏变量、PMC 参数、PMC 梯形图等。

2. 用户程序加载

将 CF 卡插入卡插槽中，通过 CF 卡将用户加工程序输入至 CNC 中的步骤如下（见图 4—4—10）：

（1）使数控系统处于 EDIT（编辑）模式。

（2）按下“PROG”功能键，显示程序内容或程序目录界面。

（3）按下“操作”软键（OPRT）。

（4）按最右边的“▷”软键（扩展软键）。

（5）输入地址 O 后，输入程序号。

（6）按下“读入”或“READ”软键，然后按“执行”或“EXEC”软键即可。

进行用户程序加载时一定要注意钥匙开关应处于关的位置，否则会出现“对照程序不存在”报警。

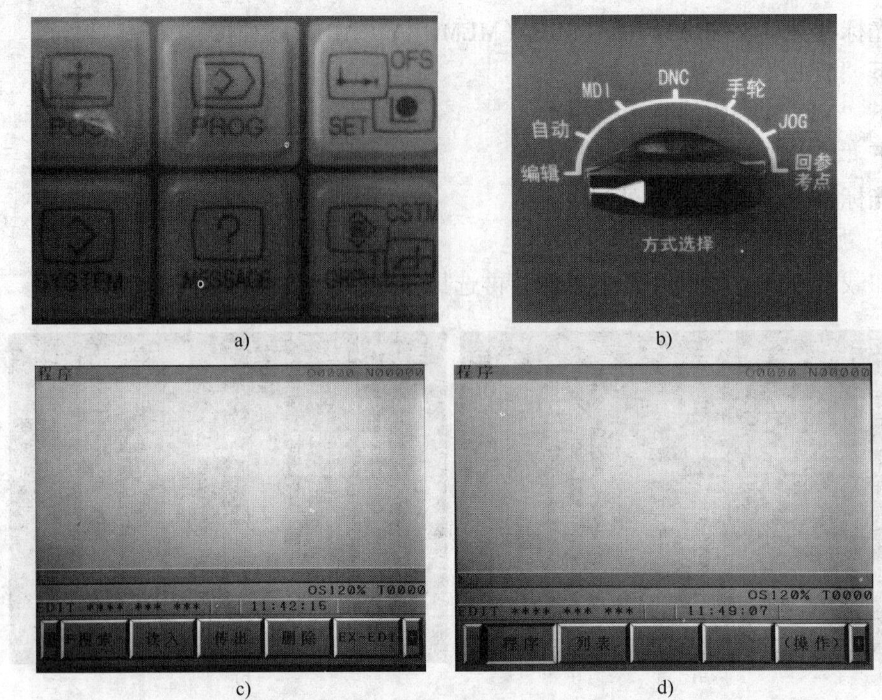

图 4—4—10　通过 CF 卡的程序输入过程

a）操作软键　b）方式选择旋钮　c）读程序操作　d）程序号输入-执行操作

3. 用户程序备份

将 CF 卡插入卡插槽中，通过 CF 卡进行用户加工程序备份过程（见图 4—4—11）如下：

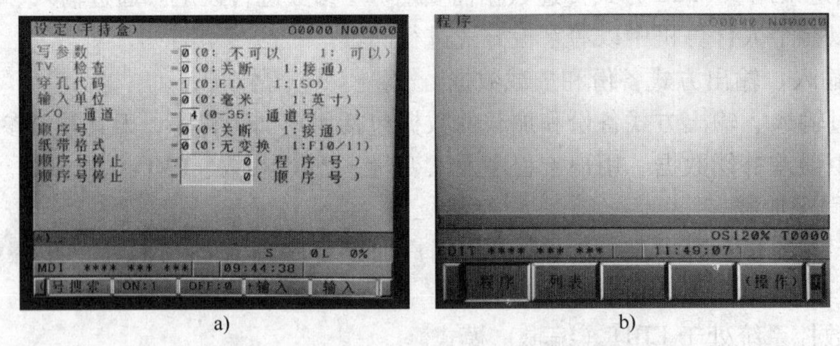

图 4—4—11　程序输出至 CF 卡的过程

（1）选定输出文件格式。通过“设定”（SETING）界面，指定文件代码类别（ISO 或 EIA）。

（2）使数控系统处于 EDIT（编辑）模式。

（3）按下“PROG”功能键，显示程序内容或程序目录界面。

（4）按下“操作”软键（OPRT）。

（5）按最右边的“▷”软键（扩展软键）。

（6）输入地址 O 后输入程序号，或按照格式“O××××，O××××”（×为4位数字）输入连续几个程序的首尾程序号。

（7）按下“输出”或“PUNCH”软键，然后按“执行”或“EXEC”软键，则提示一个或多个程序的输出路径，加工程序备份。

4. 刀具补偿参数加载

将 CF 卡插入卡插槽中，其中的刀具补偿参数输入至 CNC 中的过程如下：

（1）使数控系统处于 EDIT（编辑）模式。

（2）按下“OFFSET/SETING”功能键，显示刀具补偿界面（见图 4—4—12a）。

（3）按下“操作”软键（OPRT）。

（4）按下最右边的“▷”软键（扩展软键）。

（5）按下“F 输入”软键（见图 4—4—12b），然后按“执行”或“EXEC”软键，则刀具补偿参数被输入。

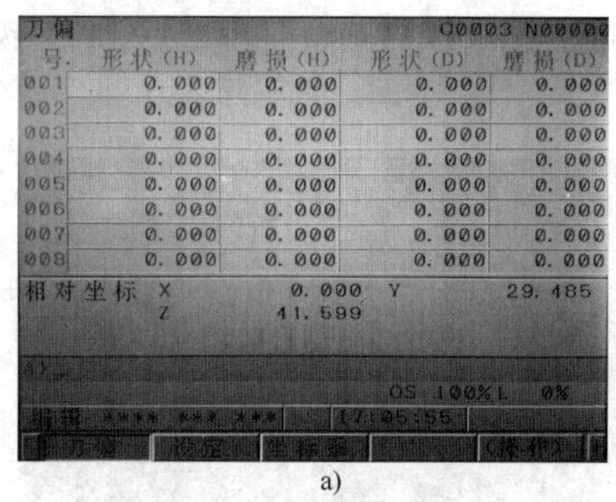

a)

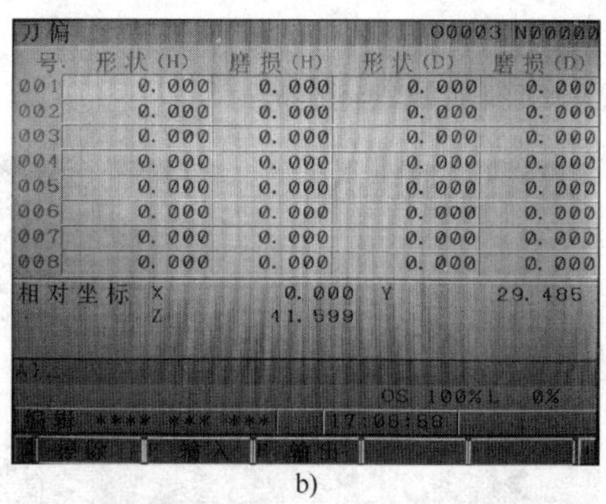

b)

图 4—4—12　刀具补偿参数的加载过程

5. 刀具补偿参数备份

将 CF 卡插入卡插槽中，将 CNC 中的刀具补偿参数备份至 CF 卡中的过程如下：

（1）使数控系统处于 EDIT（编辑）模式。

（2）按下“OFFSET/SETING”功能键，显示刀具补偿界面，如图 4—4—13a 所示。

（3）按下“操作”软键（OPRT）。

（4）按下最右边的“▷”软键（扩展软键）。

（5）按下“F 输出”软键（见图 4—4—13b），然后按“执行”或“EXEC”软键，则刀具补偿参数备份完成。

6. 数控系统参数加载

将 CF 卡插入卡插槽中，CF 卡中的数控系统参数输入至 CNC 中的过程如下：

（1）使数控系统处于急停状态。

（2）按下“OFFSET/SETING”功能键，使系统进入 SETING 界面。

（3）在 SETING 界面中，将“参数写入”项置 1。

（4）按下“SYSTEM”功能键。

a)

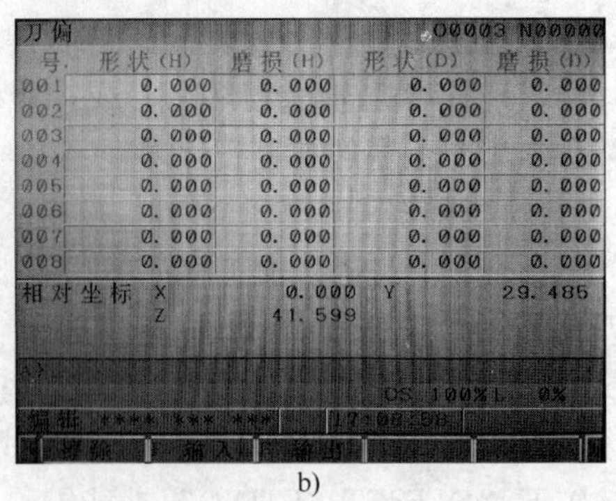

b)

图 4—4—13　刀具补偿参数的备份过程

（5）按下“参数”或“PARAM”软键，出现参数界面如图 4—4—14a 所示。

（6）按下“操作”软键（OPRT）。

（7）按下最右边的“▷”软键（扩展软键）。

（8）按下“F 输出”软键（见图 4—4—14b），然后按“执行”或“EXEC”软键，则数控系统参数被加载到内存中。

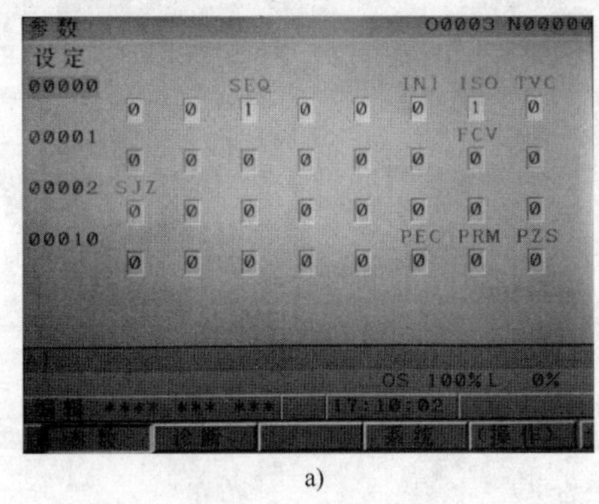

a)

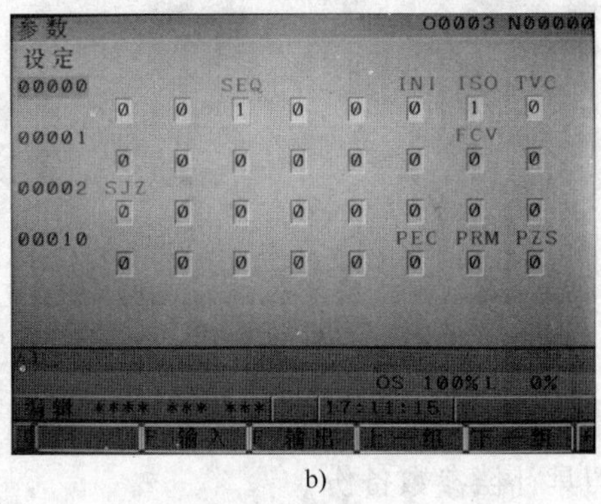

b)

图 4—4—14　数控系统参数的加载过程

7. 数控系统参数备份

将 CF 卡插入卡插槽中，将 CNC 中的数控系统参数备份至 CF 卡中的过程如下：

（1）通过设定界面制定输出代码（ISO 或 EIA）。

（2）使数控系统处于急停状态。

（3）按下“SYSTEM”功能键。

（4）按下“参数”或“PARAM”软键，出现参数界面，如图 4—4—15a 所示。

（5）按下“操作”软键（OPRT）。

（6）按下最右边的“▷”软键（扩展软键）。

（7）按下“F 输出”软键（见图 4—4—15b）。

（8）如果要输出所有参数，按下“ALL”软键；如果要输出设置为非 0 参数，按下“NON-0”软键。

（9）按“执行”或“EXEC”软键，则数控系统的参数备份完成。

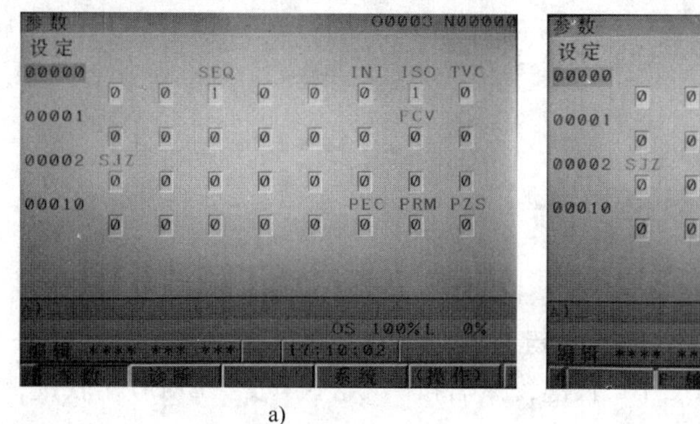

a)

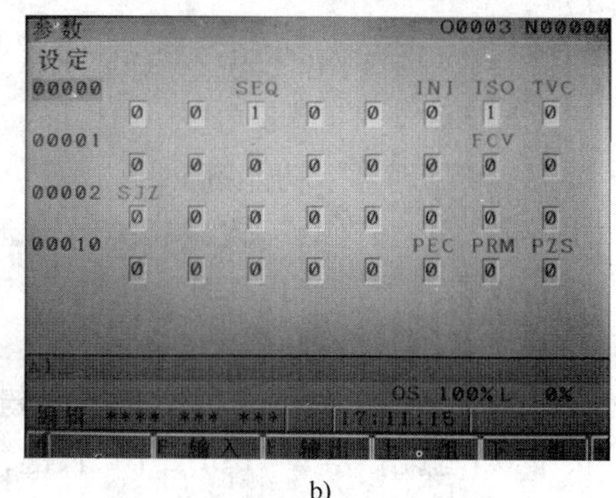

b)

图 4—4—15 数控系统参数的备份过程

8. 螺距误差补偿参数加载

将 CF 卡插入卡插槽中，卡中的螺距误差补偿参数输入至 CNC 中的过程如下（见图 4—4—16）：

（1）使数控系统处于急停状态。

（2）按下 SETING 或“设置”软键，进入设置界面。

（3）将“参数写入”项置 1，使系统处于参数允许写入状态。

（4）按下“SYSTEM”功能键。

（5）按下最右边的“▷”软键（扩展软键）。

（6）按下“螺补”或“PITCH”软键。

（7）按下“操作”软键（OPRT）。

（8）按下最右边的“▷”软键（扩展软键）。

（9）按下“F 输入”或“READ”软键，然后按“执行”或“EXEC”软键，则螺距误差补偿参数被加载到内存中。

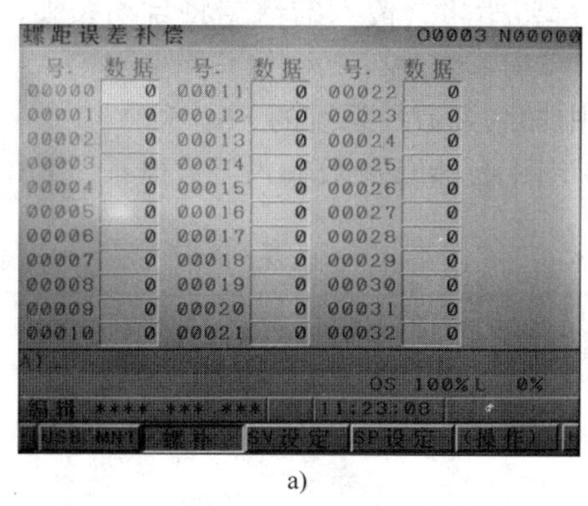

a)

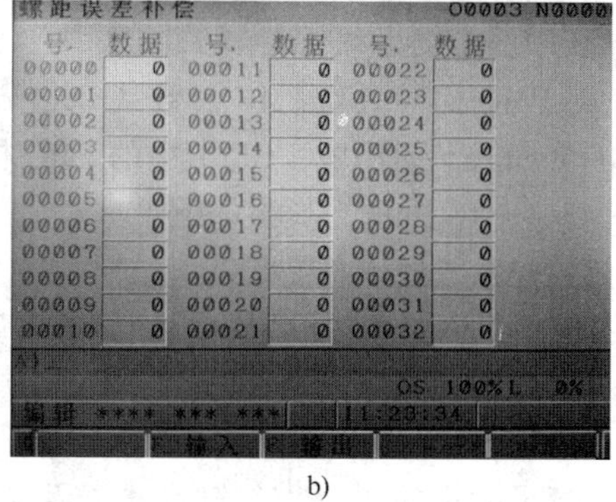

b)

图 4—4—16 螺距误差补偿参数的加载过程

9. 螺距误差补偿参数备份

将 CF 卡插入卡插槽中，将 CNC 中的螺距误差补偿参数备份至 CF 卡中的过程如下（见图 4—4—17）：

（1）通过参数指定输出代码（ISO 或 EIA）。

（2）使数控系统处于编辑状态。

（3）按下“SYSTEM”功能键。

（4）按下最右边的“▷”软键（扩展软键）。

（5）按下“螺补”或“PITCH”软键。

（6）按下“操作”软键（OPRT）。

（7）按下最右边的“▷”软键（扩展软键）。

（8）按下“F 输出”或“PUNCH”软键，然后按“执行”或“EXEC”软键，则螺距误差补偿参数按照指定格式备份至 CF 卡中。

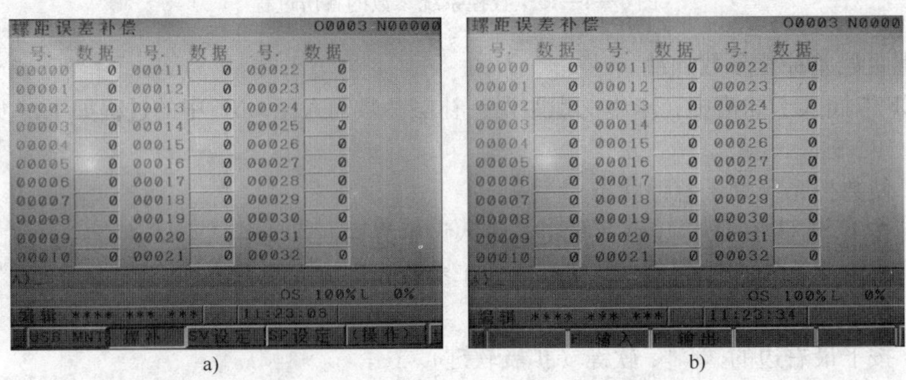

a) b)

图 4—4—17 螺距误差补偿参数的备份过程

10. PMC 梯形图及 PMC 参数加载

PMC 梯形图和 PMC 参数从 CF 卡中加载到数控系统 FROM 中，需要分两步进行：

（1）将 PMC 梯形图和 PMC 参数从 CF 卡加载到数控系统的 DRAM 中

由于数控系统断电再开机时会对 DRAM 进行初始化，传入的数据将自动丢失，因此保存在 DRAM 中的数据必须保存到 FROM 中。

（2）将 PMC 梯形图和 PMC 参数从 DRAM 中加载到数控系统的 FROM 中

将 CF 卡插入卡插槽中，CF 卡中的 PMC 梯形图及 PMC 参数输入至数控系统 FROM 中的过程如图 4—4—18 所示，步骤如下：

1）使数控系统处于急停状态。

2）按下 SETING 或“设置”软键，进入设置界面。

3）将“参数写入”项置 1，使系统处于参数允许写入状态。

4）按下“SYSTEM”功能键。

5）按下最右边的“▷”软键（扩展键）。

6）按下“PMCMNT”软键。

7）按下“I/O”软键，选择“装置 = 存储卡”“功能 = 读取”“文件号 = 3”（“3”为 CF 卡中 PMC 文件保存的顺序号，见图 4—4—18b），此时显示器上状态显示为“存储卡→PMC”。

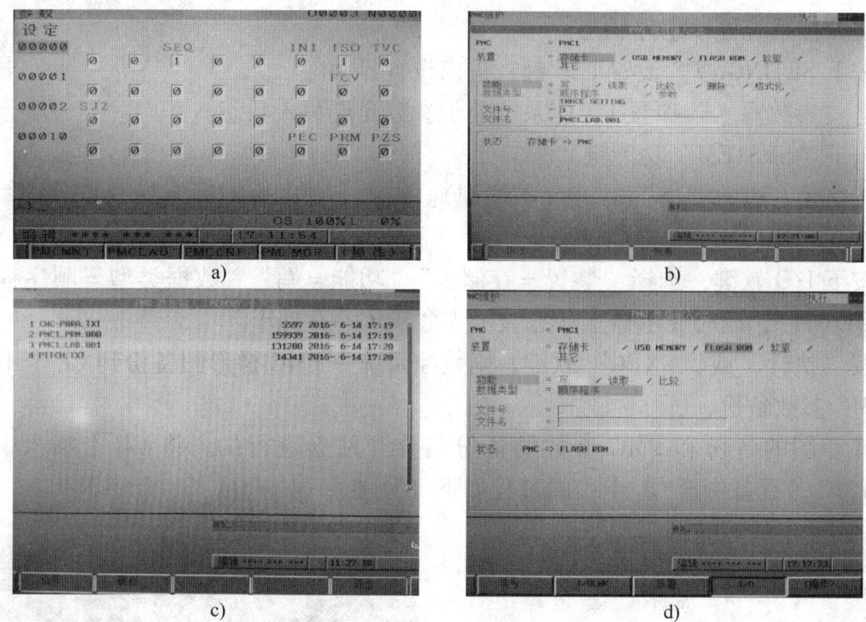

图 4—4—18 PMC 梯形图及 PMC 参数加载过程

8）按“执行”软键，则 PMC 梯形图及 PMC 参数被加载到 DRAM 中，存放在 DRAM 中的参数在断电后再开机是会丢失的，所以必须继续写入 FROM 中。

9）再次回到“PMC I/O”界面。

10）选择“装置 = FLASH ROM”“功能 = 写”“数据类型 = 顺序程序”，此时显示器上状态显示为 PMC→FLASH ROM。

11）按“执行”或 EXEC 软键，则 DRAM 中的 PMC 梯形图连同 PMC 参数被加载到 FROM 中。

按照这种方式从 CF 卡中读入 PMC 程序时，PMC 参数也一同读入。

11. PMC 梯形图备份

将 CF 卡插入卡插槽中，将 CNC 中的 PMC 梯形图备份至 CF 卡中，过程如下（见图 4—4—19）：

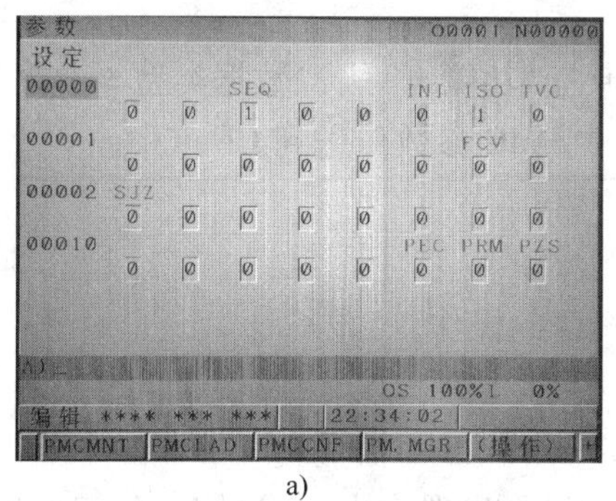

a)

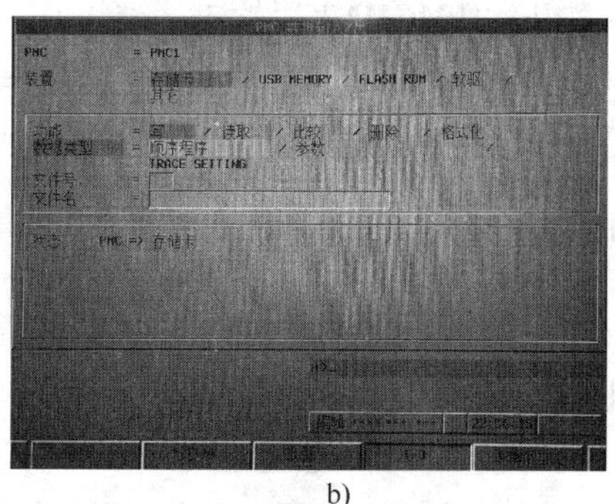

b)

图 4—4—19 PMC 梯形图备份过程

（1）使数控系统处于急停状态。

（2）按下 SETING 或“设置”软键，进入设置界面。

（3）将“参数写入”项置 1，使系统处于参数允许写入状态。

（4）按下“SYSTEM”功能键。

（5）按下最右边的“▷”软键（扩展键）。

（6）按下“PMCMNT”软键。

（7）按下 I/O 软键，选择“装置 = 存储卡”“功能 = 写”“数据类型 = 顺序程序”“文件名 = PMC1. 001”，此时显示器上状态显示为“PMC→存储卡”。

（8）按“执行”或“EXEC”软键，则数控系统中 PMC 梯形图备份到 CF 卡中。

12. PMC 参数备份

PMC 梯形图的备份和 PMC 参数的备份是分开独立进行的。将 CF 卡插入卡插槽中，CNC 中的 PMC 参数备份至 CF 卡中的过程如下（见图 4—4—20）：

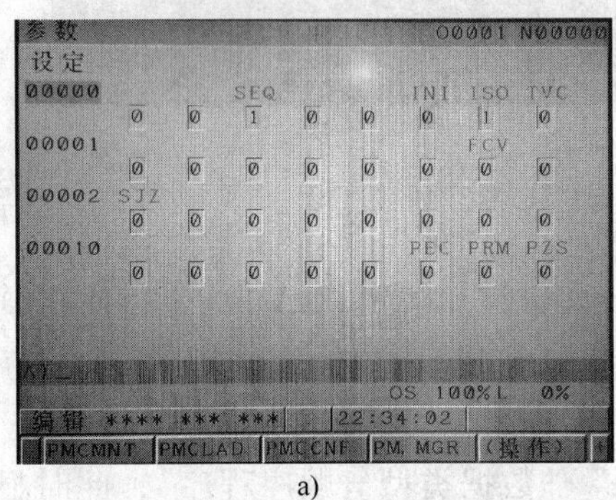

a)

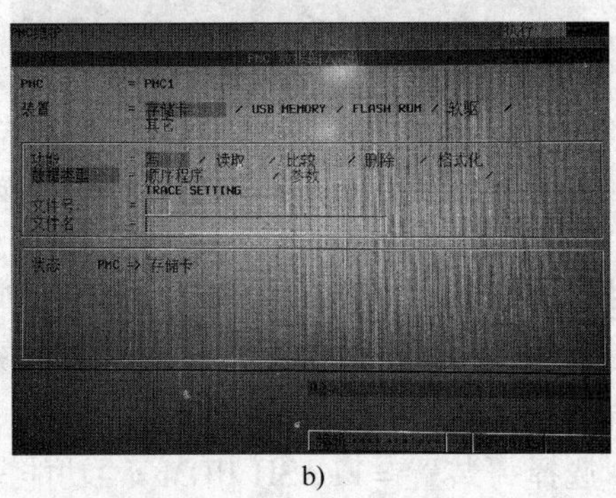

b)

图 4—4—20　PMC 参数的备份过程

（1）使数控系统处于急停状态。

（2）按下 SETING 或“设置”软键，进入设置界面。

（3）将“参数写入”项置 1，使系统处于参数允许写入状态。

（4）按下“SYSTEM”功能键。

（5）按下最右边的“▷”软键（扩展键）

（6）按下“PMCMNT”软键。

（7）按下“I/O”软键，选择“装置 = 存储卡”“功能 = 写”“数据类型 = 参数”。

（8）按“执行”或“EXEC”软键，则 CNC 中 PMC 参数传送到 CF 卡中。

三、数控系统的上电全清

当数控系统第一次上电时，最好要进行上电全清的操作。

1. 上电全清操作

（1）同时按住 MDI 键盘上的“RESET”“DELETE”键不松手。

（2）此时系统接通电源，直到存储器全部清除界面出现为止，如图 4—4—21 所示。

（3）用 MDI 键盘上的数字键输入 1，表示全部清除被执行。

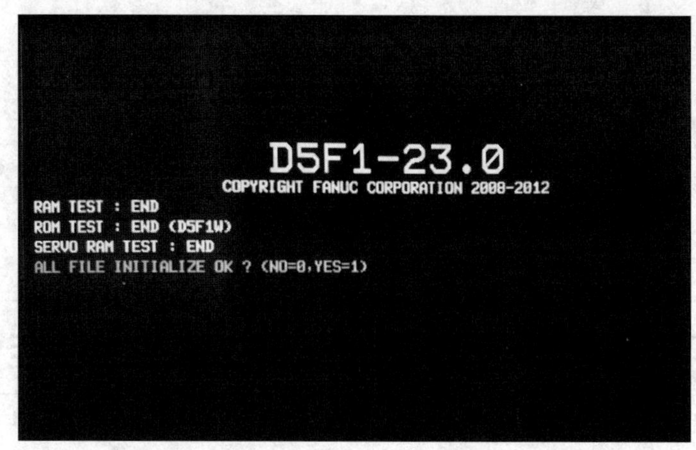

图 4—4—21　上电全清界面

2. 上电全清后出现的报警

数控系统进行上电全清操作后，会出现系列报警，各报警号及其含义见表 4—4—1。

表 4—4—1　上电全清时出现报警及其含义

序号	报警号	报警含义	附注
1	100	参数可写入或参数写保护打开	
2	506/507	硬超程报警，数控系统中没有处理硬超程信号	设定参数 3004#5 可消除报警
3	417	伺服参数设定不正确	
4	5136	FSSB 放大器数目少	参数 1023 设定为 -1，可消除报警

上电全清后对系统参数进行重新设定，并加载 PMC 梯形图，可消除上述报警，重新启动系统可正常工作。

模块五

电气控制系统的故障诊断与维修

项目1　变频主轴驱动系统故障

项目目标

1. 了解变频主轴常见故障。

2. 能够分析和解决变频主轴常见故障。

项目描述

根据变频主轴故障现象，分析故障原因，制定解决方案并实施。

项目分析

数控机床主轴出现故障将直接影响数控机床的生产加工，因此能够迅速地解决数控机床主轴常见故障，是进行数控机床故障诊断的最重要的部分。

相关知识

一、主轴电动机不能运行

当给定主轴信息（S指令）时，系统输出一个模拟量电压信号给变频器端子，再通过变频器端子实现正转和反转控制，变频器驱动电动机旋转。主轴电动机不能运行的原因有系统故障、变频器故障和电动机故障三方面的原因。

1. 系统故障

通过检测变频器模拟量输入端子是否有电压输入进行判别，当变频器的输入模拟量电压频率给定端子为0时，说明系统故障。

（1）系统参数设定错误。FANUC 16/16i/18/18i/21/21i/0i 系统参数3701#1是否为1，FANUC 0C/0D系统参数是否为0。

（2）系统连接电缆或插头不良。

（3）系统主板不良。

2. 变频器及外围控制电路故障

（1）变频器功能参数设定错误。以三菱变频器 D700 系列为例（后面介绍都以此为例，不再具体介绍），Pr. 79 参数是否为 2（外部控制方式）。

（2）变频器输入控制端子的控制电路故障。例如，KA2 和 KA3 继电器控制电路及继电器的触电故障。

（3）变频器控制电路板故障。变频器正转和反转输入接口电路（一般是输入的限流电阻）故障。

（4）变频器主电路模块损坏。

3. 电动机故障

电动机主电路接线不良及电动机本身故障。

二、主轴速度与指令速度有偏差

1. 参数设定不符。系统主轴换挡参数设定与实际主轴传动系统不符，修改系统参数 3741、3742 和 3743。

2. 频率设定不符。变频器的最高频率设定与实际主轴传动系统不符，修改变频器参数 Pr. 01。

3. 变频器控制电路板不良。

4. 系统主板不良。

三、主轴速度不能改变故障

1. 变频器控制电路板故障。

2. 系统主板故障。可以通过变频器模拟量电压频率给定端子 2、5 来诊断，当系统主轴速度指令改变时，变频器输入端子电压是否改变。如果输入端子电压变化，则为变频器控制电路板故障，否则为系统主板不良。

四、主轴只能正向旋转控制不能反向故障

1. 变频器反转控制端子外围电路故障。继电器 KA3 控制电路故障或继电器触点故障。

2. 变频器反转端子输入内部电路故障。一般是反转输入端子输入限流电阻故障。

3. 变频器功能参数设定错误。变频器反转防止选择参数 Pr. 78 是否为 0。

项目实施

数控铣床的故障现象是：主轴无法正转。该电气故障点存在于铣床的电气控制回路中，请按要求检查并排除故障。

一、考场准备（每人一份）

序号	名称	型号与规格	数量	备注
1	数控机床电气维修考核设备	数控铣床（配变频主轴和伺服进给轴）	1台	
2	考核用数控机床的电气原理图、接线图		1份	
3	数控系统参数使用说明		1份	
4	万用表	自定	1块	
5	旋具	大小十字、大小一字	各1把	
6	导线	1.0 mm^2	5 m	
7	钎焊工具及焊料		1套	
8	断开变频器的正转输入信号线，使主轴无法正转		1处	

注：1. 本试题以数控系统 FANUC 0i Mate 为参考，考场可根据实际情况自定考核设备，并提供相应的电气图，做好其他准备工作，题目里的考场准备项目仅作参考。

2. 每个故障由考场人员提前设置在考核设备的整个电气控制系统中，包括电气线路故障、元器件故障、参数设置错误引起的故障等。

3. 考核范围、考核要求和配分与评分标准请严格按照题目中所列的内容执行。

二、考核内容

1. 本题分值

30 分。

2. 考试时间

90 min。

3. 考核形式

实操。

4. 具体要求

（1）根据故障现象，利用电气原理图、数控系统自诊断功能、PLC 梯形图等分析诊断引起故障的原因，最后排除故障。

（2）正确使用工具和仪表。

三、配分与评分标准

考核内容	考核要点	配分	评分标准	扣分	得分
数控铣床电气故障的诊断与排除	（1）检查电气控制线路或元器件存在的故障，思路正确 （2）正确使用工具和仪表，找出故障点并排除故障	30	（1）故障没有排除不得分 （2）损坏元器件或仪表扣 10 分		
合计		30			

续表

否定项：若考生发生下列情况之一，则应及时终止考试，考生该试题成绩记为零分 ①由于操作失误引起触电、短路等电气事故 ②由于操作不当引起设备损坏等安全事故

项目2 伺服主轴驱动系统故障

项目目标

1. 了解伺服主轴常见故障。

2. 能够分析和解决伺服主轴常见故障。

项目描述

根据伺服主轴故障现象，分析故障原因，制定解决方案并实施。

项目分析

伺服主轴一般出现在高档数控机床中，主轴出现故障将直接影响数控机床的生产加工，影响企业效益。因此能够迅速地解决数控机床主轴常见故障，是进行数控机床故障诊断的最重要的部分。

相关知识

当主轴伺服系统发生故障时，通常有三种表现形式：①CRT 或操作面板上显示报警内容或报警信息；②在主轴驱动装置上用报警灯或数码管显示主轴驱动装置的故障；③主轴工作不正常，但无任何报警信息。下面介绍主轴伺服系统常见故障。

1. 过载

切削量过大以及频繁正、反转等均可引起过载报警。具体表现为主轴电动机过热主轴驱动装置显示过电流报警等。

2. 主轴不能转动

主轴不能转动时，需要做以下工作：检查 CNC 系统是否有速度控制信号输出；检查使能信号是否接通；主轴电动机动力线断裂，或主轴控制单元连接不良；机床负载过大；主轴驱动装置故障；主轴电动机故障。在机械方面，主轴不转常发生在强力切削下，可能原因有：主轴与电动机连接皮带过松或皮带表面有油造成打滑；主轴的拉杆未拉紧夹持刀具的拉钉。

3. 主轴转速异常或转速不稳定

若主轴转速超过技术要求所规定的范围，可能原因有：CNC 系统输出的主轴转速模拟量（通常为 0 ~ ±10 V）没有达到与转速指令对应的值，或速度指令错误；CNC 系统中 D/A 转换器故障；主轴转速模拟量中有干扰噪声；测速装置有故障，或速度反馈信号断线；电动机过载，或电动机不良（包括励磁丧失）；主轴驱动装置故障。

4. 主轴振动或噪声太大

首先要区别噪声及振动发生在主轴机械部分还是电气部分，检查方法有：

（1）在减速过程中发生，一般是由驱动装置造成的，如交流驱动中的再生回路故障。

（2）在恒转速时，可通过观察主轴电动机自由停车过程中是否有噪声和振动来区别，若有噪声则主轴机械部分有问题。

（3）检查振动的周期是否与转速有关。若无关，一般是主轴驱动装置未调整好；若有关，则应检查主轴机械部分是否良好，测速装置是否不良。

电气方面的原因：电源缺相或电源电压不正常，控制单元上的电源开关设定（50/60 Hz 切换）错误，伺服单元上的增益电路和颤抖电路调整不好（或设置不当），电流反馈回路未调整好，三相输入的相序不对。

机械方面的原因：主轴箱与床身的连接螺钉松动；轴承预紧力不够或预紧螺钉松动，游隙过大，使之产生轴向窜动，应重新调整；轴承损坏，应更换轴承；主轴部件上动平衡不好，应重新调整动平衡；齿轮有严重损伤，或齿轮啮合间隙过大，应更换齿轮或调整啮合间隙；润滑不良，润滑油不足，应改善润滑条件，使润滑油充足；主轴与主轴电动机的连接皮带过紧，应移动电动机座调整皮带使松紧度合适；连接主轴与电动机的联轴器故障；主轴负载太大。

5. 主轴加/减速时工作不正常

主轴加/减速时工作不正常常见的情况有：减速极限电路调整不良，电流反馈回路不良，加/减速回路时间常数设定和负载惯量不匹配，驱动器再生制动电路故障，传动带连接不良。

6. 外界干扰

屏蔽或接地措施不良，主轴转速指令信号或反馈信号受到干扰，使主轴驱动出现随机和无规律性的波动。有无干扰的判断方法是：当主轴转速指令为零时，主轴仍往复摆动，调整零速平衡和漂移补偿也不能消除故障。

7. 主轴速度指令无效

CNC 模拟量输出（D/A）转换电路故障，CNC 速度输出模拟量与驱动器连接不良或断线，主轴转向控制信号极性与主轴转向输入信号不一致，主轴驱动器参数设定不当。

8. 主轴不能进行变速

CNC 参数设置不当或编程错误造成主轴转速控制信号输出为某一固定值，D/A 转换电路故障，主轴驱动器速度模拟量输入电路故障。

9. 主轴只能单向运行或主轴转向不正确

主轴转速控制信号输出错误，主轴驱动器速度模拟量输入电路故障。

10. 螺纹加工出现“乱牙”故障

数控车床加工螺纹，其实质是主轴的角位移与 Z 轴进给之间进行插补，主轴的角位移是通过主轴编码器进行测量的。在螺纹加工时，系统进行的是主轴每转进给动作，要执行每转进给的指令，主轴必须有每转一个脉冲的反馈信号，“乱牙”往往是由于主轴与 Z 轴进给不能实现同步引起的，此外，还有以下原因：主轴编码器或 Z 轴零位脉冲不良或受到干扰；主轴编码器或联轴器松动（断裂）；主轴编码器信号线接地或屏蔽不良，被干扰；主轴转速不稳，有抖动；主轴转速尚未稳定就执行了螺纹加工指令（G32），导致主轴与 Z 轴进给不能实现同步，造成“乱牙”。

11. 主轴定位点不稳定或主轴不能定位

主轴准停用于刀具交换、精镗进退刀及齿轮换挡等场合，有三种实现方式。

（1）机械准停控制。机械准停控制由带 V 形槽的定位盘和定位用的液压缸配合动作。

（2）磁性传感器电器准停控制。发磁体安装在主轴后端，磁传感器安装在主轴箱上，其安装位置决定了主轴的准停点，发磁体和磁传感器之间的间隙为（1.5 ±0.5）mm。

（3）编码器型准停控制。编码器型准停控制通过主轴电动机内置安装或在数控机床主轴上直接安装一个光电编码器来实现，准停角度可任意设定。

上述准停均要经过减速的过程，若减速或增益等参数设置不当，均可能引起定位抖动。另外，机械准停控制中定位液压缸活塞移动的限位开关失灵，磁性传感器电器准停中发磁体和磁传感器之间的间隙发生变化或磁传感器失灵均可引起定位抖动。

项目实施

数控铣床的故障现象是：主轴不能转动。该电气故障点存在于铣床的电气控制回路中，请按要求检查并排除故障。

一、考场准备（每人一份）

序号	名称	型号与规格	数量	备注
1	数控机床电气维修考核设备	数控铣床（配变频主轴和伺服进给轴）	1 台	
2	考核用数控机床的电气原理图、接线图		1 份	
3	数控系统参数使用说明		1 份	
4	万用表	自定	1 块	
5	旋具	大小十字、大小一字	各 1 把	
6	导线	1.0 mm^2	5 m	
7	钎焊工具及焊料		1 套	
8	断开伺服驱动器的使能信号线，使主轴无法正转		1 处	

注：1. 本试题以数控系统 FANUC 0i Mate 为参考，考场可根据实际情况自定考核设备，并提供相应的电气图，做好其他准备工作，题目里的考场准备项目仅作参考。

2. 每个故障由考场人员提前设置在考核设备的整个电气控制系统中，包括电气线路故障、元器件故障、参数设置错误引起的故障等。

3. 考核范围、考核要求和配分与评分标准请严格按照题目中所列的内容执行。

二、考核内容

1. 本题分值

30 分。

2. 考试时间

90 min。

3. 考核形式

实操。

4. 具体要求

（1）根据故障现象，利用电气原理图、数控系统自诊断功能、PLC 梯形图等分析诊断引起故障的原因，最后排除故障。

（2）正确使用工具和仪表。

三、配分与评分标准

考核内容	考核要点	配分	评分标准	扣分	得分
数控铣床电气故障的诊断与排除	（1）检查电气控制线路或元器件存在的故障，思路正确 （2）正确使用工具和仪表，找出故障点并排除故障	30	（1）故障没有排除不得分 （2）损坏元器件或仪表扣 10 分		
合计		30			

否定项：若考生发生下列情况之一，则应及时终止考试，考生该试题成绩记为零分

①由于操作失误引起触电、短路等电气事故

②由于操作不当引起设备损坏等安全事故

项目3　进给伺服系统故障

项目目标

能够进行数控机床进给系统常见的故障诊断与维修，学会维修方法。

项目描述

根据现场提供的机床电气原理图、CNC 数控系统参数设置表、维修说明书进行故障查找与维修，使机床能够正常运行。

项目分析

进给伺服故障是数控机床常见故障之一，培养学生能够迅速地解决数控机床进给伺服系统常见故障，是进行数控机床故障诊断学习的主要部分。

相关知识

一、SV400#和 SV402#（过载报警）

故障原因：400#为第一、二轴中有过载，402#为第三、四轴中有过载。

当伺服电动机的过热开关和伺服放大器的过热开关动作时发出此报警。

处理方法：当发生报警时，要首先确认是伺服放大器还是电动机过热。因为该信号是常闭信号，当电缆断线和插头接触不良也会发生报警，所以请确认电缆、插头接触良好。如果确认是伺服/变压器/放电单元，伺服电动机有过热报警，那么检查以下几点：

（1）过热引起（测量负载电流，确认超过额定电流）：检查是否由于机械负载过大、加减速的频率过高、切削条件不当引起的过载。

（2）连接引起：检查如图 5—3—1 所示的过热信号的连接。

（3）有关硬件故障：检查各过热开关是否正常、各信号的接口是否正常。

二、SV401 和 SV403（伺服准备完成信号断开报警）

故障原因：401 为提示第一、二轴报警，403 为提示第三、四轴报警。

系统检查原理：系统开机自检后，如果没有急停和报警，则发出 * MCON 信号给所有轴的伺服单元，伺服单元接收到该信号后，接通主接触器，电源单元吸合，LED 由两横杠（--）变为 00，将准备好信号送给伺服单元，伺服单元再接通继电器，继电器吸合后，将 * DRDY信号送回系统，如果系统在规定时间内没有接收到 * DRDY 信号，则发出此报警，同时断开各轴的 * MCON 信号，因此，上述所有通路都是故障点。伺服准备信号如图 5—3—2 所示。

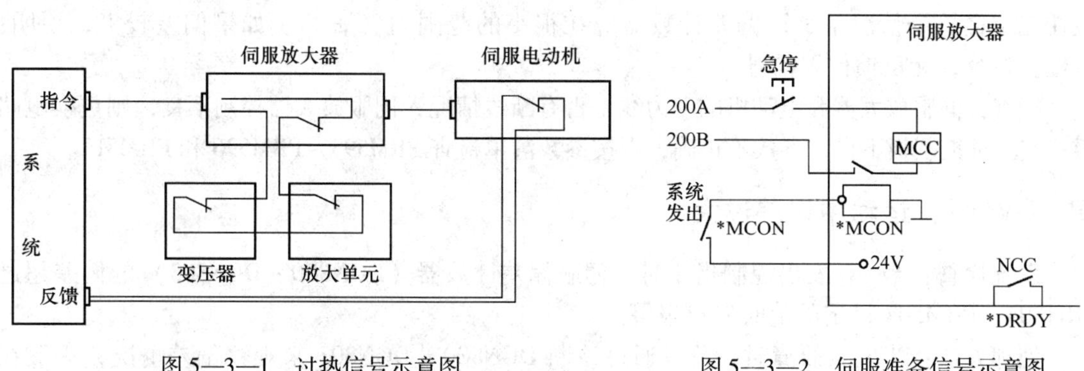

图 5—3—1　过热信号示意图

图 5—3—2　伺服准备信号示意图

处理方法：当发生报警时首先确认急停按钮是否处于释放状态。

检查各个插头是否接触不良，包括控制板与主回路的连接以及电源单元与伺服单元、主轴单元的连接。

检查 LED 是否有显示，如果没有显示，则是控制板上不能通电或电源回路损坏。检查电源单元输出到该单元的 24V 是否正常，检查控制板上的电源回路是否烧坏。如果自己不能修好，将该单元送 FANUC 修理。

检查外部交流电压是否正常，包括电源单元三相 200 V 输入（端子 R、S、T），单相 200 V 输入。

检查控制板上各直流电压是否正常，如果有异常，检查控制板上的保护器件及控制板上的电源回路有无烧坏的地方，如果不能自己修好，可送 FANUC 修理。仔细观察电源单元 LED 是否变 00 后（吸合）再断开（变为两横杠），还是根本就没有吸合（一直是两横杠不变）。如果是吸合后再断开，则可能是电源单元故障。如果根本就没有吸合，则可能是接线问题、接线有断线或电源单元有问题，仔细检查各单元之间的连线。检查电源单元的急停 * ESP 和 * MCC 回路（如果这两回路有问题也是两横杠不变），* ESP 应为短路，* MCC 应与接触器的线圈串联接到交流电源上。

仔细观察单元的 LED 在变 00 后（吸合）所有伺服单元的一个横杠是否变为 0，还是根本就没有吸合（一直是一横杠不变）。如果是双轴或三轴，则只要有一轴不好就不吸合。如果有一个轴一直没有吸合，则可判断为该伺服单元的故障，检查该单元的继电器并更换，如果更换继电器还不能解决，则更换伺服单元的接口板。观察所有伺服单元的 LED 上是否有其他报警号，如果有，则先排除这些报警。如果是双轴伺服单元，则检查另一轴是否未接或接触不好或伺服参数封上了（0 系统为 8X09#0，16/18/0i 为 2009#0）。

检查 S1、S2 设定是否正确，S1、S2 设定如下：S1-TYPEA，S2-TYPEB。如果以上都正常，则为 CN1 指令线或系统轴控制板故障。

三、SV4n0：停止时位置偏差过大

系统检查原理：当 NC 指令停止时，伺服偏差计数器的偏差（DGN800 ~ DGN803）超过了参数 PRM593 ~ PRM596 所设定的数值，则发生报警。

处理方法：当发生故障时通过诊断信号（DGN800 ~ DGN803）的偏差计数器观察，一般在无位置指令情况下，该偏差计数器应在很小的范围内（±2）。如果偏差较大，说明：有位置指令，无反馈位置信号。

检查：伺服放大器和电动机的动力线是否有断线情况；伺服放大器控制不良，则更换电路板；实验轴控制板不良；参数不正确，则按参数清单检查 PRM593 ~ PRM596 和 PRM517。

四、SV4n1：运动中误差过大

系统检查：当 NC 发出控制指令时，伺服偏差计数器（DGN800 ~ DGN803）的偏差超过 PRM504 ~ PRM507 设定的值时发出报警。

处理方法：当发生故障时，可以通过诊断 DGN800 ~ DGN803 来观察偏差情况，一般在给定指令的情况下，偏差计数器的数值取决于速度给定、位置环增益、检测单位。

原因：观察在发生报警时，机械侧是否发生了位置移动，当系统发出位置指令时，机械发生很小的位置变化，可能是由机械的负载引起；当没有发生移动时，检查放大器。

当发生报警前有位置变化时，有可能是机械负载过大或参数设定不正常引起的，请检查机械负载和相关参数（位置偏差极限、伺服环增益、加减速时间常数 PRM504 ~ PRM507 和 PRM518 ~ PRM521）。

当发生报警前机械位置没有发生任何变化时，请检查伺服放大器电路轴卡，通过 PMC 检查伺服是否断开，检查伺服放大器和电动机之间的动力线是否断开。

五、SV4n4#（数字伺服报警）

SV4n4#是伺服放大器和伺服电动机有关的各种报警的总和，这些报警可能是由伺服放大器及伺服电动机本身引起的，也可能是由系统的参数设定不正确引起的。

诊断方法：当发生此报警时，首先应通过系统的诊断数据来确定是哪一类报警，如下对应的位为 1 说明发生了对应的报警。

DGN720 ~ DGN723

OVL	LV	OVC	HCAL	HVAL	DCAL	FBAL	OFAL

各报警信号的说明如下：

OVL：伺服过载报警。

LV：低电压报警。
OVC：过电流报警。
HCAL：高电流报警。
HVAL：高电压报警。
DCAL：放电报警。
FBAL：驱动器断线报警。
OFAL：计数器溢出报警。

六、SV4n6：反馈断线报警

不管是使用A/B向的通用反馈信号还是使用串行编码信号，当反馈信号发生断线时，发出此报警。

检查原理：对α系列伺服电动机，当使用半闭环，并且使用的是串行编码器时，由于电缆断开或编码器损坏引起数据中断，则发出报警。

普通的脉冲编码器，该信号用硬件检查电路直接检查反馈信号，当反馈信号异常时，则发出报警。

软件断线报警，当使用全闭环反馈时，利用软件进行判别检查分离型编码器的反馈信号和伺服电动机的反馈信号，当出现较大偏差时，则发出报警。

项目实施

进给轴电气维修

数控铣床的故障现象是：①Z轴无法移动；②X轴无法正常回零。共有两个电气故障点，分别存在于铣床的电气控制回路中，请按要求检查并排除故障。

一、考场准备（每人一份）

序号	名称	型号与规格	数量	备注
1	数控机床电气维修考核设备	数控铣床（配变频主轴和伺服进给轴）	1台	
2	考核用数控机床的电气原理图、接线图		1份	
3	数控系统参数使用说明		1份	
4	万用表	自定	1块	
5	旋具	大小十字、大小一字	各1把	
6	导线	1.0 mm^2	5 m	
7	钎焊工具及焊料		1套	
8	断开Z轴伺服驱动器的DC 24 V电源，使Z轴无法正常运转		1.5处	
9	断开数控系统X轴机械回零减速输入信号，使X轴无法正常回零		1.5处	

注：1. 本试题以数控系统FANUC 0i Mate为参考，考场可根据实际情况自定考核设备，并提供相应的电气图，做好其他准备工作，题目里的考场准备项目仅作参考。

2. 每个故障由考场人员提前设置在考核设备的整个电气控制系统中，包括电气线路故障、元器件故障、参数设置错误引起的故障等。

3. 考核范围、考核要求和配分与评分标准请严格按照题目中所列的内容执行。

二、考核内容

1. 本题分值

30 分。

2. 考试时间

90 min。

3. 考核形式

实操。

4. 具体要求

(1) 根据故障现象，利用电气原理图、数控系统自诊断功能、PLC 梯形图等分析诊断引起故障的原因，最后排除故障。

(2) 正确使用工具和仪表。

三、配分与评分标准

考核内容	考核要点	配分	评分标准	扣分	得分
数控铣床进给轴电气故障的诊断与排除	(1) 检查电气控制线路、元器件存在的故障，思路要正确 (2) 正确使用工具和仪表，找出故障点并排除故障	30	(1) 每个故障占 15 分，两个故障共 30 分，每排除一个故障得 15 分 (2) 损坏元器件或仪表扣 10 分		
合计		30			

否定项：若考生发生下列情况之一，则应及时终止考试，考生该试题成绩记为零分

①由于操作失误引起触电、短路等电气事故

②由于操作不当引起设备损坏等安全事故

项目4　位置检测反馈系统故障

项目目标

能够解决数控机床位置检测系统常见的故障诊断与维修，学会维修方法。

项目描述

根据现场提供的机床电气原理图、CNC 数控系统参数设置表、维修说明书进行故障查找与维修，使机床能够正常运行。

项目分析

位置检测信号影响数控机床的加工精度，出现报警信号还会影响数控机床的正常工作，当该类故障出现时，应及时地判断故障原因并排除。

相关知识

当数控机床出现如下故障现象时，首先要考虑是否是由检测器件的故障引起的，并正确分析、查找故障部位。

一、机械振荡（加/减速时）

引发此类故障的常见原因有：

1. 脉冲编码器出现故障，此时应重点检查速度检测单元上的反馈线端子上的电压是否下降，如有下降则表明脉冲编码器不良，应更换编码器。

2. 脉冲编码器十字联轴器可能损坏，导致轴转速与检测到的速度不同步，应更换联轴器。

3. 测速发电机出现故障，修复或更换测速发电机。维修实践中，测速发电机电刷磨损、卡阻故障较多。应拆开测速发电机，小心将电刷拆下，在细砂纸上打磨几下，同时清扫换向器的污垢，再重新装好。

二、机械运动异常快速（飞车）

检修此类故障，应在检查位置控制单元和速度控制单元工作情况的同时，还应重点检查：

1. 脉冲编码器接线是否错误，检查编码器接线是否为正反馈，A 相和 B 相是否接反。

2. 脉冲编码器联轴器是否损坏，如损坏则更换联轴器。

3. 测速发电机端子是否接反，励磁信号线是否接错。

三、坐标轴进给时振动

检修此类故障，应在检查电动机线圈是否短路，机械进给丝杠与电动机的连接是否良好，检查整个伺服系统是否稳定的情况下，检查脉冲编码是否良好，联轴器连接是否平稳可靠，测速发电机是否可靠。

四、出现 NC 错误报警

NC 报警是因程序错误、操作错误引起的报警，如 FANUC 系统的 NC 报警 090.091。出现 NC 报警，有可能是由主电路故障和进给速度太低引起。同时，还有可能是以下情况引起的：

1. 脉冲编码器不良。

2. 脉冲编码器电源电压太低，此时，调整电源的 15 V 电压，使主电路板的 +5 V 端子上的电压值在 4.95 ~5.10 V 内。

3. 没有输入脉冲编码器的一转信号而不能正常执行参考点返回。

五、出现伺服系统报警

伺服系统故障时常出现报警号，例如 FANUC 系统的伺服报警为 416、426、436、446、456 等，此时要注意检查：

1. 轴脉冲编码器反馈信号断线、短路和信号丢失，用示波器测 A 相、B 相一转信号，看其是否正常。

2. 编码器内部故障造成信号无法正确接收，检查其是否受到污染、变形等。

项目实施

位置检测反馈系统维修

数控铣床的故障现象是：加工中，机床出现了 426 报警。共有一个电气故障点存在于铣床的电气控制回路中，请按要求检查并排除故障。

一、考场准备（每人一份）

序号	名称	型号与规格	数量	备注
1	数控机床电气维修考核设备	数控铣床（配变频主轴和伺服进给轴）	1 台	
2	考核用数控机床的电气原理图、接线图		1 份	
3	数控系统参数使用说明		1 份	
4	万用表	自定	1 块	
5	旋具	大小十字、大小一字	各 1 把	
6	导线	1.0 mm^2	5 m	
7	钎焊工具及焊料		1 套	
8	断开编码器的一根信号线，使机床出现报警		1 处	

注：①本试题以数控系统 FANUC 0i Mate 为参考，考场可根据实际情况自定考核设备，并提供相应的电气图，做好其他准备工作，题目里的考场准备项目仅作参考；②每个故障由考场人员提前设置在考核设备的整个电气控系统里，包括电气线路故障、元器件故障、参数设置错误引起的故障等；③考核范围、考核要求和配分与评分标准请严格按照题目中所列的内容执行。

二、考核内容

1. 本题分值

30 分。

2. 考试时间

90 min。

3. 考核形式

实操。

4. 具体要求

（1）根据故障现象，利用电气原理图、数控系统自诊断功能、PLC 梯形图等分析诊断引起故障的原因，最后排除故障。

（2）正确使用工具和仪表。

三、配分与评分标准

考核内容	考核要点	配分	评分标准	扣分	得分
数控铣床位置检测反馈系统维修	（1）检查电气控制线路、元器件存在的故障，思路要正确 （2）正确使用工具和仪表，找出故障点并排除故障	30	（1）故障不排除不得分 （2）损坏元器件或仪表扣10分		
合计		30			
否定项：若考生发生下列情况之一，则应及时终止考试，考生该试题成绩记为零分 ①由于操作失误引起触电、短路等电气事故 ②由于操作不当引起设备损坏等安全事故					

模块六

机械结构的故障诊断与维修

项目1　主传动系统故障

项目目标

掌握主轴机械传动系统常见的故障诊断方法和现象。

项目描述

加工中心刀具振动剧烈故障诊断与维修，根据所学知识分析故障原因并修复。

项目分析

主传动系统机械产生故障将影响机械加工精度，其故障诊断具有一定的难度。

相关知识

数控机床的主传动系统包括主轴电动机、传动系统和主轴组件，与普通机床的主传动系统相比，结构比较简单。这是因为变速功能全部或大部分由主轴电动机的无级调速来实现，省去了繁杂的齿轮变速机构，有些只有二级或三级齿轮变速系统用以扩大电动机无级调速的范围。

一、主轴部件的维护

数控机床主轴部件是影响机床加工精度的主要部件，它的回转精度影响工件的加工精度，它的功率大小和回转速度影响加工效率，它的自动变速、准停和换刀等影响机床的自动化程度。因此，要求主轴部件具有与本机床工作性能相适应的高回转精度、刚度、抗振性、耐磨性和低的温升。在结构上，必须很好地解决刀具和工件的装夹、轴承的配置、轴承间隙调整和润滑密封等问题。

主轴的结构根据数控机床的规格、精度采用不同的主轴轴承。一般中、小规格的数控机床的主轴部件多采用成组高精度滚动轴承；重型数控机床采用液体静压轴承，高精度数控机床采用气体静压轴承；转速达 20 000 r/min 的主轴采用磁力轴承或氮化硅材料的陶瓷滚珠轴承。

1. 防泄漏

在密封件中，被密封的介质往往是以穿漏、渗透或扩散的形式越界泄漏到密封连接处的彼侧。造成泄漏的基本原因是流体从密封面上的间隙中溢出，或是由于密封部件内外两侧密封介质的压力差或浓度差，致使流体向压力或浓度低的一侧流动。

主轴的密封有接触式密封和非接触式密封两种。如图 6—1—1 所示是几种非接触式密封形式。

图 6—1—1a 所示是利用轴承盖与轴的间隙密封，轴承盖的孔内开槽是为了提高密封效果，这种密封用在工作环境比较清洁的油脂润滑处；图 6—1—1b 所示是在螺母的外圆上开锯齿形环槽，当油向外流时，靠主轴转动的离心力把油沿斜面甩到端盖 1 的空腔内，油液流回箱内；图 6—1—1c 所示是迷宫式密封结构，在切屑多、灰尘大的工作环境下可获得可靠的密封效果，这种结构适用于油脂或油液润滑的密封。非接触式的油液密封时，为了防漏，重要的是保证回油能尽快排掉，因而应保持回油孔畅通。

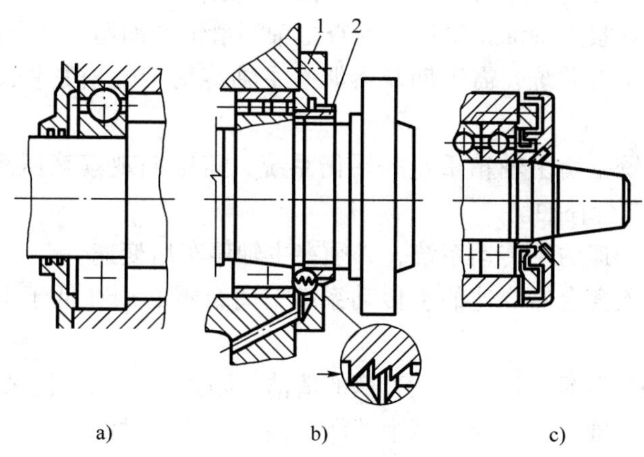

图 6—1—1　非接触式密封

（a、c 间隙内填满油脂）

1—端盖　2—螺母

接触式密封主要有油毡圈和耐油橡胶密封圈密封，如图 6—1—2 所示。

2. 刀具夹紧

在自动换刀机床的刀具自动夹紧装置中，刀具自动夹紧装置的刀杆常用 7∶24 的大锥度锥柄，既利于定心，也为松刀带来方便。用碟形弹簧通过拉杆及夹头拉住刀柄的尾部，使刀具锥柄和主轴锥孔紧密配合，夹紧力达 10 000 N 以上。松刀时，通过液压缸活塞推动拉杆来压缩碟形弹簧，使夹头张开，夹头与刀柄上的拉钉脱离，刀具即可拔出，进行新、旧刀具的交换。新刀装入后，液压缸活塞后移，新刀具又被碟形弹簧拉紧。在活塞推动拉杆松开刀柄的过程中，压缩空气由喷气头经过活塞中心孔和拉杆中的孔吹出，将锥孔清理干净，防止主轴锥孔中掉入切屑和灰尘，把主轴锥孔表面和刀杆的锥柄划伤，同时保证刀具的正确位置。主轴锥孔的清洁十分重要。

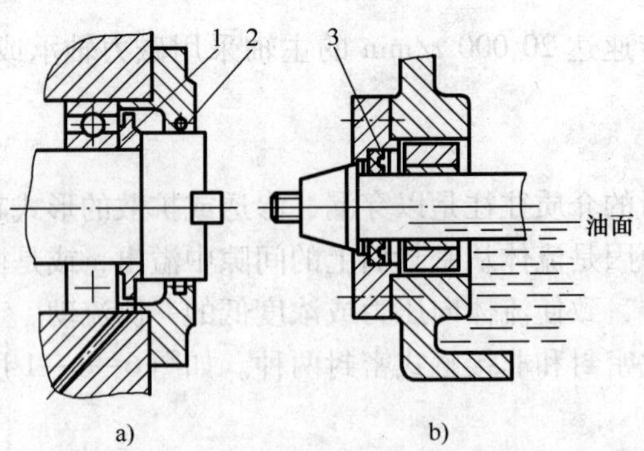

图 6—1—2　接触式密封

1—甩油环　2—油毡圈　3—耐油橡胶密封圈

二、主传动链的维护

1. 熟悉数控机床主传动链的结构、性能参数，严禁超性能使用。

2. 主传动链出现不正常现象时，应立即停机排除故障。

3. 操作者应注意观察主轴油箱温度，检查主轴润滑恒温油箱，调节温度范围。

4. 使用带传动的主轴系统，需定期观察调整主轴传动带的松紧程度，防止因传动带打滑而造成丢转现象。

5. 对于由液压系统平衡主轴箱重量的平衡系统，需定期观察液压系统的压力表，当油压低于要求值时，要进行补油。

6. 使用液压拨叉变速的主传动系统，必须在主轴停车后变速。

7. 使用啮合式电磁离合器变速的主传动系统，离合器必须在低于 1 ~ 2 r/min 的转速下变速。

8. 注意保持主轴与刀柄连接部位及刀柄的清洁，防止对主轴的机械碰击。

9. 每年更换一次主轴润滑恒温油箱中的润滑油，并清洗过滤器。

10. 每年清理润滑油池底一次，并更换液压泵滤油器。

11. 每天检查主轴润滑恒温油箱，使其油量充足，工作正常。

12. 防止各种杂质进入润滑油箱，保持油液清洁。

13. 经常检查轴端及各处密封，防止润滑油液泄漏。

14. 刀具夹紧装置长时间使用后，会使活塞杆和拉杆间的间隙加大，造成拉杆位移量减小，使碟形弹簧张闭伸缩量不够，影响刀具的夹紧，故需及时调整液压缸活塞的位移量。

15. 经常检查压缩空气气压，并调整到标准要求值；足够的气压才能使主轴锥孔中的切屑和灰尘清理彻底。

三、主传动系统常见故障及排除方法

主传动链常见故障及排除方法见表 6—1—1。

表 6—1—1　　主传动链常见故障及排除方法

序号	故障现象	故障原因	排除方法
1	加工精度达不到要求	（1）机床在运输过程中受到冲击 （2）安装不牢固、安装精度低或有变化	（1）检查对机床精度有影响的各部分，特别是导轨副，并按出厂精度要求重新调整或修复 （2）重新安装调平、紧固
2	切削振动大	（1）主轴箱和床身连接螺钉松动 （2）轴承预紧力不够、游隙过大 （3）轴承预紧螺母松动，使主轴窜动 （4）轴承拉毛或损坏 （5）主轴与箱体超差 （6）其他因素 （7）如果是车床，则可能是转塔刀架运动部位松动或压力不够而未卡紧	（1）恢复精度后紧固连接螺钉 （2）重新调整轴承游隙，但预紧力不宜过大，以免损坏轴承 （3）紧固螺母，确保主轴精度合格 （4）更换轴承 （5）修理主轴或箱体，使其配合精度、位置精度达到要求 （6）检查刀具或切削工艺问题 （7）调整修理
3	主轴箱噪声大	（1）主轴部件动平衡不好 （2）齿轮啮合间隙不均或严重损伤 （3）轴承损坏或传动轴弯曲 （4）传动带长度不一或过松 （5）齿轮精度差 （6）润滑不良	（1）重做动平衡 （2）调整间隙或更换齿轮 （3）修复或更换轴承，校直传动轴 （4）调整或更换传动带，不能新旧混用 （5）更换齿轮 （6）调整润滑油量，保持主轴箱的清洁度
4	齿轮和轴承损坏	（1）变挡压力过大，齿轮受冲击产生破损 （2）变挡机构损坏或固定销脱落 （3）轴承预紧力过大或无润滑	（1）按液压原理图，调整到适当的压力和流量 （2）修复或更换零件 （3）重新调整预紧力，并使之润滑充足
5	主轴无变速	（1）电气变挡信号是否输出 （2）压力是否足够 （3）变挡液压缸研损或卡死 （4）变挡电磁阀卡死 （5）变挡液压缸拨叉脱落 （6）变挡液压缸窜油或内泄 （7）变挡复合开关失灵	（1）电气人员检查处理 （2）检测并调整工作压力 （3）修去毛刺和研伤，清洗后重装 （4）检修并清洗电磁阀 （5）修复或更换 （6）更换密封圈 （7）更换新开关
6	主轴不转动	（1）主轴转动指令是否输出 （2）保护开关没有压合或失灵 （3）卡盘未夹紧工件 （4）变挡复合开关损坏 （5）变挡电磁阀体内泄漏	（1）电气人员检查处理 （2）检修压合保护开关或更换 （3）调整或修理卡盘 （4）更换复合开关 （5）更换电磁阀

续表

序号	故障现象	故障原因	排除方法
7	主轴发热	（1）主轴轴承预紧力过大 （2）轴承研伤或损伤 （3）润滑油脏或有杂质	（1）调整预紧力 （2）更换轴承 （3）清洗主轴箱，更换新油
8	液压变速时齿轮推不到位	主轴箱内拨叉磨损	（1）选用球墨铸铁作拨叉材料 （2）在每个垂直滑移齿轮下方安装塔簧作为辅助平衡装置，减轻对拨叉的压力 （3）活塞的行程与滑移齿轮的定位相协调 （4）若拨叉磨损，予以更换
9	主轴在强力切削时停转	（1）电动机与主轴连接的皮带过松 （2）皮带表面有油 （3）皮带使用过久而失效 （4）摩擦离合器调整过松或磨损	（1）移动电动机座，张紧皮带，然后将电动机座重新锁紧 （2）用汽油清洗后擦干净，再装上 （3）更换新皮带 （4）调整摩擦离合器，修磨或更换摩擦片
10	主轴没有润滑油循环或润滑不足	（1）液压泵转向不正确，或间隙太大 （2）吸油管没有插入油箱的油面以下 （3）油管或滤油器堵塞 （4）润滑油压力不足	（1）改变液压泵转向或修理液压泵 （2）将吸油管插入油面以下 2/3 处 （3）清除堵塞物 （4）调整供油压力
11	润滑油泄漏	（1）润滑油量多 （2）检查各处密封件是否有损坏 （3）管件损坏	（1）调整供油量 （2）更换密封件 （3）更新管件
12	刀具不能夹紧	（1）碟形弹簧位移量小 （2）检查夹紧弹簧上的螺母是否松动	（1）调整碟形弹簧行程长度 （2）顺时针旋转夹紧弹簧上的螺母使其最大工作载荷为 13 kN
13	刀具夹紧后不能松开	（1）夹紧弹簧压合过紧 （2）液压缸压力和行程不够	（1）顺时针旋转夹紧弹簧上的螺母使其最大工作载荷不得超过 13 kN （2）调整液压力和活塞行程开关位置

项目实施

加工中心刀具振动剧烈故障诊断与维修

一、考场准备（每人一份）

1. 设备准备

名称	规格
数控铣床主轴配件及装配图	X6325E 型数控铣床

2. 工具、量具、刃具准备

名称	规格	精度（读数值）	数量	备注
刮刀	粗、精		各1把	
红丹粉			若干	
油石			1块	
专用扳手			1套	
活动扳手	4~8寸		1套	
内六角扳手			1套	
量块		0.01	1套	
手锤	0.5 kg		1把	
铜棒		0.02	1把	
三角锉刀锉	150 mm（4号纹）	0.02	1把	
钢直尺	0~150 mm	0.01	1把	
杠杆百分表			1个	
百分表架			1副	
专用导轨滑块			1套	
量块			1套	
游标高度尺	150 mm		1把	
游标卡尺	150 mm		1把	
外径千分尺	25~50 mm		1把	

二、考核内容

1. 本题分值

30分。

2. 考试时间

120 min。

3. 考核形式

笔答结合实操。

4. 具体考核要求

（1）看图回答问题（10分）

如图6—1—3所示的主轴装置结构中，主轴切削振动，应如何判定和调整故障？

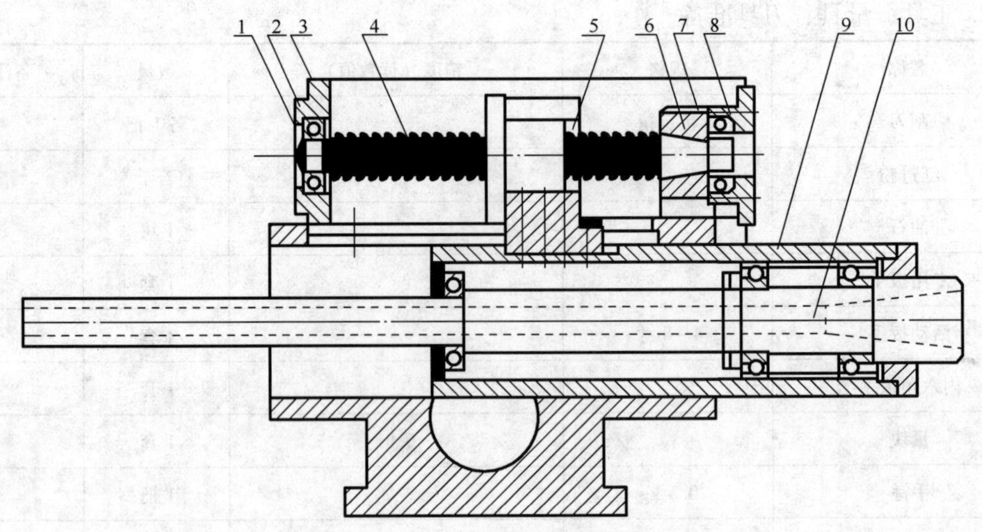

图 6—1—3　数控铣床主轴装置结构

序号	名称	序号	名称
1	*Z* 轴箱体防尘盖	6	*Z* 轴带轮
2	*Z* 轴轴承	7	垫片
3	*Z* 轴小箱体	8	*Z* 轴带轮压盖
4	*Z* 轴丝杠	9	主轴套筒
5	*Z* 轴丝杠螺母座	10	主轴转子

（2）实操部分（20 分）

考评员在主轴上安装损坏了的主轴轴承，使主轴在加工过程中产生较剧烈的振动，让学生检测主轴部件，发现轴承损坏后对轴承零件进行拆卸，并更换新的主轴轴承。安装后，保证：主轴的径向跳动靠近主轴端面处 0.01 mm，离主轴端部 300 mm 处为 0.01 mm；主轴端面的轴向窜动保证在 0.01 mm 内。

三、配分与评分标准

1. 看图回答问题（10 分）

识读图 6—1—3，若出现电动机发热报警，应该如何检测和调整。

答案：A. 检查主轴箱和床身的连接螺钉是否有松动，若松动则需在恢复精度后紧固连接螺钉（2 分）。

B. 检查主轴轴承预紧螺母是否松动，松动则重新进行预紧（2 分）。

C. 检查轴承是否损坏，损坏则需更换轴承（3 分）。

D. 检查主切削工艺参数（3 分）。

2. 实操部分（20分）

序号	考核内容	考核要求	配分	评分标准	检测结果	扣分	得分
1	主轴轴承的拆卸	选用的工具合理，拆卸步骤正确	5	操作不当处扣1分			
2	主轴轴承的安装	选用的工具合理，拆卸步骤正确	5	超差全扣			
3	主轴的径向跳动	靠近主轴端面处0.01 mm，离主轴端部300 mm处为0.01 mm	5	超差全扣			
4	主轴端面的轴向窜动	保证在0.01 mm内	3	超差全扣			
5	现场考核		2				
6	合计		20				

否定项：若考生发生下列情况之一，则应及时终止考试，考生该试题成绩记为零分

①由于操作不当损坏工具、部件或设备

②由于操作不当造成人身、设备等安全事故

项目2　进给传动系统故障

项目目标

掌握数控机床进给传动系统常见故障及诊断方法。

项目描述

工作台移动不良或不能移动的故障诊断与维修。

项目分析

数控机床进给传动系统决定了工件加工的精度，其故障点多样，掌握其故障诊断方法非常重要。

相关知识

一、导轨副进给传动系统常见故障诊断及维修

表6—2—1列举了滚珠丝杠在使用过程中常见的故障、故障原因及维修方法，表6—2—2列举了导轨的磨损形式，表6—2—3列举了导轨在使用过程中常见的故障、故障原因及维修方法。

表6—2—1　　滚珠丝杠常见故障、故障原因及维修方法

故障现象	故障原因	维修方法
滚珠丝杠副噪声异常	（1）丝杠支撑轴承的压盖压合情况不好 （2）丝杠支撑轴承可能破裂 （3）电动机与丝杠联轴器松动 （4）丝杠润滑不良 （5）滚珠丝杠副滚珠有破损	（1）调整轴承压盖，使其压紧轴承端面 （2）如轴承破损，则更换新轴承 （3）拧紧联轴器，锁紧螺钉 （4）改善润滑条件，使润滑油量充足 （5）更换新滚珠

续表

故障现象	故障原因	维修方法
滚珠丝杠运动不灵活	(1) 轴向预加载荷过大 (2) 丝杠与导轨不平行 (3) 螺母轴线与导轨不平行 (4) 丝杠弯曲变形 (5) 滚珠丝杠润滑状况不良	(1) 调整轴向间隙和预加载荷 (2) 调整丝杠支座位置，使丝杠与导轨平行 (3) 调整螺母座位置 (4) 调整丝杠 (5) 检查各丝杠副润滑，用润滑脂润滑丝杠，需移动工作台，取下罩套，涂上润滑脂

表 6—2—2　　导轨的磨损形式

形式	说　明
硬粒磨损	导轨面间存在着的坚硬微粒、由外界或润滑油带入的切屑或磨粒以及微观不平的摩擦面上的高峰，在运动过程中均会在导轨面产生机械的相互切割和锉削作用面，而使导轨面上产生沟痕和划伤，进而使导轨面受到破坏 磨粒的硬度越高，相对速度越大，压强越大，对导轨摩擦副表面的危害也越大
咬合和热焊	导轨面覆盖着氧化膜（约 0.025 μm）及气体、蒸气或液体的吸附膜（约 0.025 μm），这些薄膜由于导轨面上局部比压或剪切力过高而排除时，裸露的金属表面因摩擦热而使分子运动加快，在分子力作用下就会产生分子间的相互吸引和渗透而吸附在一起，导致冷焊 如果导轨面摩擦热使金属表面温度达到熔点而引起局部焊接，将导致热焊。接触面的相对运动又要将焊点拉开，会造成撕裂性破坏
疲劳和压溃	导轨面由于过载或接触应力不均匀而使导轨表面产生弹性变形，反复进行多次，就会形成疲劳点；呈塑性变形，则表面形成龟裂和剥落从而导致压溃 这是滚动导轨失效的主要原因

表 6—2—3　　导轨常见故障、故障原因及维修方法

故障现象	故障原因	维修方法
导轨研伤	(1) 机床经长时间使用，地基与床身水平度有变化，使导轨局部单位面积负荷过大 (2) 长期加工短工件或承受过分集中的负荷，使导轨局部磨损严重 (3) 导轨润滑不良 (4) 导轨材质不佳 (5) 刮研质量不符合要求 (6) 机床维护不良，导轨里落入脏物	(1) 定期进行床身导轨的水平调整，或修复导轨精度 (2) 注意合理分布短工件的安装位置，避免负荷过分集中 (3) 调整导轨润滑油量，保证润滑油压力 (4) 采用电镀加热自冷淬火对导轨进行处理。导轨上增加锌铝铜合金板，以改善摩擦情况 (5) 提高刮研修复的质量 (6) 加强机床保养，保护好导轨防护装置
导轨上移动部件运动不良或不能移动	(1) 导轨面研伤 (2) 导轨压板研伤 (3) 导轨镶条与导轨间隙太小，调得太紧	(1) 用 180# 砂布修磨机床与导轨面上的研伤 (2) 卸下压板，调整压板与导轨间隙 (3) 松开镶条防松螺钉，调整镶条螺栓，使运动部件运动灵活，保证 0.03 mm 的塞尺不得塞入，然后锁紧止退螺钉

续表

故障现象	故障原因	维修方法
加工面在接刀处不平	（1）导轨直线度超差 （2）工作台镶条松动或镶条弯度太大 （3）机床水平度差，使导轨发生弯曲	（1）调整或修刮导轨，允差为0.015 mm/500 mm （2）调整镶条间隙，镶条弯度在自然状态下小于0.05 mm/全长 （3）调整机床安装水平，保证平行度、垂直度在0.02 mm/1 000 mm之内

二、数控机床进给传动系统常见维修实例

例6—2—1　电动机联轴器松动的故障维修。

故障现象：一台数控车床，加工零件时，常出现径向尺寸忽大忽小的故障。

分析及处理过程：检查控制系统及加工程序均正常，然后检查传动链中电动机与丝杠的连接处，发现电动机联轴器紧固螺钉松动，使得电动机轴与丝杠产生相对运动。由于半闭环系统的位置检测器件在电动机侧，丝杠的实际转动量无法检测，从而导致零件尺寸不稳定，紧固电动机联轴器后故障清除。

例6—2—2　导轨润滑不足的故障维修。

故障现象：TH6363卧式加工中心，Y轴导轨润滑不足。

分析及处理过程：TH6363卧式加工中心采用单线阻尼式润滑系统，故障产生以后，开始认为是润滑时间间隔太长，导致Y轴润滑不足。将润滑电动机启动时间间隔由15 min改为10 min，Y轴导轨润滑有所改善但是油量仍不理想，故又集中注意力查找润滑管路问题，润滑管路完好，拧下Y轴导轨润滑计量件，检查发现计量件中的小孔堵塞，清洗后，故障排除。

例6—2—3　行程终端产生明显的机械振动故障维修。

故障现象：某加工中心运行时，工作台X轴方向位移接近行程终端过程中产生明显的机械振动故障，故障发生时系统不报警。

分析及处理过程：因故障发生时系统不报警，但故障明显，故通过交换法检查，确定故障部件应在X轴伺服电动机与丝杠传动链一侧。拆卸电动机与滚珠丝杠之间的弹性联轴器，单独通电检查电动机。检查结果表明，电动机运行时无振动现象，显然故障部位在机械传动部分。脱开弹性联轴器，用扳手转动滚珠丝杠进行手感检查，发现工作台X轴方向位移接近行程终端时，感觉到阻力明显增大。拆下工作台检查，发现滚珠丝杠与导轨不平行，故而引起机械转动过程中的振动现象。经过认真修理、调整后重新装好，故障排除。

例6—2—4　电动机过热报警的维修。

故障现象：X轴电动机过热报警。

分析及处理过程：电动机过热报警，产生的原因有多种，除伺服单元本身的问题外，可能是切削参数不合理，也可能是传动链上有问题。而该机床的故障原因是导轨镶条与导轨间隙太小，调得太紧。松开镶条防松螺钉，调整镶条螺栓，使运动部件运动灵活，保证0.03 mm的塞尺不得塞入，然后锁紧防松螺钉，故障排除。

例6—2—5　移动过程中产生机械干涉的故障维修。

故障现象：某加工中心采用直线滚动导轨，安装后用扳手转动滚珠丝杠进行手感检查，发现工作台 X 轴方向移动过程中产生明显的机械干涉故障，运动阻力很大。

分析及处理过程：故障明显在机械结构部分。拆下工作台，首先检查滚珠丝杠与导轨的平行度，检查合格。再检查两条直线导轨的平行度，发现导轨平行度严重超差。拆下两条直线导轨，检查中滑板上直线导轨的安装基面的平行度，检查合格。再检查直线导轨，发现一条直线导轨的安装基面与其滚道的平行度严重超差（0.5 mm）。更换合格的直线导轨，重新装好后，故障排除。

例 6—2—6　滚珠丝杠螺母松动引起的故障维修。

故障现象：西门子公司生产的 SINUMEDIK8MC 数控装置的数控镗铣床，机床 Z 轴运行（方滑枕为 Z 轴）抖动，瞬间即出现 123 号报警，机床停止运行。

分析及处理过程：出现 123 号报警的原因是跟踪误差超出了机床数据 TEN345/N346 中所规定的值，导致此种现象有三个可能：①位置测量系统的检测器件与机械位移部分连接不良；②传动部分出现间隙；③位置闭环放大系数 KV 不匹配。通过详细检查和分析，初步断定是后两个原因使方滑枕（Z 轴）运行过程中产生负载扰动而造成位置闭环振荡。基于这个判断，首先修改了设定闭环 KV 系数的机床数据 TEN152，将原值 S1333 改成 S800，即降低了放大系数，有助于位置闭环稳定；经试运行发现虽振动减弱，但未彻底消除。这说明机械传动出现间隙的可能性增大，可能是滑枕镶条松动、滚珠丝杠或螺母窜动。对机床各部位采用先易后难、先外后内逐一否定的方法，最后查出故障源：滚珠丝杠螺母背帽松动，使传动出现间隙，当 Z 轴运动时由于间隙造成的负载扰动导致位置闭环振荡而出现抖动现象。紧好松动的背帽，调整好间隙，并将机床数据 TEN152 恢复到原值后，故障消除。

例 6—2—7　加工尺寸不稳定的故障维修。

故障现象：某加工中心运行九个月后，发生 Z 轴方向加工尺寸不稳定，尺寸超差且无规律，CRT 及伺服放大器无任何报警显示。

分析及处理过程：该加工中心采用三菱 M3 系统，交流伺服电动机与滚珠丝杠通过联轴器直接连接，根据故障现象分析故障原因是联轴器连接螺钉松动，导致联轴器与滚珠丝杠或伺服电动机间产生滑动。

紧固联轴器连接螺钉后，故障排除。

例 6—2—8　位置偏差过大的故障维修。

故障现象：某卧式加工中心出现 ALM421 报警，即 Y 轴移动中的位置偏差量大于设定值而报警。

分析及处理过程：该加工中心使用 FANUC 0M 数控系统，采用闭环控制。伺服电动机和滚珠丝杠通过联轴器直接连接。根据该机床控制原理及机床传动连接方式，初步判断出现 ALM421 报警的原因是 Y 轴联轴器不良。

对 Y 轴传动系统进行检查，发现联轴器中的胀紧套与丝杠连接松动，紧固 Y 轴传动系统中所有的紧固螺钉后，故障消除。

例 6—2—9　丝杠窜动引起的故障维修。

故障现象：TH6380 卧式加工中心，启动液压系统后，手动运行 Y 轴时，液压系统自动中断，CRT 显示报警，驱动失效，其他各轴正常。

分析及处理过程：该故障涉及电气、机械、液压部分。任一环节有问题均导致驱动失效，故障检查的顺序大致如下：伺服驱动装置→电动机及测量器件→电动机与丝杠连接部分→液压平衡装置→开口螺母和滚珠丝杠→轴承→其他机械部分。

①检查驱动装置外部接线及内部元件的状态良好，电动机与测量系统正常；②拆下 Y 轴液压抱闸后情况同前，将电动机与丝杠的同步传动带脱离，手摇 Y 轴丝杠，发现丝杠上下窜动；③拆开滚珠丝杠下轴承座，正常；④拆开滚珠丝杠下轴承座正常后发现轴向推力轴承的紧固螺母松动，导致滚珠丝杠上下窜动。

由于滚珠丝杠上下窜动，造成伺服电动机转动带动丝杠空转约一圈。在数控系统中，当 NC 指令发出后，测量系统应有反馈信号，若间隙的距离超过了数控系统所规定的范围，即电动机空走若干个脉冲后光栅尺无任何反馈信号，则数控系统必报警，导致驱动失效，机床不能运行。拧好紧固螺母，滚珠丝杠不能窜动，则故障排除。

项目实施

工作台移动不良或不能移动的故障诊断与维修

一、考场准备（每人一份）

1. 设备准备

名称	规格
铣床运动部件及装配图	X6325E 型数控铣床

2. 工具、量具、刃具准备

名称	规格	精度（读数值）	数量	备注
刮刀	粗、精		各 1 把	
红丹粉			若干	
油石			1 块	
专用扳手			1 套	
活动扳手	4 ~ 8 in		1 套	
内六角扳手			1 套	
量块		0.01	1 套	
手锤	0.5 kg		1 把	
铜棒		0.02	1 把	
三角锉刀锉	150 mm（4 号纹）	0.02	1 把	
钢直尺	0 ~ 150 mm	0.01	1 把	
杠杆百分表			1 个	
百分表架			1 副	
专用导轨滑块			1 套	
量块			1 套	
游标高度尺	150 mm		1 把	
游标卡尺	150 mm		1 把	
外径千分尺	25 ~ 50 mm		1 把	

二、考核内容

1. 本题分值

30 分。

2. 考试时间

120 min。

3. 考核形式

笔答结合实操。

4. 具体考核要求

（1）看图回答问题（10 分）

如图 6—2—1 和图 6—2—2 所示的工作台导轨结构中，移动部件运动不良或不能移动的故障如何判断和排除？

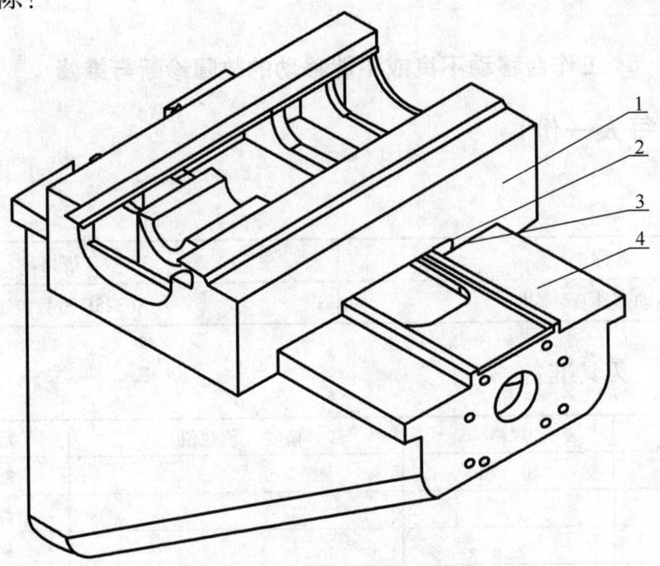

图 6—2—1　整体装配图

1—上滑座　2—镶条螺钉　3—镶条　4—升降台

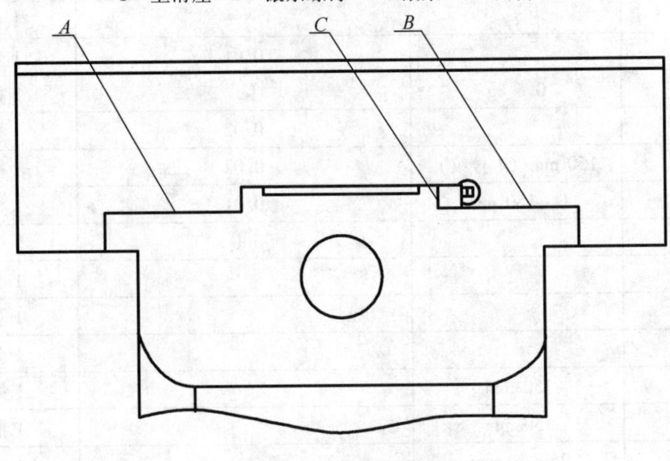

图 6—2—2　剖面图

技术要求：

1）上滑座 Y 轴方向两接触面 A、B，两面平行度（纵向、横向）保证在 0.01 mm/1 000 mm，两平面接触精度达到平板的三级精度要求，达到 25 mm×25 mm 面积内 12 点的要求。

2）镶条达到三级平面精度，整个接触面有均匀点数。

3）镶条两头接触面与升降台座的间隙精度保证在 0.02 mm。

（2）实操部分（20 分）

考评员把底面损坏了的上滑座放到升降台上，使上滑座前后运动不良，让考生对上滑座底面进行刮削，调整两底面的平行度，保证在 0.01 mm/300 mm，两面与工作台支撑面的接触精度达到三级精度，表面的刮点达到 25 mm×25 mm 面积内 12 点的要求。

三、配分与评分标准

1. 看图回答问题（10 分）

识读图 6—2—2，若出现电动机发热报警，应该如何检测和调整？

答案：

A. 检查导轨面是否研伤，若是，则需用砂布进行修磨（2 分）。

B. 检查导轨上是否有足够的润滑油，若润滑不足，则需调整润滑机构（2 分）。

C. 检查导轨压板是否研伤，若是，则需卸下压板调整压板与导轨的间隙（3 分）。

D. 检查导轨镶条与导轨的间隙是否太小，若是，则需松开导轨镶条，重新调整间隙（3 分）。

2. 实操部分（20 分）

序号	考核内容	考核要求	配分	评分标准	检测结果	扣分	得分
1	上滑座支撑面的刮削	Y 轴方向两接触面 A、B 的平行度（纵向、横向）保证在 0.01 mm/1 000 mm	6	操作不当处扣 1 分			
2	上滑座支撑面的刮削	刮削表面点数达到 25 mm×25 mm 面积内 12 点的要求	6	超差全扣			
3	两平行面的检测	合理地选用检验工具，调整好百分表的位置	5	超差全扣			
4	现场考核		3				
5	合计得分		20				

否定项：若考生发生下列情况之一，则应及时终止考试，考生该试题成绩记为零分

①由于操作不当损坏工具、部件或设备

②由于操作不当造成人身、设备等安全事故

项目 3 自动换刀装置故障

项目目标

掌握数控机床自动换刀装置常见的机械和电气故障及诊断方法。

项目描述

分析数控车间加工中心的电气原理图并掌握采集信号的目的和作用。

项目分析

加工中心自动换刀装置涉及机械和电气两部分，其工作频率比较高，也是故障频发部件之一。

相关知识

一、刀架换刀和刀盘换刀的区别

两种结构的共同点：都实现了刀盘的抬起与锁紧动作、刀盘的圆周定位，实现了同样的功能。两种结构只是机械结构的不同，而在电动机的正转和反转的电气控制上却是完全相同的。

两者的区别：TND360 的刀盘的抬起与锁紧是由凸轮机构和碟形弹簧实现的，刀盘的圆周分度是由槽轮机构实现的，槽轮实现的是八工位的刀盘分度。LDB4 电动刀架的抬起与锁紧是由丝杠螺母系统实现的，而刀架的圆周分度是由霍尔元件定位系统实现的，其实现的是四工位的刀盘分度。结构上，LDB4 比较简单、实用。在分度精度上，TND360 定位精度比较高，同时比较可靠。而且 TND360 存在一定的报警功能，当切削力过大或撞刀时，刀盘产生不是常规的微量转动，这时圆光栅就传递出对应的传感器信号，而这个信号就成为刀架的过载报警信号，这样数控系统就会停机，而这个功能 LDB4 是没有的。

二、自动换刀常见的故障分析与诊断

1. LDB4 刀架在换刀过程中找不到想要的刀位

LDB4 刀架的换刀的过程是数控系统控制电动刀架的正转，在正转的过程中，一个小磁块固定不动，四个工位的霍尔元件跟随刀架旋转，当其中一个霍尔元件接近小磁块后，发出对应的高电平或低电平信号，当所需要工位的霍尔元件接近小磁块时，该信号传递回数控系统，这时数控系统停止正转控制，发出延时的反转信号，控制刀架锁紧。当对应的霍尔元件出现故障或信号回传通道出现故障的时候，对应的刀位信号无法反馈回数控系统，就出现了刀位故障。

排除方法：检查霍尔元件是否出现故障，检查信号通道是否畅通。

2. LDB4 定位精度出现误差

LDB4 的定位分为两个层次：定位霍尔元件进行电动机定位，定位卡销与刀座上的卡槽进行精确定位。如果定位精度出现误差，主要是定位霍尔元件是否移位或位置出现误差，或者弹簧定位卡销出现故障。

排除方法：检查定位霍尔元件的位置，检查弹簧定位卡销系统。

3. LDB4 刀位无法锁紧

LDB4 刀架的锁紧是依靠螺母在丝杠上的下降来实现的，而该下降运动是由电动机的反转来实现的，如果无法锁紧，即螺母没有对于丝杠做相对运动，主要检查数控系统有无反转信号传到 24 V 继电器、24 V 继电器是否工作、220 V 反转控制交流接触器是否工作、刀架正反转控制电动机是否损坏、丝杠螺母机械结构是否卡死。

排除方法：检查 24 V 继电器、220 V 交流接触器、电动机以及丝杠螺母机械结构。

4. TND 刀盘无法抬起

TND 刀盘的抬起是通过电动机的正转带动凸轮旋转，而凸轮的旋转带动刀盘轴向上移动，从而抬起刀盘。而刀盘无法抬起，原两有两种：一是电动机系统出现故障，无法实现正转；二是凸轮轴系统出现卡死现象或凸轮系统出现故障。

排除方法：检查电动机系统，检查凸轮系统。

三、数控车床刀架常见故障

刀架作为数控车床的重要配置，在机床运行中起着至关重要的作用，一旦出现故障很可能造成工件报废，甚至造成卡盘与刀架碰撞事故。在数控机床的故障维修中，电气控制部分线路复杂，故障现象多变，有些故障现象不太明显，查找难度比较大；而机械部分与普通机床比较类似，故障相对容易排除。刀架一般有四工位或六工位，由电动机、机械换刀机构、发信盘等组成。当系统发出换刀信号时，刀架电动机正转，通过减速机构和升降机构将上刀体上升至一定位置，离合盘起作用，带动上刀体旋转到所选择刀位，发信盘发出刀位到位信号，刀架电动机反转，完成初定位后上刀体下降，齿牙盘啮合，完成精确定位，并通过升降机构锁紧刀架。

刀架发生故障时就会出现下列现象：①刀架转不到位；②刀架奇偶报警；③刀架定位不准；④刀架不转位。

四、数控车床刀架典型故障诊断与维修

1. 刀架转不到位

检查与分析：发信盘触点与弹簧片触点错位，应检查发信盘夹紧螺母是否松动。

排除方法：重新调整发信盘与弹簧触点位置，锁紧螺母。

2. 刀架奇偶报警

检查与分析：机床在使用过程发生刀架奇偶报警，奇数刀位能定位而偶数刀位不能定位的故障。此时，机床能正常工作，从宏观上分析数控系统没故障。从机床电路图中得知，PLC 信号从机床侧输入，角度编码器有 5 根信号线。这是一个 8421 编码，在刀架转换过程中，这 4 位根据刀架的变化而进行不同的组合，从而输出刀架的奇偶信号。根据故障现象分析，当角度编码器最低位 634 号线信号恒为 1 时，则刀架信号恒为奇数，而无偶数信号，故产生报警。根据上述分析，将 CRT 上 PLC 输入参数调出观察，该信号果然恒为 1。检查 NC 输入电压正常，证实角度编码器发生故障。

排除方法：更换新的集成电路块后，故障排除。

3. 刀架定位不准

检查与分析：电动刀架旋转后不能正常定位，且选择刀号出错。根据检查判断，怀疑是电动刀架的定位检测元件——霍尔开关损坏。拆开电动刀架的端盖，检查霍尔元件开关时，发现该元件的电路板松动。

排除方法：重新将松动的电路板按刀号调整好，即将 4 个霍尔元件开关与感应元件逐一对应，然后锁紧螺母，故障排除。

4. 刀架不转位（一般系统会提示刀架位置信号错误）

检查与分析：刀架继电器过载后断开。刀架电动机 380 V 相位错误。由于刀架只能顺时针转动（刀架内部有方向定位机械机构），若三相位接错，刀架电动机一通电就反转，则刀架不能转动。刀架电动机三相电缺相，刀架位置信号所用的 24 V 电源故障。刀架体内中心轴上的推力球轴承被轴向定位盘压死，轴承不能转动，使得刀架电动机不能带动刀架转动。拆下零件检查原因，发现由于刀架转位带来的振动，使得螺钉松动，定位键长时间承受正反方向的切向力，使得定位键损坏，螺母和定位盘向下移动，给轴承施加较大轴向力，使其不能转动。控制系统内的“系统位置板”故障，刀架到位后，“系统位置板”应能检测到刀架位置信号。

排除方法：检查机床强电线路，拆开刀架，调整推力球轴承轴向间隙，更换损坏零件，检查 24 V 电源，更换“系统位置板”。

总之，电动刀架的控制涉及机械、低压电器、PLC、传感器等多科知识，维修人员应熟知刀架的机械结构与控制原理以及常用测量工具的使用方法，根据故障现象，剖析原因，确定合理的诊断与检测步骤，以便迅速排除故障。

五、机械手与刀库

自动换刀装置是加工中心的重要执行机构，它的形式多种多样，目前常见的有以下几种。

1. 更换主轴头换刀

在带有旋转刀具的数控机床中，更换主轴头是一种简单的换刀方式。主轴头通常有卧式和立式两种，而且常用转塔的转位来更换主轴头，以实现自动换刀。在转塔的各个主轴头上，预先安装有各工序所需的旋转刀具。当发出换刀指令时，各主轴头依次地转到加工位置，并接通主轴运动，使相应的主轴带动刀具旋转，而其他处于不加工位置上的主轴都与主运动脱开。

2. 带刀库的自动换刀系统

带刀库的自动换刀系统由刀库和刀具交换机构组成。首先把加工过程中需要使用的全部刀具分别安装在标准刀柄上，在机外进行尺寸预调整后，按一定的方式放入刀库中。换刀时先在刀库中进行选刀，并由刀具交换装置从刀库和主轴上取出刀具，在进行交换刀具之后，将新刀具装入主轴，把旧刀具放回刀库。存放刀具的刀库具有较大的容量，它既可以安装在主轴箱的侧面或上方，也可以作为单独部件安装到机床以外，并由搬运装置运送刀具。

六、刀库及换刀机械手的常见故障和维护

刀库及换刀机械手结构较复杂，且在工作中又频繁运动，所以故障率较高，目前机床上有 50% 以上的故障都与之有关。例如，刀库运动故障，定位误差过大，机械手夹持刀柄不稳定，机械手动作误差过大等。这些故障最后都造成换刀动作卡位，整机停止工作，因此，刀库及换刀机械手的维护十分重要。

七、刀库及换刀机械手的维护要点

1. 严禁把超重、超长的刀具装入刀库，防止在机械手换刀时掉刀或刀具与工件、夹具等发生碰撞。

2. 顺序选刀方式必须注意刀具放置在刀库中的顺序要正确，其他选刀方式也要注意所换刀具是否与所需刀具一致，防止换错刀具导致事故发生。

3. 用手动方式往刀库上装刀时，要确保装到位、装牢靠，并检查刀座上的锁紧装置是否可靠。

4. 经常检查刀库的回零位置是否正确，检查机床主轴回换刀点位置是否到位，发现问题要及时调整，否则不能完成换刀动作。

5. 要注意保持刀具刀柄和刀套的清洁。

6. 开机时，应先使刀库和机械手空运行，检查各部分工作是否正常，特别是行程开关和电磁阀能否正常动作。

7. 检查机械手液压系统的压力是否正常，刀具在机械手上锁紧是否可靠，发现不正常时应及时处理。

八、刀库的故障

刀库的主要故障有：刀库不能转动或转动不到位，刀套不能夹紧刀具，刀套上下不到位等。

1. 刀库不能转动或转动不到位

刀库不能转动的原因可能是：连接电动机轴与蜗杆轴的联轴器松动；变频器故障，应检查变频器的输入、输出电压是否正常；PLC 无控制输出，可能是接口板中的继电器失效；机械连接过紧；电网电压过低。刀库转不到位的原因可能是：电动机转动故障，传动机构误差。

2. 刀套不能夹紧刀具

刀套不能夹紧刀具的原因可能是：刀套上的调整螺钉松动，或弹簧太松，造成卡紧力不足；或刀具超重。

3. 刀套上下不到位

刀套上下不到位的原因可能是：装置调整不当或加工误差过大而造成拨叉位置不正确；限位开关安装不正确或调整不当而造成反馈信号错误。

九、换刀机械手故障

1. 刀具夹不紧掉刀

刀具夹不紧掉刀的原因可能是：卡紧爪弹簧压力过小，或弹簧后面的螺母松动，或刀具超重，或机械手卡紧锁不起作用等。

2. 刀具夹紧后松不开

刀具夹紧后松不开的原因可能是：松锁的弹簧压合过紧，卡爪缩不回。这时，应调松螺母，使最大载荷不超过额定数值。

3. 刀具交换时掉刀

刀具交换时掉刀的原因可能是：换刀时主轴箱没有回到换刀点或换刀点漂移，机械手抓刀时没有到位，就开始拔刀，都会导致换刀时掉刀。这时，应重新移动主轴箱，使其回到换刀点位置，重新设定换刀点。

4. 机械手换刀速度过快或过慢

机械手换刀速度过快或过慢原因可能是：以气动机械手为例，气压太高和换刀气阀流开口太大或太小。此时，应调整气压大小和节流阀开口大小。

例 6—3—1　刀库位置偏移的故障维修。

故障现象：一台配套 FANUC 0MC 系统，型号为 XH754 的数控机床，在换刀过程中，主轴上移至刀爪时，刀库刀爪有错动，拔插刀时，有明显声响，似卡滞。

分析及处理过程：主轴上移至刀爪时，刀库刀爪有错动，说明刀库零点可能偏移，或是由于刀库传动存在间隙，或者刀库上刀具质量不平衡而偏向一边。因为插拔刀费劲，估计是刀库零点偏移；将刀库刀具全部卸下，将主轴手摇至 *Y* 轴第二参考点附近，用塞尺检测刀库刀爪与主轴传动键之间间隙，证实有偏移；用手推拉刀库，也不能利用间隙使其回正；调整参数 7508 直至刀库刀爪与主轴传动键之间间隙基本相等。开机后执行换刀，正常。

例 6—3—2　换刀不到位的故障维修。

故障现象：自动换刀时刀链运转不到位。当进行到自动换刀程序时，刀库开始运转，但是所需要换的刀具没有传动到位，刀库就停止运转了。3 min 后机床自动报警。

分析及处理过程：MPA-H100A 加工中心是日本三菱公司广岛工机工厂生产的，所配 CNC 系统为 FANUC 6M-MODELB，工作台为 1 000 mm × 1 000 mm，60 把刀具。由上述故障查报警可知是换刀时间超出。此时在 MDI 方式中，无论用手动输入刀库顺时针旋转还是逆时针旋转动作指令，刀库均不动作。检查电气控制系统，没有发现异常；PMC 输出指示器上的发光二极管点亮，表明 PLC 有输出；刀库顺时针和逆时针传动电磁阀上的逆时针一侧的发光二极管点亮，表明电磁阀有电。此时刀库不动作，那么问题应该发生在液压系统或者其他方面。但是液压系统的压力正常，各油路均畅通并无堵塞现象；检查各个液压阀的液压元件也没有发现问题。估计故障可能出在液压马达上。为此，拆除防护罩，卸下液压马达，能拆卸检查的部位，都做了检查，也没有发现问题；后又将液压马达送到大连组合机床研究所去鉴定，其测试结论是液压马达完好。经在场的工作人员仔细分析研究后认为，问题只能有一个，那就是机械方面的故障；但刀库的各部位，各个零部件均无明显的损伤痕迹，因此机械损坏故障可排除在外；最后问题归结为一点，即刀库负载太重，或者有阻滞的部位，以至液压马达带不动所致。

在加工 10 t 叉车箱体时，由于工件较复杂，加工面较多，所用刀具多达 40 把，而且大的刀具、长的刀具（最长的刀具达 550 mm）、重的刀具（最重的刀具达 25 kg 以上）用量都很大，由于忽略了刀具在刀库上的分布情况，重而长的刀具在刀库上没有均匀分布，而是集中于一段，以至造成刀库的链带局部拉得太紧，变形较大，并且可能有阻滞现象，所以机床的液压马达带不动。最后把刀库链带的可调部分稍松了一些，结果一切都恢复正常，说明问题的确是出在机械上。

注意的问题：刀库的链带又不能调得太松，否则会有“飞刀”的危险。有一次机械手在刀库侧抓刀时，当把刀具拔出、然后上升、再进行180°旋转时，刀具突然被甩出，险些酿成大祸。分析这起故障的原因，就是因为刀库链带太松。该机床机械手的两个卡爪是靠向下的推力而被刀柄的外径向外挤开，然后靠弹簧的张力来夹紧刀具的。当机械手向下抓刀时，由于链带太松，链带也随着机械手向下的推力而向下拱曲，结果机械手的卡爪只抓住刀柄的一大半，并没有完全抓牢，当机械手旋转时，由于刀具很重，在离心力的作用下，刀具就沿切线方向甩出去。经过把链带稍微紧了一下，就再也没有发生类似情况。

维修体会：刀库的驱动系统不外乎有两类，一类是机械传动，一类是液压传动。MPA-H100A加工中心是20世纪80年代初的产品，采用液压传动方式，即采用液压马达、电磁阀、流量控制阀等来驱动刀库的运转。与采用变频调速电动机驱动的刀库相比，就其电气控制系统而言，要简单得多，也比较直观，一般不容易出现故障。但它也会随着设备的使用环境、加工条件、工件的复杂程度、所用刀具的多少而有所变化，尤其是刀具的长度、刀具的重量以及刀具在刀库的分布情况，这些都是故障可能因素。

项目实施

分析数控车间加工中心的电气原理图并掌握采集信号的目的和作用

一、考场准备（每人一份）

序号	名称	型号与规格	数量	备注
1	数控机床电气维修考核设备	立式加工中心	1台	
2	考核用数控机床的电气原理图、接线图		1份	
3	数控系统参数使用说明		1份	
4	万用表	自定	1块	
5	旋具	大小十字、大小一字	各1把	
6	导线	1.0 mm^2	5 m	

二、考核内容

1. 本题分值

30分。

2. 考试时间

90 min。

3. 考核形式

实操。

4. 具体要求

（1）利用电气原理图、加工中心换刀机构说明书分析信号输入输出点，并说明其作用。

（2）正确使用工具和仪表。

三、配分与评分标准

考核内容	考核要点	配分	评分标准	扣分	得分
立式加工中心换刀机构输入输出信号	(1) 查看电气说明书能力 (2) 分析总结能力	30	所有输入输出信号能够在机床上找出，每找错一处扣 2 分，扣完为止		
合计		30			

否定项：若考生发生下列情况之一，则应及时终止考试，考生该试题成绩记为零分

①由于操作失误引起触电、短路等电气事故

②由于操作不当引起设备损坏等安全事故

项目 4　其他辅助装置故障

项目目标

掌握数控机床液压、气动、润滑和冷却部分的故障。

项目描述

数控铣床的故障现象是冷却泵无法打开。

项目分析

数控机床辅助装置虽然不直接参与工件加工，但是其功能决定了机床能否正常运行。

相关知识

一、数控机床液压与气动系统常见故障表征

1. 接口连接处泄漏。
2. 运动速度不稳定。
3. 阀芯卡死或运动不灵活，造成执行机构动作失灵。
4. 阻尼小孔被堵，造成系统压力不稳定或压力调不上去。
5. 阀类元件漏装弹簧或密封件，或管道接错而使动作混乱。
6. 设计、选择不当，使系统发热，或动作不协调，位置精度达不到要求。
7. 液压件加工质量差，或安装质量差，造成阀类动作不灵活。
8. 长期工作，密封件老化，以及易损元件磨损等，造成系统内外泄漏量增大，系统效率明显下降。

二、气动系统在数控机床中常见故障的表征

1. 气源故障

气源故障包括空压机故障、减压阀故障、管路故障、气源处理元件故障等。

2. 气缸故障

由于气缸装配不当和长期使用，气缸易发生内、外泄漏，输出力不足和动作不平稳，缓冲效果不良，活塞杆和缸盖损坏等故障。

3. 换向阀故障

换向阀故障包括换向阀不能换向或换向动作缓慢，气体泄漏，电磁先导阀有故障等。

4. 气动辅助元件故障

气动辅助元件故障包括油雾器故障、自动排污器故障、消声器故障等。

三、液压系统常见故障分析

1. 液压系统外漏

液压系统产生外漏的原因错综复杂，主要是振动、腐蚀、压差、温度、装配不良等原因造成。另外，液压元件的质量、管路连接、系统设计、使用维护不当也会引起外漏。产生外漏的部位也有很多，例如接头、接合面、密封面及壳体等。外漏是液压系统最为常见，且需要认真对待的故障。

解决方法：提高几何精度，降低表面粗糙度，加强密封。

2. 液压系统压力提不高或没有压力

产生这类故障的主要原因是系统压力油路和回油路短接，或者有较严重的泄漏，也可能是液压泵本身根本无压力油输入液压系统或压力不足，或者是电动机反转或功率不足以及溢流阀失灵等。液压系统压力故障分析及排除方法见表6—4—1。

表6—4—1　　液压系统压力故障分析及排除方法

故障种类	产生原因		排除方法
压力故障	液压泵	（1）转向错误 （2）零件损坏 （3）运动件磨损间隙大，泄漏严重 （4）进油吸气，排油泄漏	（1）纠正转向 （2）更换 （3）修复或更换 （4）拧紧各接合处，保证密封
	溢流阀	（1）阀在开口位置被卡住，无法建立压力 （2）阻尼孔堵塞 （3）阀中钢球与管座密合不严 （4）弹簧变形或折断	（1）修研使阀在体内移动灵活 （2）清洗阻尼通道 （3）更换钢球或研配阀座 （4）更换弹簧
	液压缸因间隙过大或密封圈损坏使高低压互通		修配活塞或更换密封圈
	压力油路泄漏		拧紧各接合处，排除泄漏
	压力表失灵损坏，不能反映系统的实际压力		更换压力表

3. 噪声和振动

液压系统的噪声和振动也是常见故障之一，这一类故障可使人大脑疲劳，影响液压系统的工作性能，降低液压元件寿命，严重的还会影响工件的加工精度，降低生产率，甚至使机床及部件加速变形、磨损和损坏。噪声和振动故障成因及解决方法见表6—4—2。

表 6—4—2　　噪声和振动故障原因分析表

故障种类	产生原因		排除方法
噪声和振动故障	液压泵	（1）液压泵吸油口密封不严 （2）油箱中的油液不足 （3）吸油管浸入油箱太少 （4）液压泵吸油位置太高 （5）油液黏度太大，增加流动阻力 （6）液压泵吸油口截面过小 （7）过滤器表面被污物阻塞	（1）拧紧进油口螺母 （2）加油至油标线上 （3）将吸油管浸入油箱 2/3 高度处 （4）液压泵吸油口至进油口一般不超过 500 mm （5）更换黏度小的油液 （6）将进油口斜切 45°，以增加吸油面积 （7）清除附着在过滤器上的污物
	溢流阀作用失灵	（1）阀座损坏 （2）油中杂质较多，将阻尼孔阻塞 （3）阀与阀体孔配合间隙过大 （4）弹簧疲劳或损坏，使阀不灵活 （5）因脏物使阀在阀体孔内不灵活	（1）修复阀座 （2）疏通阻尼孔 （3）研磨阀孔，更换新阀，重配间隙 （4）更换弹簧 （5）清除阀体内脏物，使其移动灵活
	油管管道碰击	吸油管距回油管太近	使两者适当远离
	电磁铁失灵	（1）电磁铁焊接不良 （2）弹簧损坏或过硬 （3）滑阀在阀体中卡死	（1）重新焊接 （2）更换弹簧 （3）配研滑阀，使其在阀体内移动灵活
	其他原因	（1）液压泵电动机联轴器不同心 （2）运动部件换向时缺乏阻尼 （3）液压泵振动而引起的元件振动	（1）使联轴器同心度在 0.1 mm 之内 （2）增设调整换向节流，使换向平稳 （3）平衡各运动部件

4. 油温过高

数控机床的各种液压系统在使用过程中都是以油液作为工作介质传递动力和动作信号的。在传递过程中，由于油液沿着管道流动或流经各种阀时而产生压力损失，以及整个液压系统如液压泵、液压缸、液压马达等相对运动零件间的摩擦阻力而引起的机械损失和油泄漏等损耗的容积损失，组成了总的能量损失。这些能量损失转变为热能，使油温升高。

解决方法：尽量采用简单的回路，使系统中无多余零件；优化液压系统的设计，管路布置时，尽量减少弯管；缩短管道长度；减少管道截面突变；定期保养、清洗，保持管道内壁光滑；努力提高相对运动件的加工精度和装配质量；改善油箱散热条件；适当地增加油箱体积；采取强制冷却等方法。

四、气动系统常见故障分析

1. 执行元件故障

对于数控机床而言，较常用的执行元件是气缸，气缸的种类很多，但其故障形式却有着一定的共性，主要是气缸泄漏，输出力不足，动作不平稳，缓冲效果不好以及外载造成的气缸损伤等。

产生上述故障的原因有以下几类：密封圈损坏，润滑不良，活塞杆偏心或有损伤，缸筒内表面有锈蚀或缺陷，进入了冷凝水杂质，活塞或活塞杆卡住，缓冲部分密封圈损坏或性能差，调节螺钉损坏，气缸速度太快，由偏心负载或冲击负载等引起的活塞杆折断。

解决方法：更换密封圈，加润滑油，清除杂质，重新安装活塞杆使之不受偏心负荷，检查过滤器若有破损应及时更换，更换缓冲装置调节螺钉或其密封圈，避免偏心载荷和冲击载荷加在活塞杆上。

2. 控制元件故障

压力控制阀中，减压阀常见的故障：二次压力升高，压力降很大，漏气，阀体泄漏，异常振动等。

造成这些故障的原因：调压弹簧损坏，阀座有伤痕或阀座橡胶有剥离，阀体中进入灰尘，阀活塞导向部分摩擦阻力大，阀体接触面有伤痕等。

解决方法：查清故障原因，然后对出现故障的地方进行处理，如将损坏了的弹簧、阀座、阀体、密封件等进行更换；同时清洗、检查过滤器，不再让杂质混入；注意所选阀的规格，使其与需要相适应。

3. 安全阀常见故障

安全阀常见故障：压力虽已上升但不溢流，压力未超过设定值却溢出，有振动发生，从阀体和阀盖向外溢流。

产生这些故障的原因：阀内混入了杂质或异物，将孔堵塞或将阀的移动零件卡死；调压弹簧损坏，阀座损伤；膜片破裂，密封件损伤；压力上升速度慢，阀放出流量过多引起振动等。

解决方法：将破损的零件、密封件、弹簧进行更换，注意清洗阀内部，微调溢流量使其与压力上升速度相匹配。

4. 方向控制阀常见故障

方向控制阀常见故障：阀不能换向，阀泄漏，阀产生振动等。

造成这些故障的原因：润滑不良，滑动阻力和始动摩擦力大，密封圈压缩量大或膨胀变形，尘埃或油污等被卡在滑动部分或阀座上，弹簧卡住或损坏，密封圈压缩量过小或有损伤，阀杆或阀座有损伤，壳体有缩孔，压力低，电压低等。

解决方法：即针对故障现象，有目的地进行清洗，更换破损零件和密封件，改善润滑条件，提高电源电压，提高先导操作压力。

五、液压、气动系统故障案例分析

液压卡盘失效

故障现象：某配套 FANUC 0TD 数控车床，在开机后发现液压站发出异响，液压卡盘无法正常装夹。

分析及处理过程：现场观察，发现机床开机启动液压泵后，即产生异响，而液压站输出部分无液压油输出，因此可断定产生异响的原因在于液压站，而产生故障的原因可能是以下几点：

（1）液压站油箱内液压油太少，导致液压泵因缺少液压油而产生空转。

（2）由于液压站输出油管某处堵塞，产生液压冲击，发出响声。

(3) 液压泵与液压电动机连接处产生松动，而发出响声。

(4) 液压泵损坏。

(5) 液压电动机轴承损坏。

检查后，发现在液压泵启动后，液压泵出口处压力为 0，油箱内油位处于正常位置，液压油比较干净，所以可以排除 (1)、(2) 点。进一步拆下液压泵检查，发现液压泵为叶片泵，叶片泵正常，液压电动机转动正常，因此可以排除 (4)、(5) 点。而该泵与液压电动机连接的联轴器为尼龙齿式联轴器，由于机床使用时间较长，液压站输出压力调得太高，导致联轴器的啮合齿损坏，因而当液压电动机转动时，联轴器不能好好地传递转矩，从而产生异响。更换该联轴器后，机床恢复正常。

六、数控机床液压与气动系统的维护

数控机床液压与气动系统因经常出现故障，为了减少故障发生的次数，应该对液压、气动系统进行日常维护。

1. 液压、气动系统维护要点

(1) 液压系统维护要点

1) 防止油液污染，保持油液清洁，是确保液压系统正常工作的重要措施。

2) 控制液压系统中油液的温升是减少能源消耗、提高系统效率的一个重要环节。

3) 防止液压系统泄漏。

4) 防止液压系统的振动与噪声。

5) 严格执行日常点检制度。

6) 严格执行定期紧固、清洗、过滤和更换制度。

(2) 气压维护要点

1) 保证供给洁净的压缩空气。

2) 保证空气中含有适量的润滑油。

3) 保持气动系统的密封性。

4) 保证气压传动元件中运动零件的灵敏性。

5) 保证气压传动装置具有合适的工作压力和运动速度。

2. 液压、气动系统定检

(1) 液压系统定检

1) 液压阀、液压缸及管子接头处是否有外漏。

2) 液压泵或液压马达运转时是否有异常噪声等现象。

3) 液压缸移动时工作是否正常平稳。

4) 液压系统的各测压点压力是否在规定的范围内，压力是否稳定。

5) 电气控制或撞块（凸轮）控制的换向阀的工作是否灵敏可靠。

6) 液压系统手动或自动工作循环时是否有异常现象。

7) 定期检查和紧固重要部位的螺钉、螺母、接头和法兰螺钉。

8) 定期检查和更换密封件。

9) 定期检查、清洗和更换液压件。

10）定期检查和清洗油箱和管道。

（2）气动系统定检

1）管路系统定检。管路系统定检的主要内容是对冷凝水和润滑油的管理。

2）气压传动元件定检。气压传动元件定检的主要内容是彻底处理系统的漏气现象。

七、润滑系统

随着数控机床大量应用于机械制造和加工行业，在使用过程中难免会出现油路润滑系统故障，直接影响生产效率的提高。下面系统地介绍几种常用故障排除方法，并通过案例详细介绍故障产生的原因及解决方案。

在机械制造和加工行业中，频繁地使用数控机床，难免会出现油路润滑系统故障，直接影响生产效率的提高。通常，为了使机床达到高的附加价值，必须做好机床保养、点检、故障诊断等工作；同时必须对出现的故障进行广泛的研究，探索故障发生的规律并采取有效措施、积累数据、建立故障的排除方法。在机械设备故障中40%以上与润滑有关。为了保证数控机床机械部件的正常运行，减少机械磨损和因机械部件磨损严重而引起的机床故障，应保证机床的润滑。润滑质量提高可以延长数控机床机械故障的平均无故障时间。因此，要经常检查润滑装置、润滑泵的排油量、润滑油油位、润滑油油质及润滑效果。例如，检查润滑油管路是否损坏，管接头是否有松动、漏油现象，发现异常及时排除。

下面通过故障排除方法和案例分析详细介绍故障产生的原因及解决方案，希望能给大家提供一些有益的借鉴。

1. 润滑系统故障分析

润滑系统中除了因油料消耗，油箱油过少而使润滑系统供油不足外，常见的故障还有油泵失效、供油管路堵塞、分流器工作不正常、漏油严重等。因此，在润滑系统中设置了下述检测装置，用于对润滑泵的工作状态实施监控，避免机床在缺油状态下工作，影响机床性能和使用寿命。

在润滑泵的供电回路中使用过载保护元件，并将其热过载触点作为PLC系统的输入信号，一旦润滑泵出现过载，PLC系统即可检测到并加以处理，使机床立即停止运行。

润滑油为消耗品，因此机床工作一段时间后，润滑泵油箱内润滑油会逐渐减少。如果操作人员没有及时添加，当油箱内润滑油到达最低油位，油面检测开关随即动作，并将此信号传送给PLC系统进行处理。

机床采用递进式集中润滑系统，只要系统工作正常，每个润滑点都能保证得到预定的润滑剂。一旦润滑泵本身工作不正常、失效，或者是供油回路中有一处出现供油管路堵塞、漏油等情况，系统中的压力就会显现异常。根据这个特点，设计时在润滑泵出口处安装压力检测开关并将此开关信号输入PLC系统，在每次润滑泵工作后检查系统内的压力，一旦发现异常则立即停止机床工作，并产生报警信号。

2. 润滑系统典型案例分析

例6—4—1　加工表面粗糙度不理想的故障维修。

故障现象：某数控龙门铣床，用右面垂直刀架铣产品机架平面时，发现工件表面粗糙度达不到预定的精度要求。

分析及处理过程：这一故障产生以后，把查找故障的注意力集中在检查右垂直刀架主轴箱内的各部滚动轴承（尤其是主轴的前后轴承）的精度上，但出乎意料的是各部滚动轴承均正常；后来经过研究分析及细致的检查发现：为工作台蜗杆及固定在工作台下部的丝杠螺母这一传动副提供润滑油的四根管基本上都不供油。经调节布置在床身上的控制这四根油管出油量的四个针形节流阀，使润滑油管流量正常后，故障排除。

例 6—4—2　润滑油损耗大的故障维修。

故障现象：某立式加工中心，集中润滑站的润滑油损耗大，隔一天就要向润滑站加油，切削液中明显混入大量润滑油。

分析及处理过程：立式加工中心采用容积式润滑系统。这一故障产生以后，开始认为是润滑时间间隔太短，润滑电动机启动频繁，润滑过多，导致集中润滑站的润滑油损耗大。将润滑电动机启动时间间隔由 12 min 改为 30 min 后，集中润滑站的润滑油损耗有所改善但是油损耗仍很大。故又集中注意力查找润滑管路问题，润滑管路完好并无漏油，但发现 Y 轴丝杠螺母润滑油特别多，拧下 Y 轴丝杠螺母润滑计量件，检查发现计量件中的 Y 形密封圈破损。换上新的润滑计量件后，故障排除。

例 6—4—3　导轨润滑不足的故障维修。

故障现象：TH6363 卧式加工中心，Y 轴导轨润滑不足。

分析及处理过程：TH6363 卧式加工中心采用单线阻尼式润滑系统。故障产生以后，开始认为是润滑时间间隔太长，导致 Y 轴润滑不足。将润滑电动机启动时间间隔由 15 min 改为 10 min，Y 轴导轨润滑有所改善但是油量仍不理想。故又集中注意力查找润滑管路问题，润滑管路完好；拧下 Y 轴导轨润滑计量件，检查发现计量件中的小孔堵塞。清洗后，故障排除。

例 6—4—4　润滑系统压力不能建立的故障维修。

故障现象：VMC850 立式加工中心，润滑系统压力不能建立。

分析及处理过程：VMC850 立式加工中心组装后，进行润滑试验。该立式加工中心采用容积式润滑系统。通电后润滑电动机旋转，但是润滑系统压力始终上不去。检查润滑泵工作正常，润滑站出油口有压力油；检查润滑管路完好；检查 X 轴滚珠丝杠轴承润滑，发现大量润滑油从轴承里面漏出；检查该计量件，查计量件生产公司润滑手册，发现为单线阻尼式润滑系统的计量件，而该机床采用的是容积式润滑系统，两种润滑系统的计量件不能混装。更换容积式润滑系统计量件后，故障排除。

项目实施

数控铣床冷却泵无法打开的故障诊断与维修

一、考场准备（每人一份）

序号	名称	型号与规格	数量	备注
1	数控机床电气维修考核设备	数控铣床（配变频主轴和伺服进给轴）	1 台	

续表

序号	名称	型号与规格	数量	备注
2	考核用数控机床的电气原理图、接线图		1份	
3	数控系统参数使用说明		1份	
4	万用表	自定	1块	
5	旋具	大小十字、大小一字	各1把	
6	导线	1.0 mm^2	5 m	
7	钎焊工具及焊料		1套	
8	断开 X 轴电动机的一相线，使 X 轴电动机开路，使 X 轴无法移动		1处	
9	断开数控系统冷却液输出信号到 DC 24 V 中间继电器线圈的连接，使冷却泵无法打开		1处	
10	修改系统 K1000M 的 061 号参数，将手动方式下主轴模拟速度初值设为 0，使手动模式下按机床操作面板主轴正转按钮时主轴不转动		1处	

注：1. 本试题以数控系统 K1000M 为参考，考场可根据实际情况自定考核设备，并提供相应的电气图，做好其他准备工作，题目里的考场准备项目仅作参考。

2. 每个故障由考场人员提前设置在考核设备的整个电气控系统中，包括电气线路故障、元器件故障、参数设置错误引起的故障等。

3. 考核范围、考核要求和配分与评分标准请严格按照题目中所列的内容执行。

二、考核内容

1. 本题分值

30 分。

2. 考试时间

90 min。

3. 考核形式

实操。

4. 具体要求

(1) 根据故障现象，利用电气原理图、数控系统自诊断功能、PLC 梯形图等分析诊断引起故障的原因，最后排除故障。

(2) 正确使用工具和仪表。

三、配分与评分标准

考核内容	考核要点	配分	评分标准	扣分	得分
数控铣床电气故障的诊断与排除	（1）检查电气控制线路、元器件存在的故障或参数设置的错误，思路正确 （2）正确使用工具和仪表，找出故障点并排除故障	30	（1）每个故障占 10 分，三个故障共 30 分，每排除一个故障得 10 分 （2）损坏元器件或仪表扣 10 分		
合计		30			

否定项：若考生发生下列情况之一，则应及时终止考试，考生该试题成绩记为零分

①由于操作失误引起触电、短路等电气事故

②由于操作不当引起设备损坏等安全事故

模块七

数控机床综合故障诊断与维修实例

项目1　数控机床返回参考点故障

相关知识

一、返回参考点故障的诊断思路

数控机床返回参考点的控制形式有三种，一是增量编码器有挡块控制，二是绝对编码器无挡块控制，三是绝对编码器有挡块控制。下面分析增量编码器有挡块返回参考点的控制原理。

有减速挡块的栅格法返回机床参考点控制，通过接收安装在机床上的减速开关送出的减速信号（＊DEC），系统检取 CNC 内部产生的电动机每转的栅格信号使伺服电动机停止，将该位置定为机床的参考点。如图 7—1—1 所示为系统参考点返回过程。

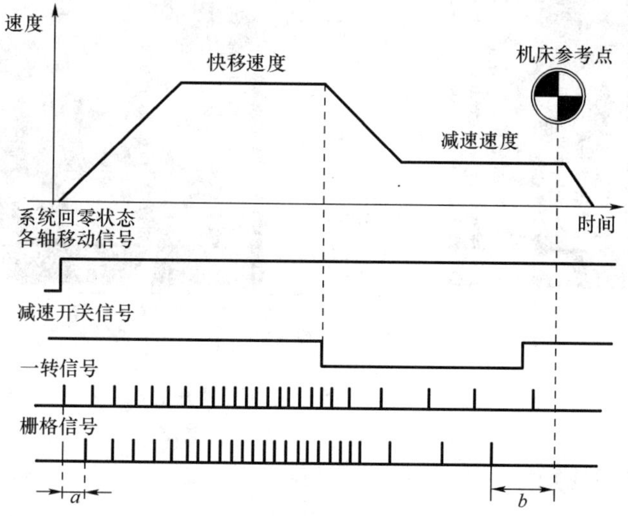

图 7—1—1　参考点返回过程

系统在返回参考点状态（REF）下，按下各轴电动按钮（+J），机床以快移速度向机床参考点方向移动，当减速开关（＊DEC）碰到减速挡块时，系统开始减速，以低速向参考点方向移动。当减速开关离开减速挡块时，系统开始找编码器一转信号，系统接收到一转信号后，按系统参数设定方向移动到栅格信号位置停止，该位置为机床参考点。返回参考点故障的排除方法如下：

1. 检查 PMC 梯形图部分信号有无输出（见图 7—1—2）。

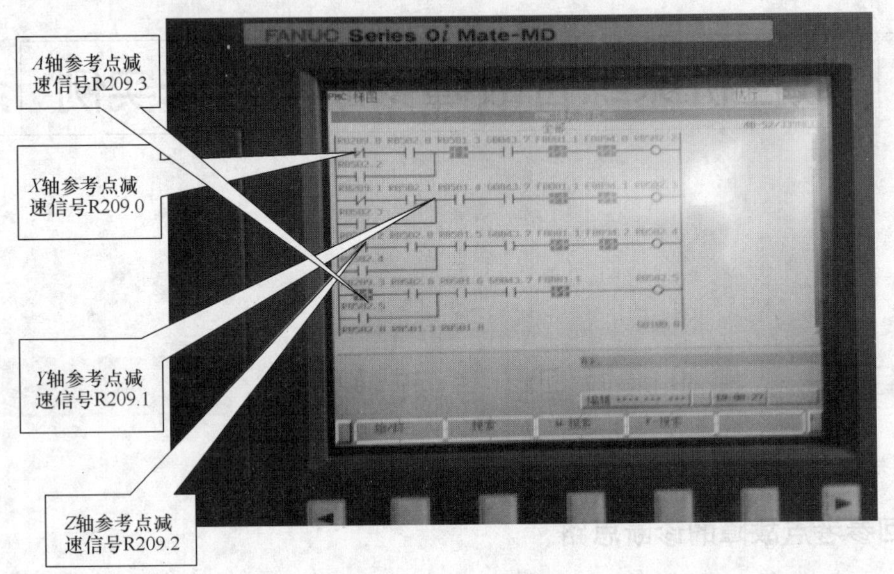

图 7—1—2　PMC 诊断

2. 检查电气部分是否断线（见图 7—1—3）。黄色线为 +24 V 电源，蓝色线为正向信号线，红色线为回零减速信号线，棕色线为负方向信号线。

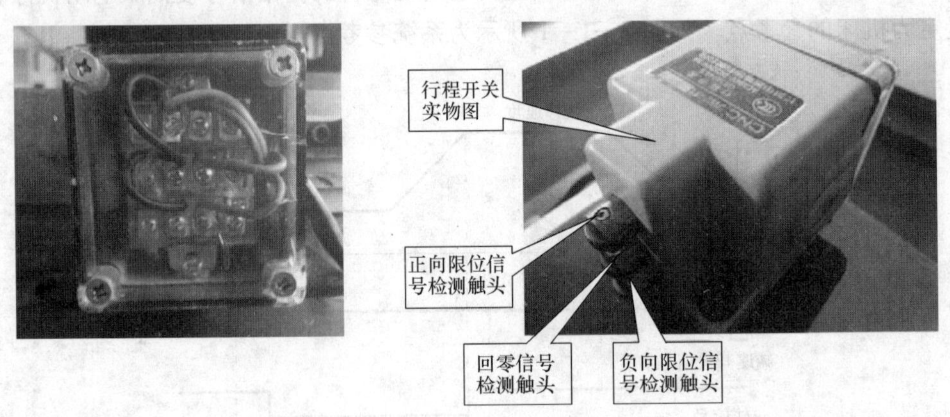

图 7—1—3　回参考点行程开关

二、返回参考点常见故障

1. 机床在返回参考点时，发出“未返回参考点”报警，不执行返回参考点动作。

故障诊断：返回参考点操作不正确，检查操作说明书；没有检测到零点信号，检查参考点信号是否良好。

2. 参考点过程有减速，且回参考点的零标志位信号出现，也有制动到零的过程，但参考点的位置不准确。

故障诊断：检查数控机床栅格参数设置是否正确，检查参考点信号是否松动。

3. 返回参考点过程有减速，但直到触及极限开关报警而死机，没有找到参考点。

故障诊断：

（1）未发出零标志位信号。

（2）零标志位置失效。

（3）零标志位信号在传输或处理过程中丢失。

（4）测量系统硬件故障，不能识别。

4. 机床回参考点无减速动作，一直运动到触及限位开关超程而死机，没有找到参考点。

故障诊断：减速开关失效，接触开关压下后不能复位，或减速挡块松动而移位，零点脉冲不起作用，致使减速信号未输出到数控系统。

项目2 数控系统故障

相关知识

一、数控系统常见报警号故障信息（见表7—2—1）

表7—2—1 数控系统常见报警信息

序号	报警分类	报警状态缩写及举例
1	与程序操作相关的报警	PS：PS0003 数位太多
2	与后台编辑相关的报警	BG：BG0140 程序号已使用
3	与通信相关的报警	SR：SR1823 数据格式错误
4	参数写入状态下的报警	SW：SW0100 参数写入开关处于打开
5	伺服报警	SV：SV0407 误差过大
6	与超程相关的报警	OT：OT0500 正向超程（软限位1）
7	与存储器文件相关的报警	IO：IO1001 文件存取错误
8	请求切断电源的报警	PW：PW0000 必须关断电源
9	与主轴相关的报警	SP：SP1220 无主轴放大器（串行主轴SP9×××）
10	过热报警	OH：OH0700 控制器过热
11	其他报警	DS：DS0131 外部信息量太大
12	与误动后防止功能相关的报警	IE：IE0008 非法加速/减速
13	报警列表（PMC）	（1）显示在PMC报警页面中的信息：ER01 PROCRAM DATA ERROR （2）PMC系统报警信息：PC030 RAMPARI xxxxxxx：yyyyyyyy （3）PMC操作错误 （4）PMC I/O通信错误

二、数控系统常见报警号及其含义（见表 7—2—2）

表 7—2—2　数控系统常见报警号及其含义

类型	报警号	含义
伺服驱动器报警	SV5136	SV5136 放大器数量不足
	SV0368	SV0368 串行数据内装错误
	SV0433	SV0433 变频器 DC Link 电压低
	SV0417	伺服非法 DGTL（数字伺服系统异常）
	OT0506	正向超程（硬限位）
	OT0507	负向超程（硬限位）
通信报警	SV0301	APC 报警：通信错误
主轴报警	SP1220	无主轴放大器
	SP1240	位置编码器断线
风扇报警	OH0700	过热（控制单元）
	OH0701	过热（风扇电动机）

三、硬件故障种类

数控机床发生故障的原因很复杂，为了方便诊断与排除，按故障的性质及产生的原因，大致分为以下几类。

1. 机械故障

数控机床常见的机械故障为机械传动故障，与轴、齿轮、丝杠、联轴器、轴承、镶条、螺钉等的松动有关。表现为加工精度差，振动大，传动噪声大，运动中卡死不动等。还有液压系统、润滑系统和气动系统的故障，表现为液压无动作、润滑不来油、气动不动作等。

2. 电气故障

电气故障分为强电方面故障和弱电方面故障，强电一般指 110 V 以上电压。我国数控机床的控制回路大多为 220 V 和 380 V 电压。强电方面的故障一般来源于电气柜中的接触器、断路器、电源变压器、电动机等，这部分故障十分常见。弱电在机床电器中多指安全电压以下，本书指 24 V 电压以下的电气元件，有输出输入电路、CNC 装置、PLC（或称 PMC）控制器、CRT 显示器以及伺服控制单元电路等，这部分大多是屏蔽电缆线连接，弱电方面的故障都来源于这些部分的电气元件。

3. 系统性故障和随机性故障

系统性故障，一般指在某个系统中超过某一设定限度或没有满足某一要求时产生故障。例如，液压系统的压力值随着液压回路过滤器的阻塞而降到一定值时，必然会引起液压系统报警，使系统断电停机；又如，润滑、冷却系统由于管路的泄漏引起游标下降，产生液位报警；防护的安全开关没有关闭引起安全系统的报警。这些都属于使用中经常出现的报警现象，通过正常使用、精心维护是可以避免的。

随机性故障是指数控机床在同样条件下工作时，突然产生一次或两次的故障。由于此类故障是在各种条件相同的状态下偶然发生的，随机性很强，故障分析较其他故障困难得多。引起故障发生的原因很多，往往与装配质量有关，其中包括安装质量、组件的排列、元器件的品质、参数设定、工作环境、操作的合理性、维护等问题。例如，接插件与连接组件因疏忽未加锁定、印制电路板上的元器件松动变形或焊点虚脱、继电器工作环境温度过高或过低、湿度过大、机械振动与电源波动、有害粉尘与气体污染等原因均可引发随机性故障。

4. 报警故障

报警故障可分为硬件报警显示与软件报警显示。

硬件报警显示，通常是指系统各单元装置上的 LED 发光管或小型指示灯组成的显示指示。数控机床的系统操作面板、CNC 印制电路板、伺服控制器、主轴伺服单元、电源单元等数控系统的部位一旦发生故障，这些指示灯将指示故障状态，给故障诊断带来很大的方便。因此在机床出现故障时，首先查看这些指示灯有无异样。

软件报警显示，通常是指 CRT 显示器上显示出来的报警号和报警信息，这些报警来自 CNC 报警和 PLC（PMC）报警。前者为数控系统部分的报警，可通过查阅维修手册中 CNC 故障报警出错代码来分析产生故障的原因；而来自 PLC 的故障报警，可查阅 PLC 报警文本来分析故障原因。一般来说，PLC 报警发生次数比 CNC 报警要多。

5. 无报警显示的故障

这类故障无任何硬件和软件报警显示，分析故障原因的难度很大。例如，机床通电后，在自动条件下，加工尺寸出现误差，无任何报警显示；又如，机床在自动方式运行时突然自动停止，而 CRT 上无任何报警显示。对于这样一些无报警显示的故障，通常要具体分析，可根据机床前后状态作出判断。上述尺寸出现加工误差的原因很多，如果不报警有可能是机械在传动链上出现故障，如联轴器松动、轴承损坏、机床导轨出现爬行等，但也有可能是伺服部分故障，要逐项排除来解决。

项目 3 主轴驱动系统电动机转速异常故障

相关知识

数控机床主轴驱动系统包括放大器、主轴电动机、传动机构、主轴组件、主轴信号检测装置及主轴辅助装置。如图 7—3—1 所示为加工中心的主轴部分。

放大器：用于接收系统发出的主轴速度及功能控制信号，实施主轴电动机控制。它可以是变频器，也可以是系统专用的放大器。

主轴电动机：主轴驱动的动力来源，可以是普通型电动机、变频专用型电动机及系统专用的主轴电动机。

传动机构：数控机床主轴传动主要有三种配置方式，即带变速齿轮的主传动方式、通过带传动的主传动方式及由变速电动机直接驱动的主传动方式。

主轴组件：都是成套的标准组件。加工中心主轴组件包括主轴套筒、主轴、主轴轴承、拉杆、碟形弹簧、拉刀爪等。

主轴信号检测装置：能够实现主轴的速度和位置反馈以及主轴功能的信号检测（如主轴定向和刚性攻螺纹等），可以是主轴外置编码器、主轴电动机内装传感器及外接一转信号

图 7—3—1　加工中心主轴

配合电动机内装传感器检测装置。

辅助装置：主要包括主轴刀具锁紧/松开装置、主轴自动换挡控制装置、主轴冷却和润滑装置等。

一、主轴驱动系统常见故障

当给定主轴信息（S 指令）时，系统输出一个模拟量电压信号给变频器端子，再通过变频器端子实现正转和反转控制，变频器驱动电动机旋转。主轴电动机不能运行的原因有系统故障、变频器故障和电动机故障三方面。

1. 系统故障

根据检测变频器模拟量输入端子是否有电压输入进行判别，当变频器的输入模拟量电压频率给定端子为 0 时，说明系统故障。

（1）系统参数设定错误。FANUC 16/16i/18/18i/21/21i/0i 系统参数 3701#1 是否为 1，FANUC 0C/0D 系统参数 71#7 是否为 0。

（2）系统连接电缆或插头不良。

（3）系统主板不良。

2. 变频器及外围控制电路故障

（1）变频器功能参数设定错误。

（2）变频器输入控制端子的控制电路故障。

（3）变频器控制电路板故障。

（4）变频器主电路模块损坏。

3. 电动机故障

（1）电动机主电路接线不良。

（2）电动机本身故障。

二、变频器的常见故障

当变频器检测出故障时，在数字操作器上显示该报警内容，停止变频器的输出，并通过变频器的输出端子使系统处于急停状态。数控机床主轴急停故障信号（是由于变频器故障引起的）发出时，可以根据变频器的报警信息判定故障的产生原因。

1. 主回路低电压故障

变频器主回路的直流电压低于参数的标准设定值（320 V）。

产生故障的原因可能有：变频器的三相交流输入电压过低，变频器内部熔断器 F1 熔断，变频器的整流块损坏，变频器的电压监控电路不良。

2. 主回路过电压故障

变频器直流回路的直流电压超过监测标准值（一般为 DC 800 V）。

产生故障的原因可能有：变频器交流输入电压过高，电动机减速时间设定过短，变频器制动单元故障，变频器内部电压监控电路不良。

3. 过电流故障

变频器的瞬时输出电流超过了变频器额定电流的 200%。

产生故障的原因可能有：加速时间设定过短，U/F 控制的电压补偿设定过高（如果采用 U/F 控制），电动机侧短路，变频器输出侧短路，电流监控电路不良。

4. 散热片过热故障

变频器散热片的温度超过了设定值（出厂值为 95℃）。

产生故障的原因可能有：变频器的散热风扇损坏，散热片的通风道堵塞，参数设定过低（误设定），变频器周围温度过高（如机床控制柜通风风扇故障），变频器温度监控电路不良。

5. 电动机过载故障

变频器的实际输出电流超过了电动机额定电流且超过参数设定时间（即变频器内的电子热保护动作）。

产生故障的原因可能有：电动机额定电流参数设定不当，电动机负载过重，电动机绕组匝间短路。

6. 电动机过力矩报警

变频器的设定值超过了规定时间。

故障原因可能是：电动机出现过载，变频器功能码参数设定错误。

7. 外部输入端子异常信号输入故障

故障原因可能是：外部控制故障，变频器输入端子输入电路故障。

维修时首先进行变频器的初始化操作，如果故障能解除，则为参数设定不当，然后重新输入参数。

三、主轴电动机常见故障

1. 主轴电动机发烫

解决办法：检查水泵是否工作，循环水是否低于液面。

2. 主轴电动机声音异常

解决办法：

(1) 检查电动机是否超负荷运转。

(2) 电动机内部存在故障，送修或更换。

3. 主轴电动机无力

解决方法：检查电动机线是否缺相，电缆线是否短路。

4. 主轴电动机反转

解决方法：检查电动机线是否缺相或将输出 U、V、W 端调换。

项目 4　进给伺服驱动系统常见故障

相关知识

在数控机床中，进给伺服系统是数控装置和机床的中间连接环节，是数控系统的重要组成部分。通常设计进给伺服系统时必须满足一定的要求，才能保证进给系统的定位精度和静态、动态性能，从而确保机床的加工精度。

一、进给驱动系统常见故障

1. 超程

当进给运动超过由软件设定的软限位或由限位开关设定的硬限位时，就会发生超程报警，一般会在 CRT 上显示报警内容，根据数控系统说明书，即可排除故障，解除报警。

2. 过载

当进给运动的负载过大，频繁正、反向运动以及传动链润滑状态不良时，均会引起过载报警。一般会在 CRT 上显示伺服电动机过载、过热或过流等报警信息。同时，在强电柜中的进给驱动单元上指示灯或数码管会提示驱动单元过载、过电流等信息。

3. 窜动

在进给时出现窜动的原因有：①测速信号不稳定，如测速装置故障、测速反馈信号干扰等；②速度控制信号不稳定或受到干扰；③接线端子接触不良，如螺钉松动等。

当窜动发生在正方向运动与反向运动的换向瞬间时，一般是进给传动链的反向间隙或伺服系统增益过大所致。

4. 爬行

爬行发生在启动加速段或低速进给时，一般是由于进给传动链的润滑状态不良、伺服系统增益低及外加负载过大等因素所致。尤其要注意的是，伺服电动机和滚珠丝杠连接用的联轴器，由于连接松动或联轴器本身的缺陷，如裂纹等，造成滚珠丝杠转动与伺服电动机的转动不同步，从而使进给运动忽快忽慢，产生爬行现象。

5. 机床出现振动

机床以高速运行时，可能产生振动，这时就会出现过流报警。机床振动问题一般属于速度问题，所以应该查找速度环；而机床速度的整个调节过程是由速度调节器来完成的，即凡是与速度有关的问题，应该查找速度调节器。因此，振动问题应查找速度调节器，主要从给定信号、反馈信号及速度调节器本身这三方面查找故障。

6. 伺服电动机不转

数控系统至进给驱动单元除了速度控制信号外，还有使能控制信号，一般为 DC 24 V 继电器线圈电压。伺服电动机不转，常用诊断方法有：①检查数控系统是否有速度控制信号输出；②检查使能信号是否接通。

二、伺服驱动器常见故障

伺服驱动器常见故障总结分析如下。

1. 干扰

干扰就是在驱动器参数设定正常，控制器发脉冲正常，而会有一些奇怪现象，如丢脉冲、电动机运转乱等。如遇到类似情况，可把电动机电力线、编码器线、控制线接地，信号线与电力线隔离，一般都能解决问题。

2. 刚性

刚性就是在控制器发完脉冲后，电动机还在运行，反馈也可以看到有接收脉冲。这时，可通过加大 P11（P11 不可太大，一般可加到 200～450），减小 P9 与 P10（此值一般可不调，当 P11 加大产生振荡、噪声时可调小 P9、P10）来解决问题。

3. 加减速

当客户有要求电动机运转急启急停时，可把加速时间加大（P36），减速时间加大（P37），最大可加到 30 000。一般加减速可以与刚性调节搭配使用。

4. 噪声

当电动机静止时发出噪声，可通过加大 P8（不可太大，保持在 400 以下）解决。在运行时发出噪声，可通过加大 P5，减小 P9（最好不要小于 10）、P10、P11 一般可解决问题。

5. 抖动与啸叫

在电动机静止或运动时电动机抖动、啸叫，可通过减小 P11、P9、P10（一般以减小 P11 为主）解决。

6. 发热

电动机运转发热时，可根据不同功率的电动机减小 P8 值，但不能太小，不然电动机静止会有啸叫声。

三、进给电动机常见故障

伺服电动机常见故障处理技巧如下。

1. 伺服电动机转矩降低现象

伺服电动机从低速到高速运转时，发现转矩会突然降低，这是因为电动机绕组的散热损坏和机械部分发热引起的。高速时，电动机温升变大，因此，使用伺服电动机前一定要对电动机的负载进行验算。

2. 伺服电动机位置误差现象

当伺服轴运动超过位置允差范围时（KNDSD100 出厂标准设置 PA17：400），伺服驱动器就会出现 4 号位置超差报警。产生故障的主要原因有：系统设定的允差范围小，伺服系统增益设置不当，位置检测装置有污染，进给传动链累计误差过大等。

3. 伺服电动机不转现象

数控系统到伺服驱动器除了连接脉冲 + 方向信号外，还有使能控制信号，一般为 DC 24 V 继电器线圈电压。伺服电动机不转，常用诊断方法有：检查数控系统是否有脉冲信号输出，检查使能信号是否接通，通过液晶屏观测系统输入输出状态是否满足进给轴的启动条件，对带电磁制动器的伺服电动机确认制动已经打开，驱动器有故障，伺服电动机有故障，伺服电动机和滚珠丝杠联轴器失效或键脱开等。